高等院校土建专业互联网＋新形态创新系列教材

建筑构造基础

（微课版）

郝峻弘　主　编
马　静　副主编

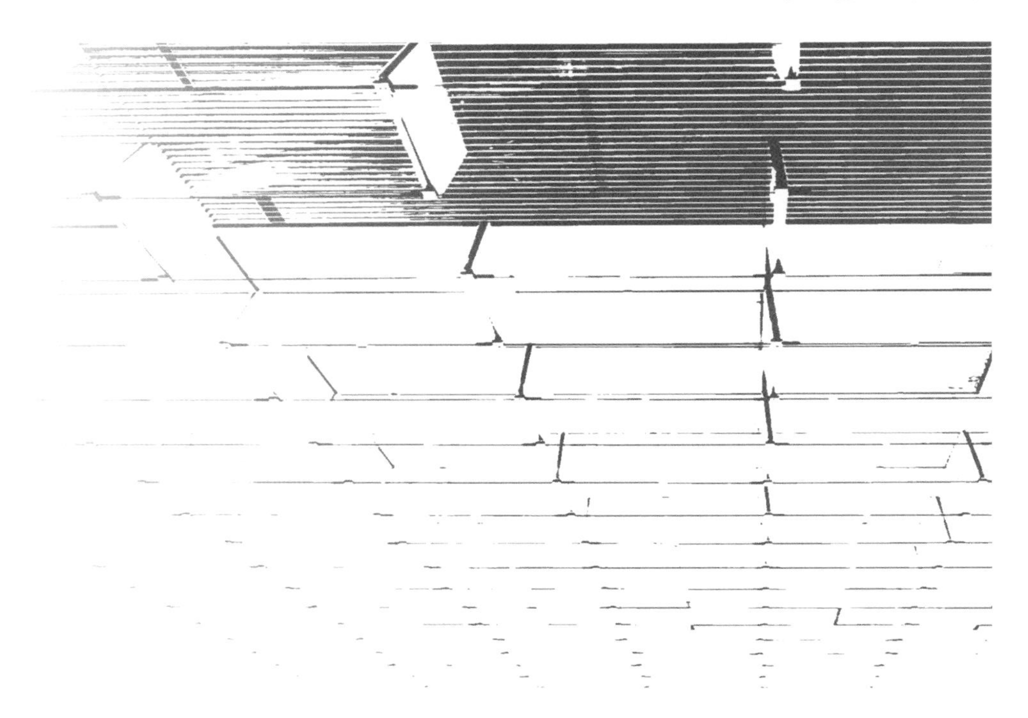

清華大学出版社
北京

内 容 简 介

本书依据《高等学校建筑学本科指导性专业规范》中的建筑构造课程的知识点要求而编写，与“应用型”人才培养目标相适应。在此基础上，配合多媒体教学，补充了大量的建筑构造示意图和中外闻名的建筑工程实例图片，同时加大信息量、扩展知识面，将当代国内外建筑工程的实例有机地融入到理论教学中，让教学内容更贴近生活，以便提高学生的学习兴趣，易于学生理解，提高教学质量。本教材共分 11 章，前 8 章重点讲述了建筑的基础、墙体、楼地层及阳台和雨篷、屋顶、楼梯、门窗、变形缝等构造；第 9 章讲述了建筑工业化未来的发展趋势；第 10 章简述了装饰构造与细部设计；第 11 章简述了老年人建筑及无障碍设计的构造要点。

本书主要作为建筑学、风景园林设计、城乡规划、环境艺术设计等与建筑及室内外设计工程相关的应用型本科专业的教师及学生的教学用书或教辅用书，也可以作为从事建筑设计、城乡规划、园林景观设计、室内设计等领域的技术人员及管理人员的设计专业基础参考书。

图书在版编目(CIP)数据

建筑构造基础：微课版 / 郝峻弘主编. -- 北京：清华大学出版社，2024. 7. -- (高等院校土建专业互联网+新形态创新系列教材). -- ISBN 978-7-302-66525-0

Ⅰ. TU22

中国国家版本馆 CIP 数据核字第 2024N4S652 号

责任编辑： 石　伟
装帧设计： 钱　诚
责任校对： 孙晶晶
责任印制： 沈　露
出版发行： 清华大学出版社

网　　址： https://www.tup.com.cn, https://www.wqxuetang.com
地　　址： 北京清华大学学研大厦 A 座　　**邮　　编：** 100084
社 总 机： 010-83470000　　**邮　　购：** 010-62786544
投稿与读者服务： 010-62776969, c-service@tup.tsinghua.edu.cn
质量反馈： 010-62772015, zhiliang@tup.tsinghua.edu.cn
课件下载： https://www.tup.com.cn, 010-62791865

印 装 者： 三河市人民印务有限公司
经　　销： 全国新华书店
开　　本： 185mm×260mm　　**印　张：** 15.5　　**字　数：** 371 千字
版　　次： 2024 年 7 月第 1 版　　**印　次：** 2024 年 7 月第 1 次印刷
定　　价： 49.00 元

产品编号：099453-01

前　言

本书注重应用型高级人才的培养，目标读者以全国高校应用型本科建筑学、城乡规划专业的教师及学生为主，同时本书也适合环境设计、建筑工程技术及相关专业的教师和学生使用。教材的编写契合建筑构造课程改革，注重引导学生自主学习，适用于开放式教学。教材内容考虑多元互动式需求，匹配了二维码资源，导入了微课、动画及工程案例等丰富资源，给教学提供了很好的支撑。本书打造了新的学习方式，将丰富的学习资源、建筑模型等装进手机，方便学生在课堂内外进行相应的拓展学习。教材建设注重课程思政的研究，从中华优秀传统文化中汲取养分，提炼传统工匠思想精华，同时培养学生的爱国情怀、文化自信、职业伦理、职业素养和大国工匠精神，树立社会主义核心价值观。

本书由郝峻弘任主编，马静任副主编。编写成员具体分工为：第 1 章、第 6 章、第 8 章由郝峻弘编写；第 2 章、第 5 章由马静编写；第 3 章由王崴编写；第 4 章、第 9 章、第 11 章由王小平编写；第 7 章、第 10 章由孙弘捷编写。全书最后统稿、定稿、补充拓展资料等由郝峻弘完成，思维导图由马静完成。微课教学资源录制详见微课，由孙弘捷后期编辑。三维 SU 模型由徐月妍、谢文韬等制作。

本书的编写工作得到了多所院校领导及教师的支持和帮助，在此表示衷心的感谢；同时在编写过程中参考和借鉴了国内同类教材及相关的文献资料，在此特向有关作者致以深切的谢意，由于部分文字、图片等资料来源于多年教学课件总结，出处不详，请原著者见书后与出版社或主编联系。

由于编者水平有限，书中难免存在错误和不足，敬请读者批评指正。

编　者

目　录

建筑构造基础
SU 模型

第1章

绪 论

【学习要点及目标】

第1章
绪论 思维导图

- 熟悉建筑的构造组成
- 熟悉建筑的分类与等级划分
- 了解影响建筑构造设计的因素
- 掌握建筑构造设计的基本原则
- 了解建筑构造图的表达
- 掌握建筑模数

【核心概念】

建筑设计的一项主要内容是选择建造材料，并考虑如何把它们有效地组合在一起，为使用者提供舒适的庇护空间，因此，建筑构造设计是建筑设计的重要组成部分。本章系统讲解了建筑物的组成、建筑的分类与分级等内容，并阐述了影响建筑构造的因素、建筑构造设计的基本原则和建筑构造图的表达方法，使学生对建筑构造有一个初步的认识，为进一步学习各个建筑构造概念打好基础，并培养其构造设计思路，为后续的课程学习奠定坚实的基础。

绪论1

绪论2

1.1 建筑与建筑构造

建筑作为人类文明的载体之一，历史上的建筑风格千变万化，然而不变的是其建造的规律。建筑构造是一门研究建筑材料的选择、连接、建造原理和方法的学科，建筑构造设计方案是建筑设计综合解决技术问题及进行施工图设计的依据。

1.1.1 建筑概述

建筑源于远古时期人类最初所造出的房屋。当人们摆脱了天然的穴居野处环境，以最简单的方式造出房屋(如穴居和巢居)，并逐步掌握营建地面建筑的技术，满足人们最基本的居住和公共社会活动的需求时，建筑就开始诞生了。随着社会的不断发展，世界各地不同的建筑逐步形成多种成熟的建筑体系，如以中国为代表的东方建筑体系、以欧洲国家为代表的西方建筑体系等，在城市规划、建筑群、民居方面，以及在建筑空间处理、建筑艺术与材料结构等方面，对今天的建筑创作均具有借鉴意义。

建筑是建筑物与构筑物的总称，通常把直接供人使用的建筑称为建筑物，如住宅、学校、商店、影剧院等；而把不直接供人使用的建筑称为构筑物，如水塔、烟囱、水坝等。这两类“建筑”在所用材料、构造形式以及施工方法上均相同，因而统称为建筑。本书研究重点是建筑物，简称“建筑”，其本质是一种人工创造的空间环境，是人们日常生活和从事生产活动不可缺少的场所。建筑在满足人们物质生活需求的基础上，还应满足人们的艺术审美需求，因此建筑是一门融社会科学、工程技术和文化艺术于一体的综合科学。

1.1.2 建筑的构造组成

解剖一座建筑物，我们能够清楚地看到许多构成部分，这些构成部分在建筑工程上被称为构件或配件。一般一幢建筑由基础、墙或柱、楼地层、楼梯、屋顶和门窗等六大部分组成。

1. 基础

基础是指建筑物最下部的承重构件，其作用是承受建筑物的全部荷载，并将这些荷载传给地基。因此，基础必须具有足够的强度，并能抵御地下各种有害因素的侵蚀。基础按照构造形式分为：无筋扩展基础、扩展基础、柱下条形基础、高层建筑箱型基础、桩基础。

2. 墙体、柱

墙体按承重方式可分为承重墙体和非承重墙体，承重墙体承受着自重及建筑物由屋顶或楼板传来的荷载，并将这些荷载传给基础；非承重墙体只能承受其自重，主要起围护和分隔空间的作用。墙体按所处位置可分为外墙和内墙，外墙位于房屋的四周，主要起围护作用，其要能够抵御自然界各种因素对室内的侵袭；内墙位于房屋内部，主要起分隔内部空间的作用。因此，墙体需要具有足够的强度、稳定性，以及保温、隔热、防水、防火、耐久及经济等性能。

柱是建筑结构的主要承重构件，其承受屋顶和楼板层传来的荷载，因此必须具有足够的强度和刚度。

3. 楼地层

楼板由结构层和装饰层构成。楼板是建筑水平方向的承重构件，其按房间层高将整幢建筑物沿水平方向分为若干层；楼板承受家具、设备和人体荷载以及本身的自重，并将这些荷载传给墙或柱；同时其对墙体起着水平支撑的作用。因此楼板应具有足够的抗弯强度、刚度和隔声能力，厕浴间等有水侵蚀的房间楼板层要具备防水、防潮能力。

地坪是底层房间与地基土层相接的构件，起承受底层房间荷载的作用。地坪要具备耐磨、防潮、防水和保温等性能。

4. 楼梯

楼梯是楼房建筑的垂直交通设施，起着供人们上下楼层和紧急疏散的作用。因此楼梯应具有足够的通行能力，并且要防滑、防水。现在很多建筑物因为交通或舒适的需要安装了电梯，但同时也必须有楼梯，以备遇到特殊情况时用于交通和防火疏散。

5. 屋顶

屋顶主要由屋面、承重结构、保温隔热层和顶棚等部分组成，具有承重和围护双重功能，既能抵御风、霜、雨、雪、冰雹等的侵袭和太阳辐射热的影响，又能承受自重和雪荷载及施工、检修等产生的屋顶荷载，并将这些荷载传给墙或柱。屋顶形式主要有平顶、坡顶和其他形式。平屋顶的做法与楼板层相似，有上人屋面和不上人屋面之分，上人屋面是指人员能够到屋面上活动，如屋顶花园等。屋顶应具有足够的强度、刚度及防水、保温、隔热等能力。

6. 门与窗

门与窗均属非承重构件。按照材质不同可分为木门窗、塑钢门窗、铝合金门窗等。门主要供人们内外交通和分隔房间用，窗主要起通风、采光、分隔、眺望等作用。处于外墙上的门窗又是围护构件的一部分，要满足保温、隔热的要求；某些有特殊要求房间的门、窗还应具有隔声、防火等其他功能。

一幢建筑物除上述六大基本组成部分以外，对不同使用功能的建筑物，还有许多特有的构件和配件，如阳台、雨篷、台阶等，如图 1-1 所示。

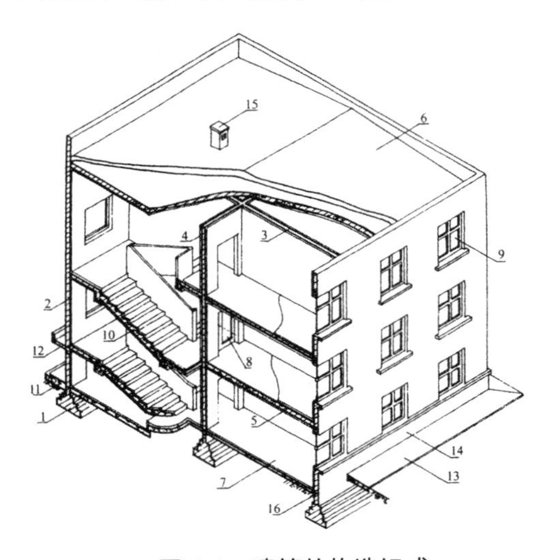

图 1-1 建筑的构造组成

1—基础；2—外墙；3—内横墙；4—内纵墙；5—楼板；6—屋顶；7—地坪；8—门；9—窗；10—楼梯；11—台阶；12—雨篷；13—散水；14—勒脚；15—通风道；16—防潮层

1.1.3 建筑构造的研究对象

建筑构造是一门研究建筑物各组成部分的构造原理和构造方法的学科，也是建筑设计不可分割的一部分。该学科具有实践性强和综合性强的特点，在内容上是对实践经验的高度概括，同时涉及建筑材料、建筑物理、建筑力学、建筑结构、建筑施工以及建筑经济等有关方面的知识。

建筑构造原理就是综合多方面的技术知识，根据多种客观因素，以选材、选型、工艺、安装为依据，研究各种构配件及其细部构造的合理性(包括适用、安全、经济、美观)以及能更有效地满足建筑使用功能的理论。而构造方法则是在理论指导下，进一步研究如何运用各种材料，有机地组合各种构配件，并提出各种构配件之间相互连接的方法以及这些构配件在使用过程中的各种防范措施。

1.2 建筑的分类与等级划分

建筑物在历史发展过程中，受不同的地域环境、经济条件、技术条件、使用功能要求等影响，呈现出种类繁多的形态。本节主要从对建筑构造具有较多影响的几个方面来对建筑进行分类和分级。

1.2.1 建筑的分类

建筑的分类方法很多，可以按照其功能性质、某些特征和规律等进行分类，一般按照以下四种情况进行分类。

1. 按建筑使用性质分类

由于城市规划管理部门根据建设项目的使用性质进行规划审批，因此在设计与建设的过程中，建筑师应依据规划许可的建筑使用性质来进行建筑设计。依据建筑物的使用性质，建筑可分为民用建筑、工业建筑和农业建筑三类，本书重点研究民用建筑。

1) 民用建筑

民用建筑主要是供人们工作、学习、生活和居住的建筑，可进一步分为居住建筑和公共建筑。

(1) 居住建筑：是供家庭或个人较长时间居住使用的建筑，包括住宅和集体宿舍两类。其中，住宅分为普通住宅、高档公寓和别墅，集体宿舍分为单身职工宿舍和学生宿舍。

(2) 公共建筑：是指供人们购物、办公、学习、医疗、旅行、体育等使用的非生产性建筑，如办公楼、商店、旅馆、影剧院、体育馆、展览馆、医院等。

2) 工业建筑

工业建筑是指供工业生产使用或直接为工业生产服务的建筑，如生产厂房、辅助生产厂房等。

3) 农业建筑

农业建筑是指供农业生产使用或直接为农业生产服务的建筑，如温室、粮仓、畜禽饲养场等。

2. 按建筑主要承重结构材料分类

建筑主要承重结构材料对建筑形式、特点影响很大，根据其主要承重结构材料可以分为：

(1) 砖木结构建筑：指砖、石砌墙体，木楼板，木屋顶的建筑；

(2) 砖混结构建筑：指砖、石、砌块等砌筑墙体，钢筋混凝土楼板、屋顶的建筑；

(3) 钢筋混凝土结构建筑：指装配式大板、大模板、滑模等工业化方法建造的建筑，一般为钢筋混凝土的高层、大跨、大空间结构建筑；

(4) 钢结构建筑：建筑主体全部使用钢作为支撑结构，如全部用钢柱、钢屋架建造的工业厂房、大型商场等；

(5) 其他结构建筑：木结构建筑、生土建筑、塑料建筑、充气塑料建筑等。

3. 按建筑规模和数量分类

按照建筑规模和数量可以分为大量性建筑和大型性建筑。

(1) 大量性建筑：指修建的数量多、涉及面广、规模不大的建筑，如住宅、学校以及中小型的商场、医院、影剧院等。这类建筑与人们的生活密切相关，广泛分布在大中小城市及村镇。

(2) 大型性建筑：指规模大、耗资多、修建数量较少的建筑，如大型体育馆、剧场、航空站、火车站等。这类建筑一般在一个国家或地区具有代表性，对城市面貌影响较大。

4. 按建筑高度分类

根据《民用建筑设计统一标准》(GB 50352—2019)要求，民用建筑按地上建筑高度或层数进行分类时应符合下列规定。

(1) 建筑高度不大于 27.0m 的住宅建筑、建筑高度不大于 24.0m 的公共建筑及建筑高度大于 24.0m 的单层公共建筑为低层或多层民用建筑；

(2) 建筑高度大于 27.0m 的住宅建筑和建筑高度大于 24.0m 的非单层公共建筑，且高度不大于 100.0m 的，为高层民用建筑；

(3) 建筑高度大于 100.0m 的为超高层建筑。

1.2.2　建筑的等级划分

不同建筑的质量要求各异，为了便于控制和掌握，一般按照建筑物的耐久性和耐火性进行分类。

1. 设计使用年限

建筑物的设计使用年限主要根据建筑物的重要性和建筑物的质量标准确定，并将其作为基建投资和建筑设计及选用材料的重要依据。按照《民用建筑设计统一标准》(GB 50352—2019)规定，民用建筑设计使用年限应符合表 1-1 的规定。

表 1-1　建筑物设计使用年限分级

级别	适用建筑范围	设计使用年限(年)
1	临时性建筑	5
2	普通建筑和构筑物	50
3	纪念性建筑和特别重要的建筑	100

注：此表依据《工程结构通用规范》(GB 55001—2021)，并与其协调一致。

2. 耐火等级

建筑物的耐火等级是根据建筑物构件的燃烧性能和耐火极限确定的，是衡量建筑物耐火程度的分级标准，其目的在于根据建筑物的不同用途和耐火等级要求，做到既有利于安全又节约投资。规定建筑物的耐火等级是《建筑设计防火规范》中规定的防火技术措施中的最基本措施之一。影响耐火等级选定的因素包括建筑物的重要性、建筑物使用性质、火灾危险性、建筑物的高度和面积、火灾荷载的大小等。民用建筑的耐火等级分为一级、二级、三级、四级。

建筑构件的耐火极限是指对任何一种建筑构件按时间—温度标准曲线进行耐火实验，从受到火的作用时起，到失去支承能力(木结构)，或完整性被破坏(砖混结构)，或失去隔火作用(钢结构)时为止的这段时间，用小时表示。

建筑构件按照燃烧性能分为三种：不燃烧体、难燃烧体和燃烧体。

不燃烧体：指用非燃烧材料做成的构件。非燃烧材料是指在空气中受到火烧或高温作用时不起火、不微燃、不炭化的材料，如天然石材、人工石材、金属材料等。

难燃烧体：指用不易燃烧的材料做成的建筑构件，或者用燃烧材料做成但用不燃性材料作为保护层的构件，如沥青混凝土构件、木板条抹灰等。不易燃烧材料是指在空气中受到火烧或高温作用时难起火、难燃烧、难碳化，当火源移走后燃烧或微燃立即停止的材料。

燃烧体：指用容易燃烧的材料做成的建筑构件。易燃烧材料是指在空气中受到火烧或高温作用时立即起火或燃烧，且火源移走后继续燃烧或微燃的材料，如木材、纸板、胶合板等。

1.3　影响建筑构造的因素

影响建筑构造的因素有很多，大体有以下几个方面。

1.3.1　荷载因素的影响

作用在建筑物上的荷载有恒荷载(如结构自重等)、活荷载(如风荷载、雪荷载等)、偶然荷载(如爆炸力、撞击力等)三类。荷载在选择建筑结构类型和构造方案以及进行细部构造设计时是非常重要的依据，因此在确定建筑物构造方案时，必须考虑荷载因素的影响。

1.3.2 环境因素的影响

环境因素主要包括自然环境和人工环境。

自然环境涉及的范围，在建筑设计领域主要包括区位、气候、地貌等。为了防止自然环境因素对建筑物的破坏，在构造设计时，必须采取相应的防潮、防水、保温、隔热、防温度变形、防震等构造措施。

人工环境是指人类对自然环境改造过程中形成的包含物质社会和生物社会的人造环境系统，从建筑构造角度主要包括经济技术条件和建筑材料等。技术因素对构造的影响是指建筑材料、建筑结构、建筑施工方法等技术条件对建筑物的设计与建造的影响。随着建材工业不断发展，已经有越来越多的新型材料出现，由此产生了新的构造做法和相应的施工方法。例如，作为脆性材料的玻璃，经过加工工艺的改良和使用新型高分子材料作为胶合剂，可做成夹层玻璃，其安全性能和力学、机械性能等都得到大幅度提高，不但玻璃单块块材面积有了较大增长，而且连接工艺也大大简化。结构体系的发展对建筑构造的影响更大。因此，建筑构造不能脱离一定的建筑技术条件而存在，它们之间的关系是相互促进、共同发展。

1.3.3 建筑标准的影响

建筑标准一般包括造价标准、装修标准、设备标准。标准高的建筑耐久等级高，装修质量好，设备齐全，档次较高，但是造价也相对较高，反之则低。一般情况下，大量性民用建筑多属于一般标准的建筑，其构造做法也多为常规做法。而大型公共建筑，标准要求较高，构造做法复杂，对美观方面的考虑比较多。

1.4 建筑构造设计的基本原则

建筑进行构造设计时应综合处理好各种技术因素，一般遵循以下原则。

1.4.1 满足建筑使用功能的要求

建筑物的使用性质、所处环境不同，对建筑构造设计的要求亦不同。如北方的建筑在冬季需要保温，南方的建筑要求能够通风、隔热，影剧院等建筑需要考虑吸声、隔声等。建筑构造设计时必须考虑并满足建筑物使用功能的要求。

1.4.2 确保结构安全

除按荷载大小及结构要求确定构件的基本断面尺寸外，对阳台、楼梯栏杆、顶棚、门窗与墙体的连接等构造设计，都必须保证建筑物在使用时的安全。

1.4.3 适应建筑工业化要求

建筑构造应尽量采用标准化设计，采用定型且通用的构配件，以提高构配件间的通用性和互换性，为构配件的生产工业化、施工机械化提供条件。

1.4.4 注重建筑的综合效益

各种构造设计，都应该注重建筑物整体的经济、社会和环境效益，即注重建筑的综合效益。在经济上注意节约建筑造价，降低材料的能源消耗，尤其要注意节约钢材、水泥、木材等三大材料，在保证质量的前提下尽可能降低造价。但要杜绝因单纯追求经济效益而偷工减料、降低质量标准的行为，应做到合理降低造价。

1.4.5 满足美观要求

建筑物的形象除了取决于建筑设计中的体型组合和立面处理外，一些建筑细部的构造设计对整体美观也有很大影响。构造设计不仅要考虑形状、尺度、质感、色彩等方面给人的感觉，还要考虑整个建筑的空间构成。例如，苏州博物馆新馆的屋顶设计，玻璃屋顶下采用金属遮阳片和木纹漆钢构架构造做法过滤光线，使得活动区域和展区得到了柔和的自然光线，如图 1-2 所示。

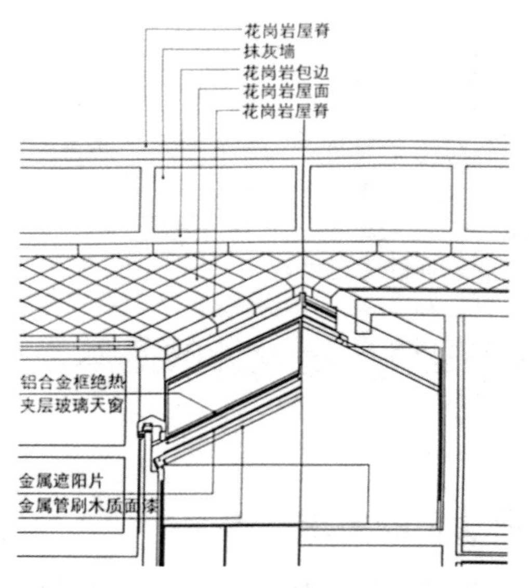

图 1-2 苏州博物馆新馆的屋顶局部构造设计(图片来源《建筑构造图解》胡向磊)

1.5 建 筑 模 数

为了实现建筑工业化大规模生产，使不同材料、不同形状和不同制造方法的建筑构配件(或组合件)具有一定的通用性和互换性，在建筑业中，设计师们必须共同遵守《建筑模数协调标准》(GB/T 50002—2013)。

1.5.1 模数

模数是选定的尺寸单位，作为尺度协调中的增值单位。所谓尺度协调，是指在建筑构配件及其组合的建筑中与协调尺度有关的规则。尺度协调可供建筑设计、建筑施工、建筑材料与制品、建筑设备等采用，其目的是使构配件安装吻合，并有互换性。

1.5.2 基本模数

基本模数就是建筑物及其构配件选定的标准尺寸单位，作为尺度协调中的增值单位，用 M 表示，1M=100mm。建筑物和建筑部件以及建筑组合件的模数化尺寸，应是基本模数的倍数，目前世界上绝大部分国家均采用 100 mm 作为基本模数。

1.5.3 扩大模数

扩大模数是导出模数的一种，其数值为基本模数的倍数。在构造设计中，为了减少构件类型，统一规格，常使用扩大模数。扩大模数有 3M、6M、12M、15M、30M、60M 六个基数，其相应的尺寸分别为 300mm、600mm、1200mm、1500mm、3000mm、6000mm。

1.5.4 分模数

分模数是导出模数的一种，其数值为基本模数的分倍数。分模数多用于构件构造中，为了满足详细尺寸的需要，分模数按照 1/2M、1/5M、1/10M 等取用，其相应的尺寸分别为 50mm、20mm、10mm。

1.5.5 模数数列

模数数列应根据建筑的功能性和经济性原则确定。

(1) 建筑物的开间或柱距，进深或跨度，梁、板、隔墙、门洞口宽度等分部件的截面尺寸宜采用水平基本模数和水平扩大模数数列，且水平扩大模数数列宜采用 $2n$M、$3n$M(n 为自然数)。

(2) 建筑物的高度、层高和门窗洞口宽度等宜采用竖向基本模数和竖向扩大模数数列，且竖向扩大模数数列宜采用 nM(n 为自然数)。

(3) 构造节点的分部件的接口尺寸等宜采用分模数数列，且分模数数列宜采用 1/10M、1/5M、1/2M。

1.5.6 模数协调

为了使建筑在满足设计要求的前提下，尽可能减少构配件的类型，使其达到标准化、系列化、通用化，充分发挥投资效益，对大量性建筑中的尺寸关系进行模数协调是十分必要的。

1. 模数化空间网格

把建筑看作三向直角坐标空间网格的连续系列，当三向均为模数尺寸时称为模数化空间网格，网格间距应等于基本模数或扩大模数，如图 1-3 所示。

2. 定位轴线

在模数化网格中，确定主要结构位置关系的线，如确定开间或柱距、进深或跨度的线，称为定位轴线。定位轴线以外的网格线为定位线，定位线用于确定模数化构件尺寸，如图 1-4 所示。

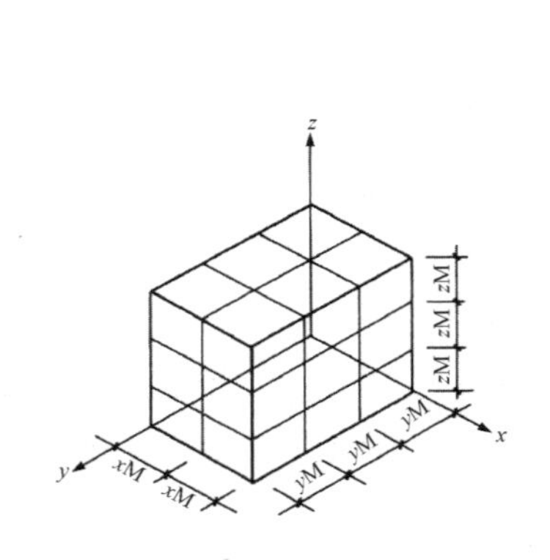

图 1-3　模数化空间网络

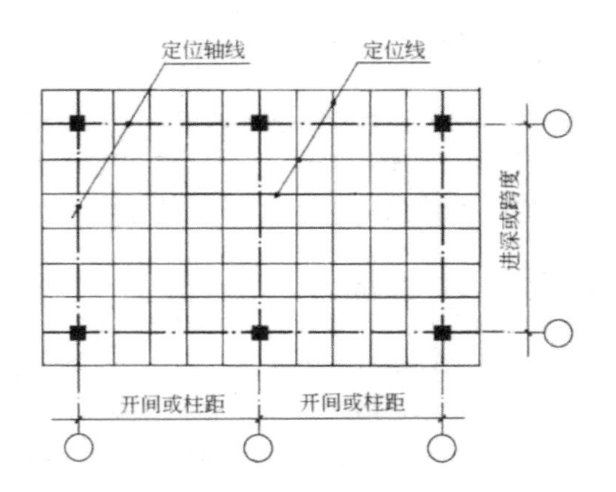

图 1-4　定位轴线和定位线

定位轴线分为单轴线和双轴线：一般常用的连续的模数化网格采用单轴线定位；当模数化网格需加间隔而产生中间区时，可采用双轴线定位。采用单轴线还是双轴线需根据建筑设计、施工要求和构件生产等条件综合决定。不同的建筑结构类型如墙承重结构、框架结构等对定位轴线有不同的特殊要求，目的都是使其尽可能标准化、系列化、通用化，并充分发挥投资效益。

3. 标志尺寸、构造尺寸、实际尺寸

1)　标志尺寸

标志尺寸应符合模数数列的规定，用以标注建筑定位轴线、定位线之间的距离(开间或柱距、进深或跨度、层高等)，以及建筑构配件、建筑组合件、建筑制品、建筑设备等界限之间的尺寸。

2)　构造尺寸

构造尺寸是指建筑构配件、建筑组合件、建筑制品等的设计尺寸。一般情况下标志尺寸扣除预留缝隙即为构造尺寸，如图 1-5 所示。

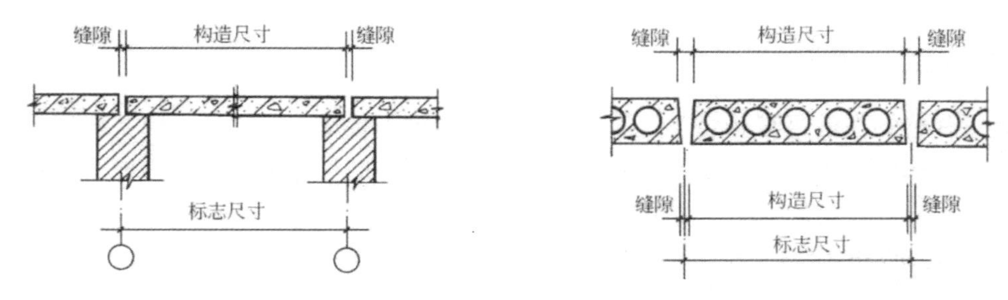

图 1-5　标志尺寸和构造尺寸的关系

3)　实际尺寸

实际尺寸是指建筑构配件、建筑组合件、建筑制品等生产制作后的实际测得的尺寸。实际尺寸与构造尺寸间的差数应符合建筑公差的规定。

1.6 建筑构造图的表达

建筑构造设计采用建筑构造详图表达，详图又称大样图或节点大样图，是建筑平、立、剖面图的深化，根据具体情况可选用 1∶20、1∶10、1∶5，甚至 1∶1 的比例。详图要标明建筑材料、作用、厚度、做法等，如图 1-6(a)所示，该图是某建筑山墙与屋顶交接处的构造做法，图 1-6(b)是局部山墙效果图。构造详图中构造层次与标注文字的对应关系应根据构件的水平和竖向位置不同进行区分，按照图 1-7 进行标注。

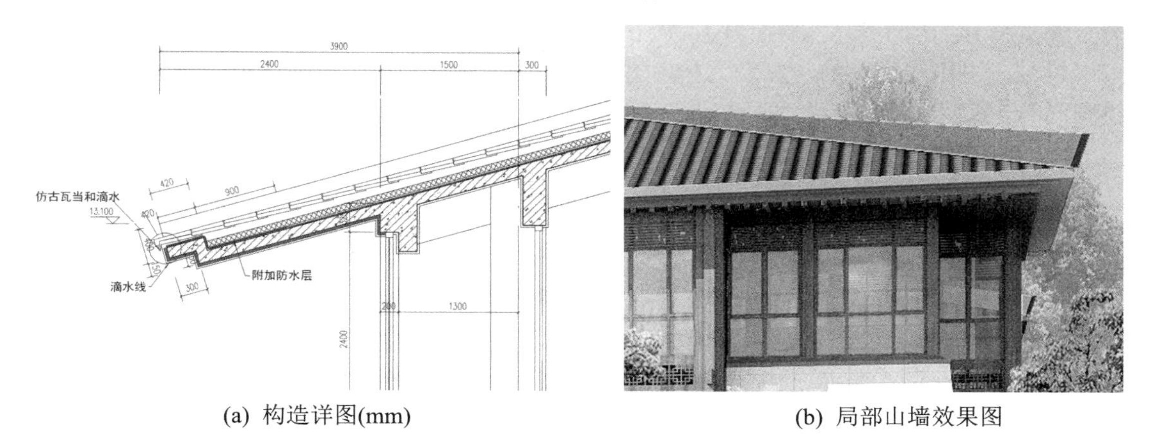

(a) 构造详图(mm)　　(b) 局部山墙效果图

图 1-6　某建筑山墙局部设计图

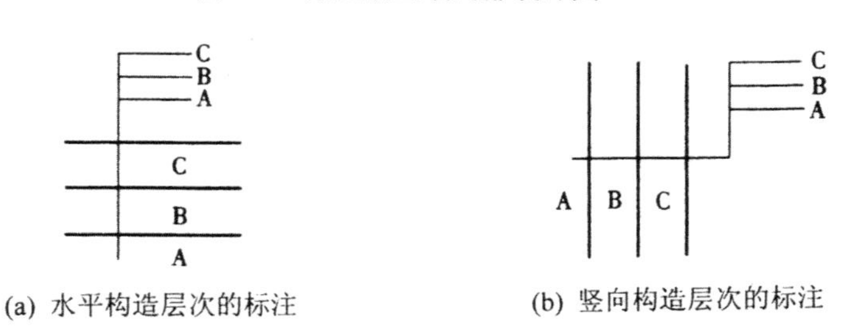

(a) 水平构造层次的标注　　(b) 竖向构造层次的标注

图 1-7　构造详图中构造层次与标注文字的对应关系

1.6.1 详图的索引方法

详图有明确的索引方法，图样中的某一局部或构件如需另见详图应以索引符号索引，如图 1-8 所示。索引符号是由直径为 10mm 的圆和水平直径组成，圆及水平直径均应以细实线绘制，如图 1-8(a)所示，索引符号应按下列规定编写。

(1) 索引的详图如与被索引的图样同在一张图纸内，应在索引符号的上半圆中用阿拉伯数字注明该详图的编号，并在下半圆中间画一段水平细实线，如图 1-8(b)所示。

(2) 索引的详图如与被索引的图样不在同一张图纸内，应在索引符号的上半圆中用阿拉伯数字注明该详图的编号，并在索引符号的下半圆中用阿拉伯数字注明该详图所在图纸的编号，数字较多时可加文字标注，如图 1-8(c)所示。

(3) 索引的详图如采用标准图集，应在索引符号水平直径的延长线上加注该标准图集的编号，如图 1-8(d)所示。

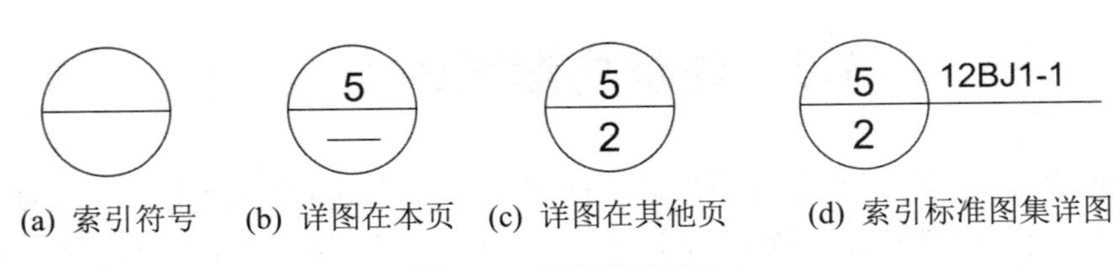

(a) 索引符号 (b) 详图在本页 (c) 详图在其他页 (d) 索引标准图集详图

图 1-8 多种索引符号

1.6.2 剖视详图

索引符号如用于索引剖视详图，应在被剖切的部位绘制剖切位置线，并以引出线引出索引符号，引出线所在的一侧应为投射方向，如图 1-9(a)、(b)、(c)、(d)所示，索引符号的绘制同第 1.6.1 条的规定。

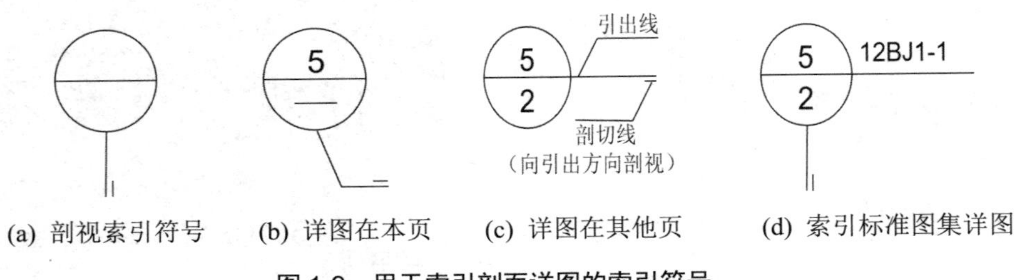

(a) 剖视索引符号 (b) 详图在本页 (c) 详图在其他页 (d) 索引标准图集详图

图 1-9 用于索引剖面详图的索引符号

1.6.3 详图符号表示

详图的位置和编号应以详图符号表示，详图符号的圆直径为 14mm，采用粗实线绘制，详图应按下列规定编号。

(1) 详图与被索引的图样同在一张图纸内时，应在详图符号内用阿拉伯数字注明详图的编号，如图 1-10 所示。

(2) 详图与被索引的图样不在同一张图纸内时，应用细实线在详图符号内画一水平直径，在上半圆中注明详图编号，在下半圆中注明被索引的图纸的编号，如图 1-11 所示。

图 1-10 同在一张图纸内的详图符号图　　图 1-11 不在同一张图纸内的详图符号

复习思考题

一、填空题

1. 我国的基本模数 M=________。

2. 建筑构造是研究建筑各个组成、各个部分的_____和_______。

3. 按照建筑物的设计使用年限分级，普通建筑和构筑物的建筑设计使用年限应为________。

二、名词解释

1. 高层民用建筑
2. 耐火极限
3. 基本模数

三、简答题

1. 建筑的含义是什么？建筑物与构筑物的区别是什么？
2. 建筑的分类方式有哪些？什么叫大量性建筑和大型性建筑？
3. 什么叫建筑模数？模数数列包括哪些？
4. 建筑物一般由哪几部分构成？各自有什么作用？
5. 建筑构造设计的基本原则是什么？
6. 建筑构造设计详图如何表达？

思 政 模 块

【职业精神】

教学案例1：讲授当代优秀设计案例，以构造做法要点为切入点，启发学生思考构造设计对建筑创新的作用，培养学生刻苦钻研的精神、严谨的设计态度与对建筑设计质量的严格把控技能。

教学案例2：展示建筑手绘图和使用CAD等软件绘制的施工图的对比，手绘图可培养学生一丝不苟、精益求精的工匠精神。将工匠精神引申到我们的建筑行业来，让学生在学校期间养成良好的职业习惯，了解工匠精神对做好一份工作的重要性，并且能够将工匠精神和实际任务联系起来。

第 2 章

地基、基础与地下室

【学习要点及目标】

- 理解地基与基础的基本概念
- 理解基础的埋置深度
- 了解基础的类型及其构造
- 了解地下室的分类
- 熟悉地下室的构造组成
- 掌握建筑基础的构造设计

第 2 章
地基、基础与
地下室思维导图

【核心概念】

地基是建筑物下面支撑基础的土体或岩体。基础是以地基为基础的房屋的墙或柱埋在地下的扩大部分。坚实稳固的地基是上层建筑安全、稳固、可靠的基石，基础则是将上层建筑与地基紧密衔接的建筑组成部分。本章系统讲解了地基与基础的基本概念、类型、特点，以及各类型基础构造设计的要点，并对典型地下室底板及侧墙构造设计的原则和构造设计的表达方法进行阐述，使学生对地基、基础与地下室的功能、构造形成完整认知，了解建筑构造的第一个重要构造部件，同时培养其逐渐形成构造设计的逻辑，为后续的课程学习奠定基础。

基础 1

基础 2

2.1 地基与基础

地基是基础下面的土层，它直接承受着由基础传来的全部荷载。建筑基础是建筑物的关键组成部分，其可靠性和稳定性能够确保建筑物在各种环境条件下保持稳定。地基和建筑基础的设计直接影响建筑物的安全、稳定、抗震等方面的属性。

2.1.1 地基与基础的概念

基础是将建筑结构所承受的各种作用传递到地基上的结构组成部分。它是建筑物与岩土层直接接触的部分，是建筑地面以下的承重构件，是建筑的下部结构。它承受建筑物上部结构传下来的全部荷载，并将这些荷载连同自身的重量一起传递给地基。

地基是支承基础的土体或岩体。地基不是建筑物的组成部分。地基承受建筑物荷载而产生的应力和应变随着土层深度的增加而减小，在达到一定深度后可忽略不计。直接承受建筑物荷载的土层称为持力层，持力层以下的土层称为下卧层，如图 2-1 所示。

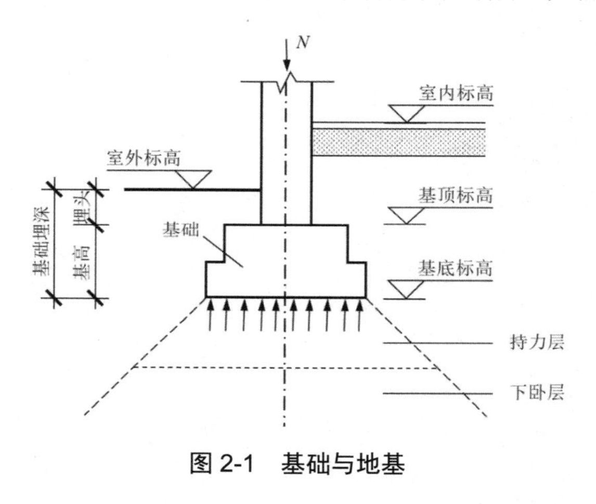

图 2-1　基础与地基

2.1.2 基础应满足的要求

基础作为建筑物的重要组成部分，是建筑物的主要承重构件，处在建筑物地面以下，属于隐蔽工程。基础质量的好坏，直接关系着建筑物的安全问题。设计时应满足以下几个方面的要求。

(1) 强度：基础应具有足够的强度，能承受建筑物的全部荷载；

(2) 刚度：基础应具有足够的刚度，才能稳定地把荷载传给地基，并能够防止建筑物产生过大的变形而影响其正常使用；

(3) 耐久性：基础所用材料和构造的选择应与上部建筑物等级相适应，并符合耐久性要求，具有较高的防潮、防水和耐腐蚀的能力。如果基础先于上部结构破坏，检查和加固都十分困难，将严重影响建筑物使用寿命；

(4) 经济效果：基础工程的工程量、造价和工期在整个建筑物中占有相当的比例，其造价按结构类型不同一般占房屋总造价的 10%～40%，甚至更高。因此应选择恰当的基础形式和构造方案，以及质优价廉的地方材料，以减少基础工程的投资，降低建筑物的总造价。

2.1.3　地基应满足的要求

(1) 强度：地基要有足够的承载能力，建筑物作用在基础底部的压力应小于地基的承载力，这一要求是选择基础类型的依据。当建筑荷载与地基承载力已经确定时，可通过调整基础底面积来满足这一要求；

(2) 抗变形能力：地基要有均匀的压缩量，保证建筑物在许可的范围内可均匀下沉，避免不均匀沉降导致建筑物产生开裂变形；

(3) 稳定性：地基应具有防止产生滑坡、倾斜的能力。必要时(特别是地基高差较大时)应加设挡土墙，以防止滑坡变形的出现。这一点对那些经常受水平荷载或位于斜坡上的建筑来说尤为重要；

(4) 经济效果：应尽量选择土质优良的地基场地，以降低土方开挖与地基处理的费用。

2.1.4　地基的类型

《建筑地基基础设计规范》中规定，作为建筑地基的岩土可分为岩石、碎石土、砂土、粉土、黏性土和人工填土。

根据岩土层的结构组成和承载能力，地基可分为人工地基和天然地基。凡自身具有足够的承载力并能直接承受建筑物整体荷载的岩土层称为天然地基。天然地基的岩土层分布及承载力大小由勘测部门实测提供。凡土层自身承载能力弱，或建筑物整体荷载较大，需预先对该土层进行人工加工或加固后才能承受建筑物整体荷载的地基称为人工地基。

常用的人工地基加固方法有以下几种。

1. 机械压实法

机械压实法是指用打夯机、重锤、碾压机等对土层进行夯打碾压或采用振动方法将土层压(夯)实，如图 2-2 所示。这种加固方法可用于处理由建筑垃圾或工业废料组成的杂填土地基。此法简单易行，对于提高地基承载能力效果较好。

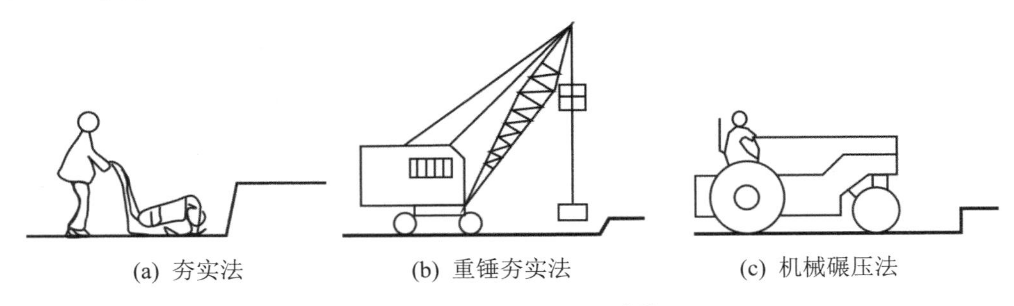

(a) 夯实法　(b) 重锤夯实法　(c) 机械碾压法

图 2-2　机械压实法加固地基

2. 排水固结法

排水固结法又称预压法，是处理软黏土地基的有效方法之一。对于天然地基，该法是先在地基中设置砂井(或塑料排水带等)竖向排水体，然后利用建筑物本身重量分级逐渐加载，或是在建筑物建造以前，在场地先行加载预压，使土体中的孔隙水排出，土体逐渐固结，最终使地基发生沉降且强度逐步提高。常用的预压方法有堆载预压法和真空预压法，如图 2-3 所示。排水固结法适用于处理淤泥质土、淤泥、泥炭土和冲填土等饱和黏性土地基。该法主要用于解决地基的沉降和稳定问题，使地基的沉降在加载预压期间大部分或基本完成，使建筑物在使用期间不致产生不利的沉降和沉降差；加速地基土的抗剪强度的增长，从而提高地基的承载力和稳定性。

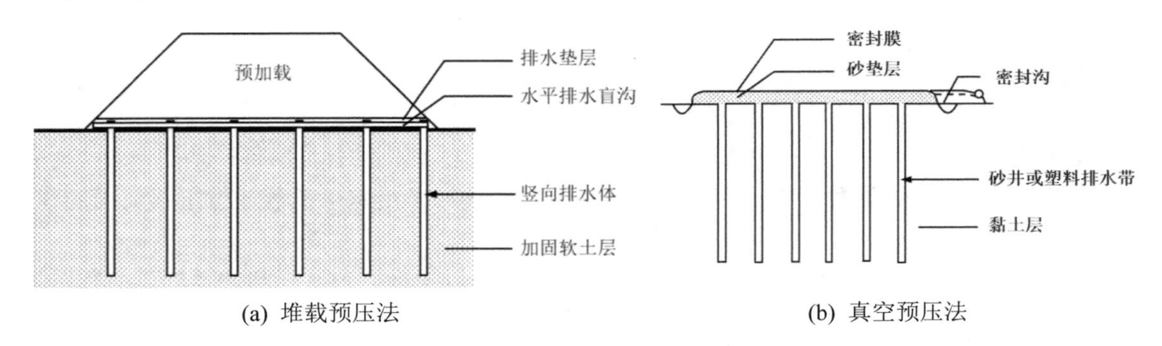

(a) 堆载预压法　　(b) 真空预压法

图 2-3　排水固结法加固地基

3. 换填垫层法

换填垫层法是指挖去地表浅层软弱土层或不均匀土层，回填坚硬、较粗粒径的材料，并夯压密实，最终形成垫层的地基处理方法。该方法适用于浅层软弱地基及不均匀地基的处理，包括淤泥、淤泥质土、松散素填土、杂填土、已完成自重固结的冲填土等地基处理以及暗塘、暗浜、暗沟等浅层处理和低洼区域的填筑。若在建筑范围内上层软弱土较薄，可采用全部置换处理，对于较深厚的软弱土层，当仅用垫层局部置换上层软弱土时要慎重(持力层承载力提高了，但沉降可能依然很大)。对于体型复杂、整体刚度差、对差异沉降敏感的建筑，均不得采用浅层局部置换的处理方法。换填材料可选用砂石、粉质黏土、灰土、粉煤灰、矿渣、其他工业废渣、土工合成材料等性能稳定、无侵蚀性的材料。采用换填垫层加固地基的方法如图 2-4 所示。

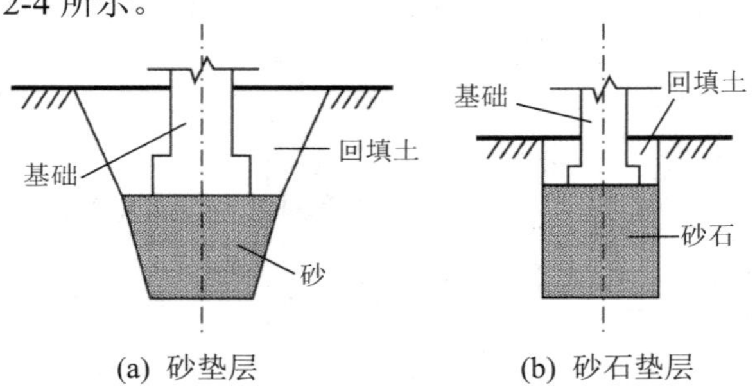

(a) 砂垫层　　(b) 砂石垫层

图 2-4　换填垫层法加固地基

4. 复合地基法

复合地基法是指增强或置换部分土体，形成由地基土和增强体共同承担荷载的人工地基的处理方法。根据地基中增强体的方向，复合地基可分为水平向增强体复合地基(由各种土工合成材料如土工聚合物、土工格栅等形成的加筋土复合地基)、竖向增强体复合地基(桩体复合地基)。复合地基常用形式如图 2-5 所示。

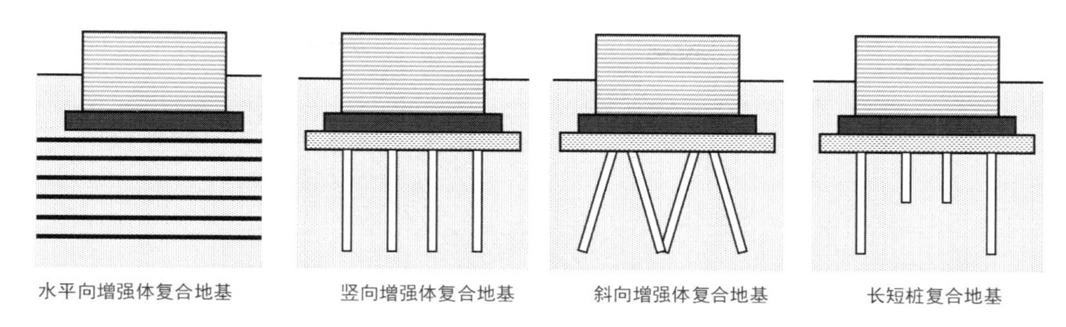

图 2-5　复合地基常用形式

桩体复合地基是指由地基土和竖向增强体(桩)组成、共同承担荷载的人工地基，有别于桩基础，如图 2-6 所示。桩体复合地基按增强体材料可分为刚性桩(如 CFG 桩)复合地基、散体材料桩(如碎石桩、砂桩、矿渣桩等)复合地基、黏结材料桩(如土桩、灰土桩、石灰桩、水泥土搅拌桩、粉体喷射搅拌桩、旋喷桩等)复合地基等。

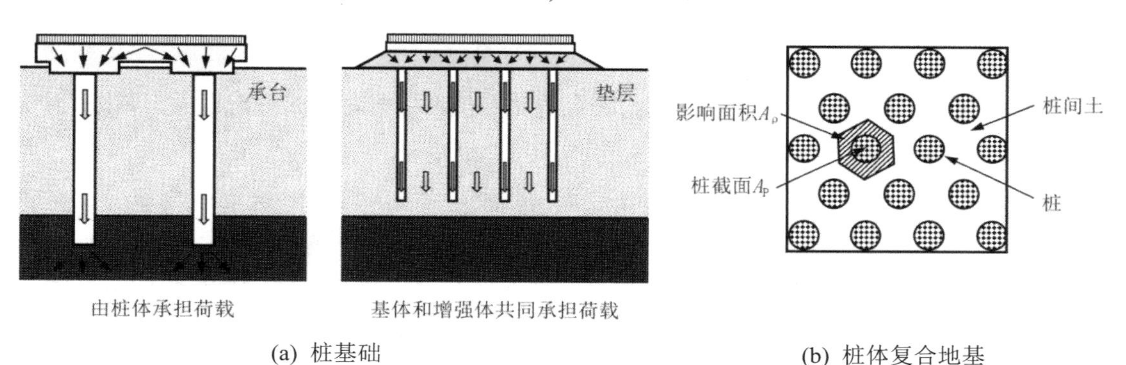

(a) 桩基础　　(b) 桩体复合地基

图 2-6　桩基础与桩体复合地基的区别

2.2　基础的埋置深度及其影响因素

合理的基础埋置深度的确定能够保证建筑物的稳定性，使建筑物适应地形地貌、满足地基承载力要求、节约工程成本，同时能够减少对场地的影响，实现对环境的保护。

2.2.1　基础埋置深度概念

基础埋置深度是指室外设计标高至基础底面的垂直高度，简称基础埋深，如图 2-7 所示。

基础的埋深是基础设计的一个重要参数，它关系到地基是否可靠、施工难易程度及工程造价等。基础按其埋置深度大小可分为浅基础和深基础。

基础埋深小于或等于 5 m 时为浅基础，大于 5 m 时为深基础。浅基础的开挖、排水采用普通方法，施工技术简单，造价较低，对于大量的中小型建筑一般都采用浅基础。

但是基础埋置过浅，没有足够的土层包围，基础底面持力层受到的压力会把基础四周的土挤出，致使基础产生滑移而失去稳定。同时基础过浅，易受外界的影响而损坏。考虑到基础的稳定性、基础的大放脚要求、动植物活动的影响、风雨侵蚀等自然因素以及习惯做法等影响，除岩石地基外，基础的埋置深度不宜小于 0.5 m。基础底面应该尽量选在常年未经扰动且坚实平坦的土层或岩石层上，俗称“老土层”。

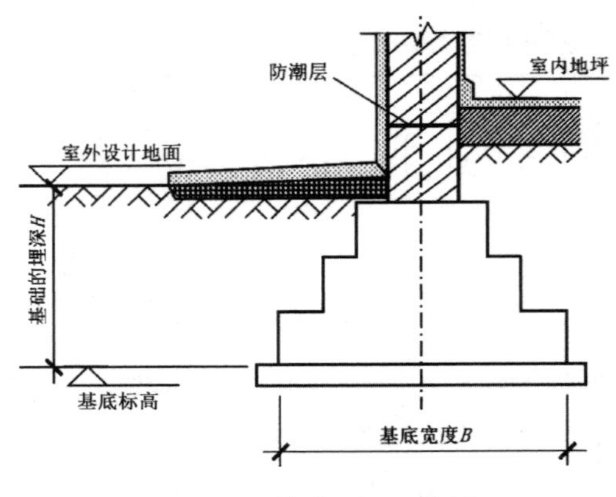

图 2-7　基础埋深示意图

2.2.2　基础埋深影响因素

基础的埋置深度受到多种因素的制约，在确定基础埋深时主要应考虑以下影响因素。

1. 建筑物特点和使用要求

基础埋深要根据建筑物的特点确定，如高层建筑的基础埋深一般为建筑物地上总高度的 1/10 左右。基础埋深还要满足建筑物的使用要求，当建筑物设置地下室、地下设施或有特殊设备基础时，应根据不同的要求确定基础埋深，如基础附近有设备基础时，为避免设备基础对建筑物基础产生影响，可将建筑物基础深埋。

2. 地基土土质条件

地基土土质的好坏直接影响基础的埋深。土质好、承载力高的土层，基础可以浅埋，相反则应深埋。当土层为两种土质结构时，如上层土质好且有足够厚度，基础埋在上层土范围内为宜；反之，则以埋置下层好土范围内为宜。

3. 地下水位的高低

地下水对某些土层的承载能力有很大影响。如黏性土在地下水位上升时，通常会因含水量增加而膨胀，使得土层的强度降低；当地下水位下降时，基础将产生下沉。因此基础一般应争取埋在地下常年水位和最高水位以上(一般不小于 200 mm)；当地下水位较高时，应将基础底面埋置在最低地下水位以下不小于 200 mm 处，这种情况下基础应采用耐水材料，如混凝土、钢筋混凝土等，如图 2-8 所示。

4. 地基土冻结深度

冻结土和非冻结土的分界线称为冰冻线，冰冻线的深度称为冻结深度。因为各地区气候不同，低温持续时间不同，所以冻结深度亦不相同。如北京地区的冻结深度为 0.8～1.0 m，哈尔滨地区的冻结深度为 2.0 m；有的地区不冻结，如武汉地区；有的地区冻结深度很浅，如上海、南京一带仅是 0.12～0.2 m。

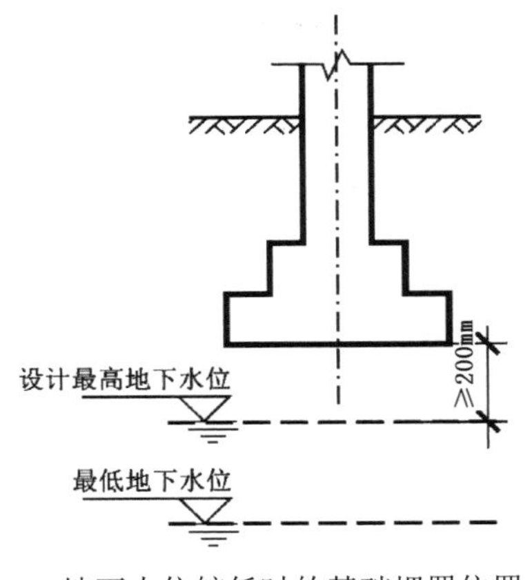

(a) 地下水位较低时的基础埋置位置

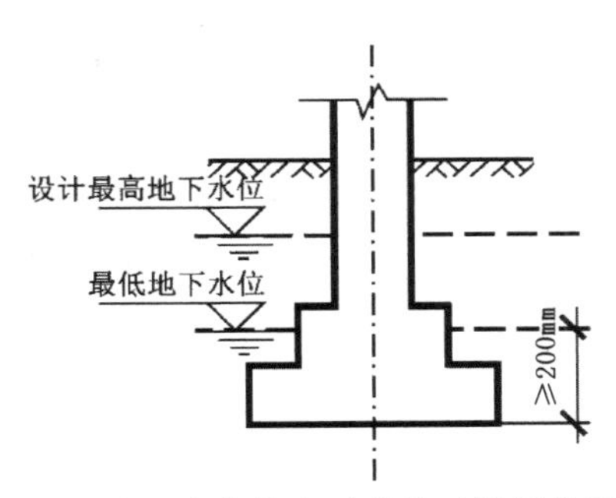

(b) 地下水位较高时的基础埋置位置

图 2-8　地下水位与基础埋深的关系

地基土冻结后产生冻胀，向上拱起(冻胀向上的力会超过地基承载力)，土层解冻后又会使房屋下沉。这种冻融交替使房屋处于不稳定状态，易产生变形、造成墙身开裂，甚至使建筑物结构也遭到破坏等。因此，一般要求基础底面应埋置在冰冻线以下 200 mm，如图 2-9 所示。需要注意，对于冰冻线浅于 500mm 的南方地区或地基土为非冻胀土的情况，可不考虑土的冻融循环对基础埋深的影响。

对于颗粒较粗、颗粒间空隙较大的碎石、卵石、粗砂和中砂等地基土层，毛细现象不明显，土的冻胀现象比较轻微，基础埋深可以不考虑土地冻结深度的影响。

5. 相邻建筑物的基础埋深

当新建建筑与原有建筑基础相邻时，如基础埋深小于或等于原有建筑基础埋深，可不考虑相互影响；当基础埋深大于原有建筑基础埋深时，必须考虑相互影响，两基础间应保持一定的水平净距，其数值应根据原有建筑物荷载大小、基础形式和土质情况确定，一般应满足下列条件：$H/L \leqslant 0.5 \sim 1$ 或 $L=(1 \sim 2)H$，如图 2-10 所示。当不能满足上述要求时，应采取临时加固支撑、打板桩、地下连续墙或加固原有建筑物地基等措施，以保证原有建筑物的安全和正常使用，如图 2-11 所示。

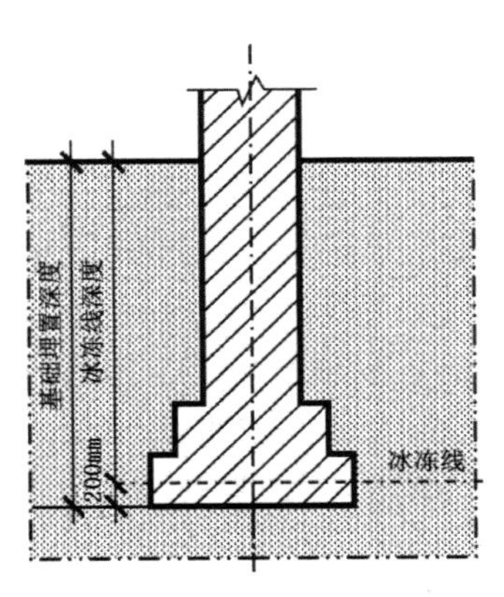

图 2-9　基础埋深和冰冻线的关系

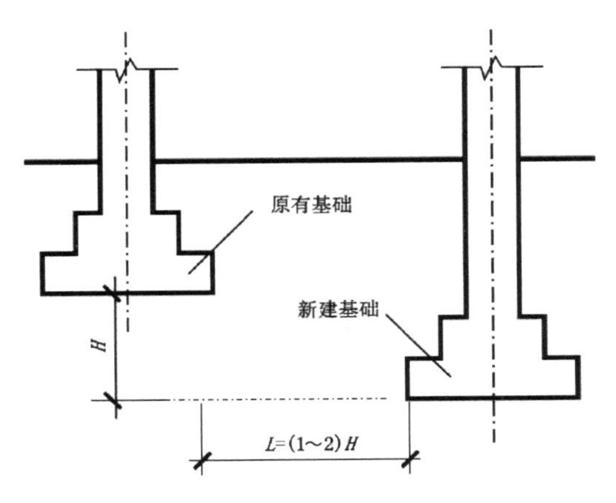

图 2-10　基础埋深和相邻基础的关系

图 2-11　新建基础加固支撑、打板桩

2.3　基础的类型与构造

基础的类型很多，按基础所用材料及其受力特点分为刚性基础和柔性基础；按构造形式分为独立基础、条形基础、井格基础、筏形基础和箱形基础等。

2.3.1　刚性基础与柔性基础

按所用材料及受力特点，基础可分为刚性基础与柔性基础。

1. 刚性基础(无筋扩展基础)

1)　概念

由砖、毛石、混凝土或毛石混凝土、灰土和三合土等刚性材料组成的，且不需要配置钢筋的墙下条形基础或柱下独立基础称为刚性基础。刚性材料一般是指抗压强度高，而抗拉、抗剪强度较低的材料。由于刚性材料的特点，刚性基础只适合于受压而不适合受弯、受拉、受剪。因此，刚性基础常用于地基承载力较好、压缩性较小的中小型建筑物，例如，一般砌体结构房屋的基础常采用刚性基础。

2)　刚性角限制与大放脚

由于地基承载力的限制，当基础承受墙或者柱传来的荷载较大时，为使其单位面积所传递的力与地基的允许承载力相适应，可采用台阶的形式逐渐扩大其传力面积，然后将荷载传给地基，这种逐渐扩展的台阶称为大放脚。

建筑上部结构的压力在基础中的传递是沿一定角度分布的，这个传力角度称为压力分布角或刚性角，是基础放宽的引线与墙体垂直线之间的夹角，用α表示，如图 2-12(a)所示。基础底面的宽度 B_0 要大于墙或柱的宽度 B，类似于悬臂梁结构。由于刚性材料本身具有抗压强度高、抗拉强度低的特点，因此压力分布角度必须控制在材料的抗压范围内，基础底面宽度的增大要受到刚性角的限制。若基础放大尺寸超过刚性角的控制范围，即由 B_0 增大至 B_1，在基底反力的作用下，基底将产生拉应力而破坏，如图 2-12(b)所示。

3)　构造做法

(1)　灰土基础。灰土基础用经过消解的生石灰和黏土按照一定比例拌合夯实后而成，常用的灰土比例为3∶7或者2∶8。灰土基础一般适用于地下水位较低的低层砌体结构建筑物，其厚度与建筑物层数有关。灰土基础应分层施工，每层虚铺厚度一般为220 mm，夯压密实后厚度为150mm，灰土基础构造如图2-13所示。

灰土基础有一定的强度、水稳性和抗渗性，且施工简单、造价低廉、便于就地取材，可以节省水泥、砖石等，但其抗冻、耐水性能较差，在地下水位以下或者很潮湿的地基上不宜采用。

(2) 三合土基础。三合土基础是由石灰、砂、骨料(碎砖、碎石、矿渣等)三种材料按照1∶3∶6或1∶2∶4的体积比拌合，分层铺设，夯压密实而成，如图2-14所示。这种基础造价低廉、施工简单，但强度较低。

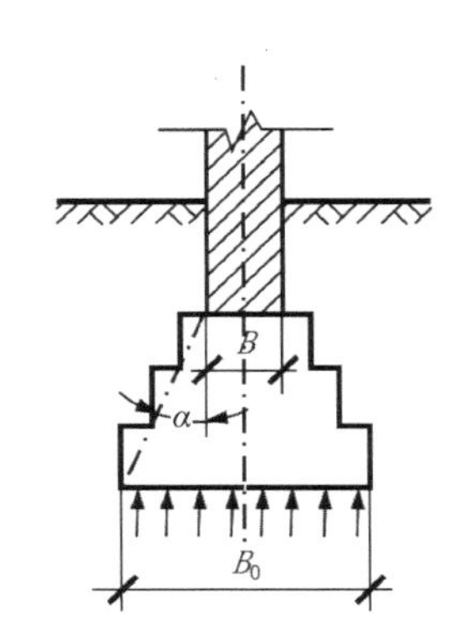

(a) 基础传力在刚性角范围内

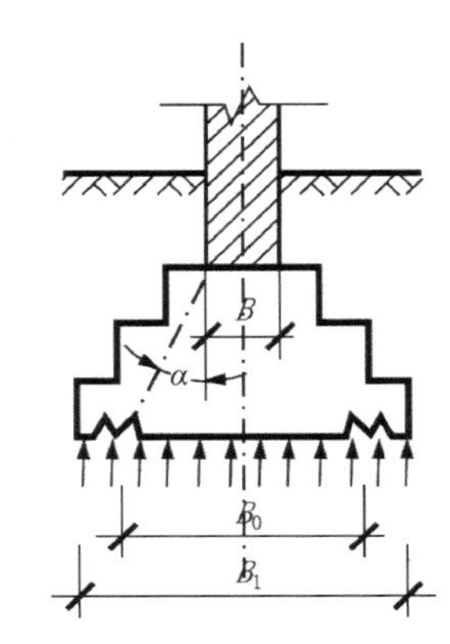

(b) 基础底面宽度超过刚性角范围而破坏

图2-12 刚性基础的受力、传力特点

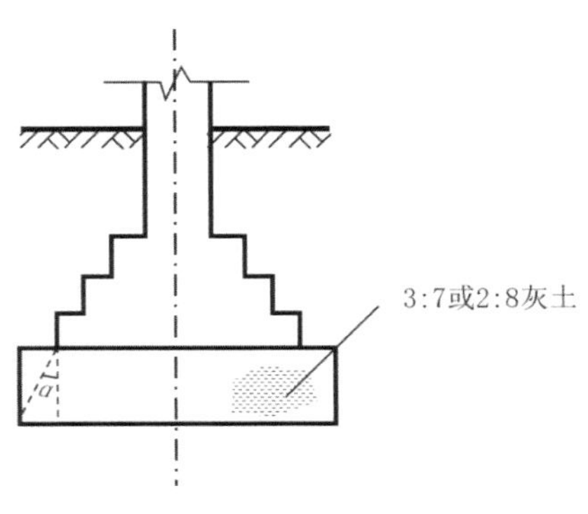

图2-13 灰土基础构造

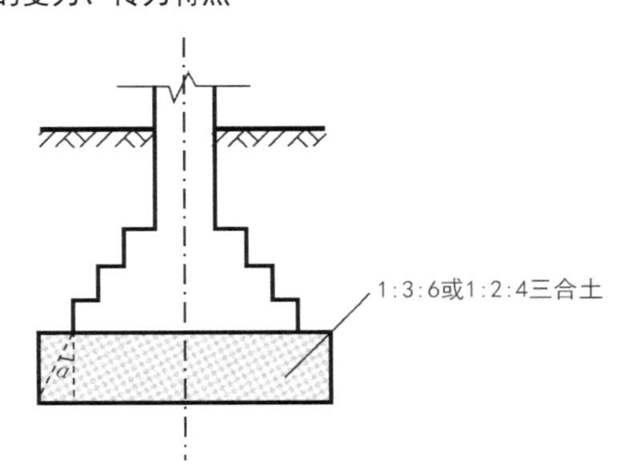

图2-14 三合土基础构造

(3) 毛石基础。毛石基础由未加工成形的石块和砂浆砌筑而成，其截面形式有阶梯形、锥形和矩形等。阶梯形毛石基础的顶面要比墙或柱每边宽出100 mm，每个台阶挑出的宽度不应大于200mm、高度不宜小于400 mm，以确保符合刚性角要求，如图2-15所示。当宽度小于700 mm时，毛石基础应做成矩形截面。

毛石基础常用于受地下水侵蚀或冰冻作用的多层建筑，但其整体性欠佳，不宜用于有振动的建筑。

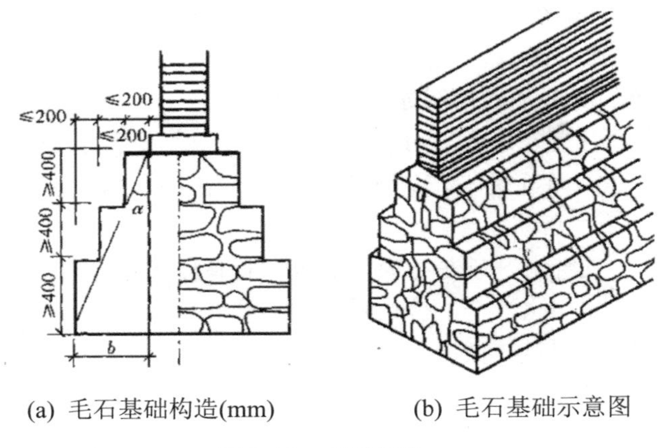

(a) 毛石基础构造(mm)　　(b) 毛石基础示意图

图 2-15　毛石基础

(4) 砖基础。砖基础一般用砖和砂浆砌筑而成，多用于地基土土质好、地下水位较低、五层以下的砖混结构建筑中。

砖基础大放脚一般有二皮一收和二一间隔收两种砌筑方法，前者是指每砌筑两皮砖的高度，收进 1/4 砖的宽度；后者是指每两皮砖的高度与每一皮砖的高度相间隔，交替收进 1/4 砖，如图 2-16 所示。这两种砌筑方法均可满足砖基础刚性角的要求。在砖基础下宜做灰土、砂或三合土垫层。

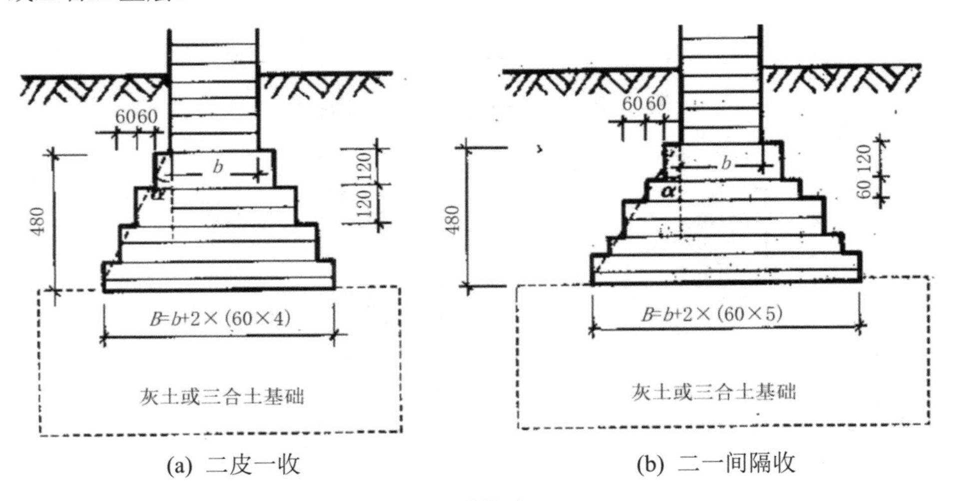

(a) 二皮一收　　(b) 二一间隔收

图 2-16　砖基础(mm)

(5) 混凝土基础。混凝土基础断面有矩形、锥形和台阶形等 3 种形式，如图 2-17 所示。当基础高度小于或等于 350 mm 时，多做成矩形；当基础高度大于 350 mm 但不超过 1000 mm 时，多做成台阶形，每阶高度 350～400 mm；当基础高度大于 1000 mm 或基础底面宽度大于 2000 mm 时，可做成锥形。混凝土基础的刚性角为 45°，故台阶形断面台阶的宽高比应小于 1∶1 或 1∶1.25，而锥形断面的斜面与水平面的夹角应大于 45°。

混凝土基础具有耐久性好、可塑性强、耐水、耐腐蚀等优点，可用于地下水位较高和有冰冻作用的基础。

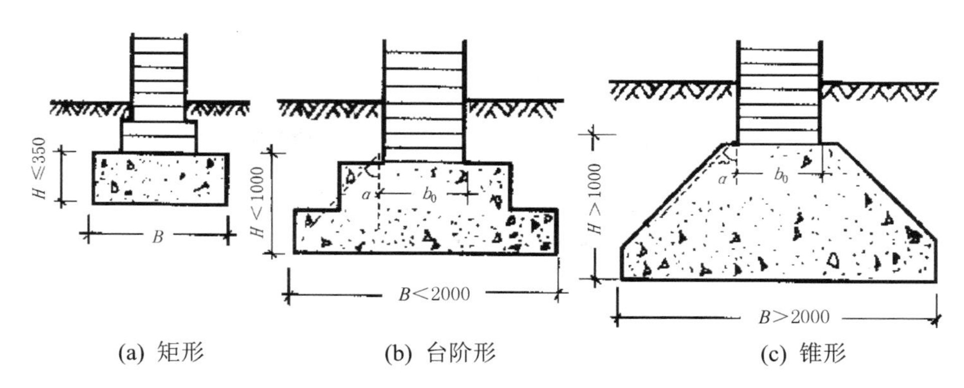

(a) 矩形　　(b) 台阶形　　(c) 锥形

图 2-17　混凝土基础断面形式(mm)

2. 非刚性基础(柔性基础)

1)　概念

当建筑物的荷载较大而地基承载能力较小时，基础底面宽度 B 必须加宽，如果仍采用混凝土等刚性材料做基础，势必加大基础的深度。这样，既增加了挖土工作量，又使材料的用量增加，混凝土基础与钢筋混凝土基础的比较示意图如图 2-18(a)所示。如果在混凝土基础的底部配以钢筋，利用钢筋来承受拉应力，如图 2-18(b)所示，使基础底部能够承受大的弯矩，这时，基础宽度的加大不受刚性角的限制，故称钢筋混凝土基础为非刚性基础或柔性基础。

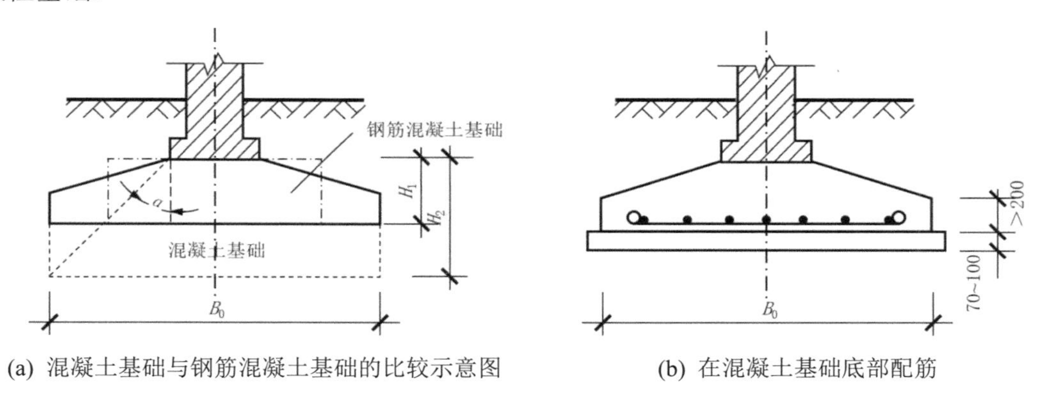

(a) 混凝土基础与钢筋混凝土基础的比较示意图　　(b) 在混凝土基础底部配筋

图 2-18　钢筋混凝土基础(mm)

2)　钢筋混凝土基础的做法

钢筋混凝土基础的做法是在基础底板下均匀浇筑一层素混凝土作为垫层，以保证基础钢筋和地基之间有足够的距离，防止钢筋锈蚀，而且还可以作为绑扎钢筋的工作面。垫层混凝土强度等级不宜低于 C10，垫层厚度不宜小于 70 mm，一般取 100 mm。垫层两边应伸出底板各 100 mm。

钢筋混凝土基础由底板及基础墙(柱)组成。现浇底板是钢筋混凝土的主要受力结构，它相当于一个受均布荷载的悬臂梁，其厚度和配筋数量均由计算确定。钢筋混凝土基础截面可以做成锥形或阶梯形。当截面为锥形时，其最薄处厚度不应小于 200 mm；当截面为台阶形时，每阶的高度为 300～500mm。锥形基础可节约混凝土，但浇筑时不如台阶形方便。

钢筋混凝土基础应有一定的高度，以增加基础承受基础墙(柱)传来上部荷载所形成的一种冲压力的能力，并节省钢筋用量。一般墙下条形基础底板边缘厚度不宜小于 150 mm。

钢筋混凝土柱下独立基础可与柱子一起浇筑，也可以做成杯口形，将预制柱插入，如图 2-19(c)、(d)所示。杯形基础的杯底厚度 a_1 和杯壁厚度 t 应根据柱截面长边尺寸 h 大小而定，当 $h<500$ mm 时，$a_1>150$ mm，t 取 150～200 mm。为了便于柱子的安装和浇筑细石混凝土，杯上口和柱边的距离为 75 mm，底部为 50 mm，杯底和杯口之间一般留 50 mm 的调整距离。施工时在杯口底及四周应用比基础混凝土强度等级高一级的细石混凝土填充密实。

钢筋混凝土基础中的混凝土强度等级应不低于 C20。底板受力钢筋的最小直径不应小于 10 mm，间距不应大于 200 mm(一般取 100～200 mm)。条形基础的受力钢筋仅在平行于槽宽方向放置，纵向分布钢筋的直径不应小于 8 mm，间距不应大于 300 mm。独立基础的受力钢筋应在两个方向垂直放置。钢筋的保护层厚度，有垫层时应不小于 40 mm，无垫层时应不小于 70 mm。

2.3.2 基础按构造形式分类

基础构造形式随建筑物上部结构形式、荷载大小及地基土壤性质的变化而不同。通常情况下，上部结构形式直接影响基础的形式，但当上部荷载增大且地基承载能力有变化时，基础形式也随之变化。常见的基础构造形式有以下六种。

1. 独立基础

独立基础呈单独的块状形式，其常见断面有阶梯形、锥形和杯形等，如图 2-19 所示。

当建筑物上部结构采用框架结构或单层排架结构承重时，基础常采用方形或矩形的独立基础。独立基础是柱下基础的基本形式，当柱采用预制构件时，基础则做成杯形基础。有时因建筑物场地起伏或局部工程地质条件变化，以及避开设备基础等原因，可将个别柱基础底面降低，做成高杯口基础，或称长颈基础，如图 2-19(d)所示。

在墙承式建筑中，当地基承载力较弱或埋深较大时，为了节约基础材料，减少土石方工程量，加快工程进度，亦可采用独立基础。为了支承上部墙体，在独立基础上可设梁或拱等连续构件。

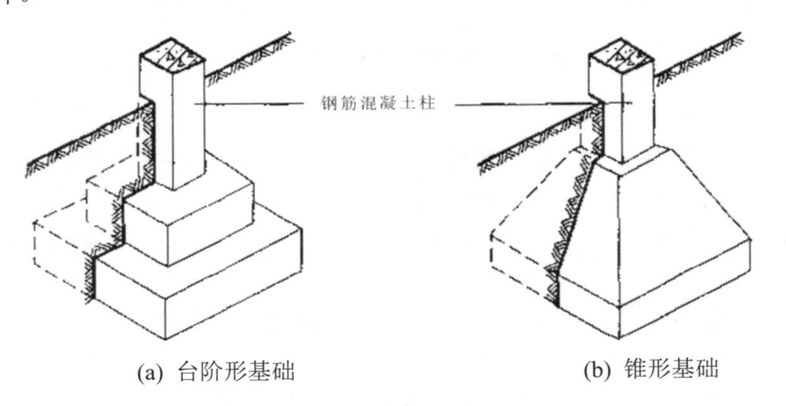

(a) 台阶形基础　　(b) 锥形基础

图 2-19　独立基础

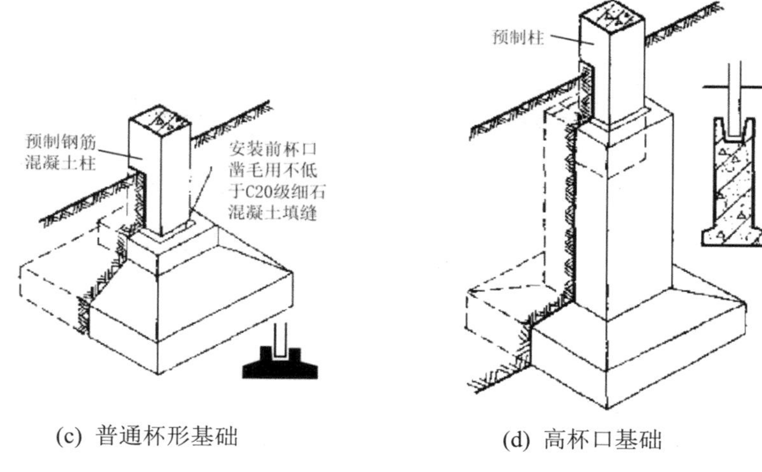

(c) 普通杯形基础　　(d) 高杯口基础

图 2-19 独立基础(续)

2. 条形基础

当建筑物上部结构采用墙承重时，基础沿墙身设置，多做成长条形，这种基础称为条形基础或带形基础，长条形是条形基础的基本形式。墙下条形基础如图 2-20(a)所示。

当建筑采用框架结构，但地基条件较差时，为满足地基承载力的要求，提高建筑的整体性，可把柱下独立基础在一个方向连接起来，称为柱下条形基础，如图 2-20(b)所示。

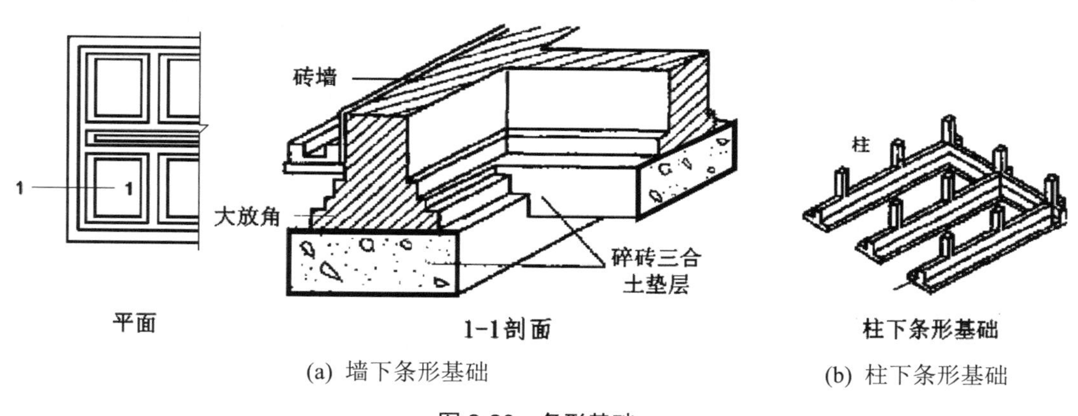

(a) 墙下条形基础　　(b) 柱下条形基础

图 2-20 条形基础

3. 井格式基础

当地基条件较差时，为了提高建筑物的整体性，防止柱子之间产生不均匀沉降，而柱下条形基础不能满足要求时，常将柱下基础沿纵横两个方向扩展连接起来，做成十字交叉的井格式基础(或称联合基础)，如图 2-21 所示。

4. 筏形基础

当建筑物上部荷载较大，而地基又软时，采用简单的条形基础或井格式基础也不能满足地基变形的需要。通常将墙或柱下基础连成一片，使建筑物的荷载传递到一块整板上，这种基础称为筏形基础，或称片筏基础、筏板基础。其基础由整片混凝土板组成，板直接作用于地基上。它的整体性好，可以跨越基础下的局部软弱土。筏形基础有平板式和梁板式两种，如图 2-22 所示。该基础选型应根据地基土土质、上部结构体系、柱距、荷载大小、使用要求以及施工条件等因素确定。与梁板式筏形基础相比，平板式筏形基础具有抗冲切及抗剪切能力强的特点，且构造简单、施工便捷。经大量工程实践和部分工程事故分析，平板式筏形基础还具有更好的适应性。筏形基础混凝土强度等级不应低于 C30。

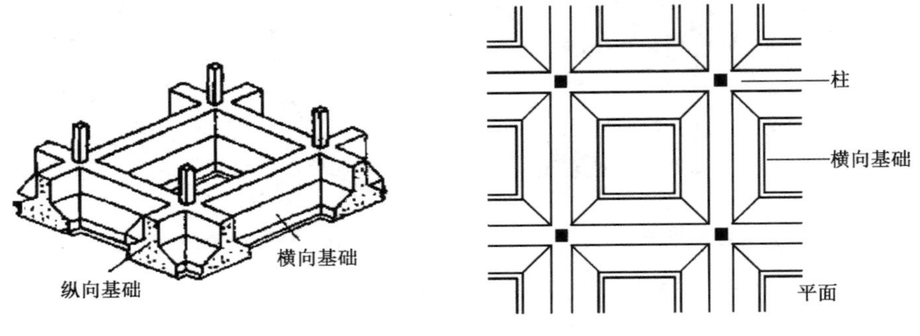

图 2-21　井格式基础

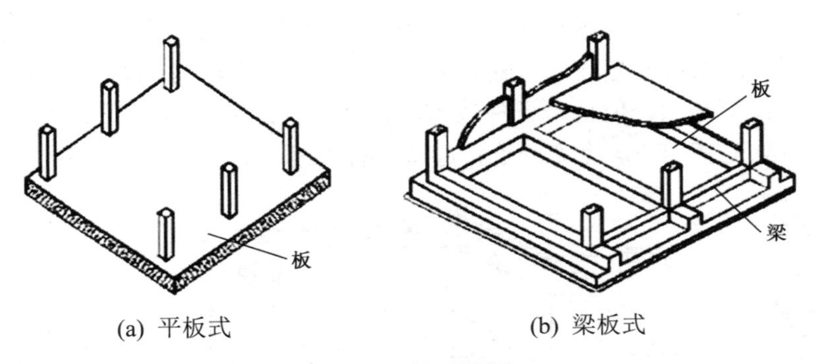

图 2-22　筏形基础

5. 箱形基础

当上部建筑物荷载大，对地基不均匀沉降要求严格，板式基础做得很深时，常将基础改做成箱形基础，如图 2-23 所示。箱形基础是由钢筋混凝土底板、顶板和若干个纵、横侧墙组成的整体性结构。箱形基础的中空部分可用作地下室，它的主要特点是刚度大，能调整基底压力，一般适用于高层建筑或在软弱地基上建造重型建筑物。

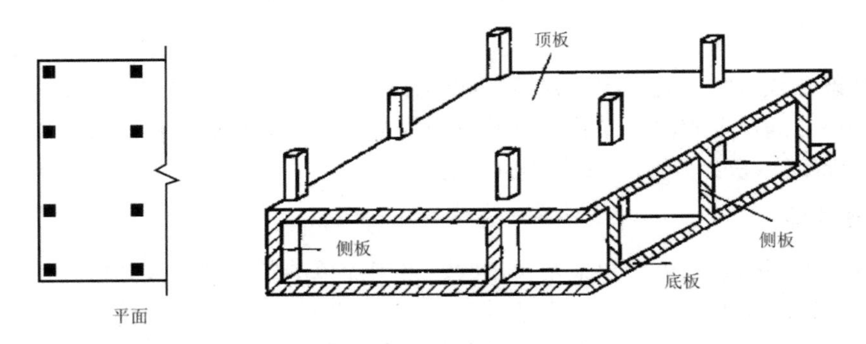

图 2-23　箱形基础

6. 桩基础

当建筑物的上部荷载较大，地基的弱土层较厚，浅层地基土不能满足建筑物对地基承载力和变形的要求，采取其他地基处理措施又不经济时，可采用桩基础。

桩基础由设置于土中的桩身和承接上部结构的承台组成，如图 2-24 所示。桩基础的施工方法是按设计的点位将桩身置于土中，在桩的上端灌注钢筋混凝土制作承台。承台上接柱或墙体，以便使建筑荷载均匀地传递给桩基，一般砖墙下设承台梁，钢筋混凝土柱下设承台板。承台混凝土强度等级不应小于 C20，承台宽度不应小于 500 mm，承台的最小厚度不应小于 300 mm，由结构计算确定。桩顶嵌入承台内的长度应不小于 50 mm。桩柱有木桩、钢桩、钢筋混凝土桩、钢管桩等，我国采用最多的是钢筋混凝土桩，其断面有圆形、方形、筒形、六角形等形式，桩身混凝土强度应满足桩的承载力设计要求。

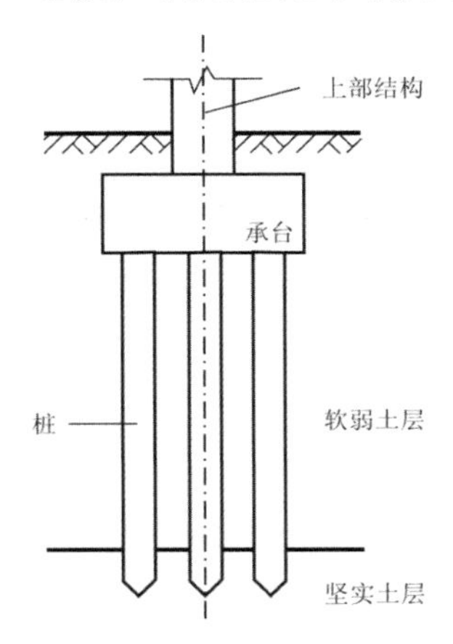

图 2-24　桩基础组成示意图

桩基础按照桩的受力方式可分为端承桩和摩擦桩；按照桩的施工方法可分为预制桩、灌注桩、爆扩桩。

预制桩是在预制好桩身后将其用打桩机打入土中，断面直径一般为 200～350 mm，桩长不超过 12m。虽然预制桩质量易于保证，不受地基等其他条件的影响，但其造价高、用钢量大、施工时有噪声。

灌注桩是直接在地面上钻孔或打孔，然后放入钢筋笼，浇注混凝土。它具有施工快、造价低等优点，但当地下水位较高时，容易出现颈缩现象。

爆扩桩是用机械或人工钻孔后，利用炸药爆炸扩大孔底，再浇注混凝土而成。其优点是承载力较高(因为有扩大端)，施工速度快，劳动强度低及投资少等；缺点是爆炸产生的振动对周围房屋有影响，且容易出事故，在城市内使用受限制。

以上是常见基础的几种基本结构形式。此外，我国各地还因地制宜，采用了许多新型基础结构形式。如图 2-25 所示的壳体基础、图 2-26 所示的不埋板式基础，它们的施工方法是在天然地表面上，将场地整平，并用压路机将地表土碾压密实，在较好的持力层上浇筑钢筋混凝土板式基础，在构造上使基础如同一只盘子反扣在地面上，以此来承受上部荷载。这种基础大大减少了土方工作量，且较适用于软弱地基(但必须是均匀的)，同时特别适合 5～6 层整体刚度较好的居住建筑采用，但在冻土深度较大的地区不宜采用。

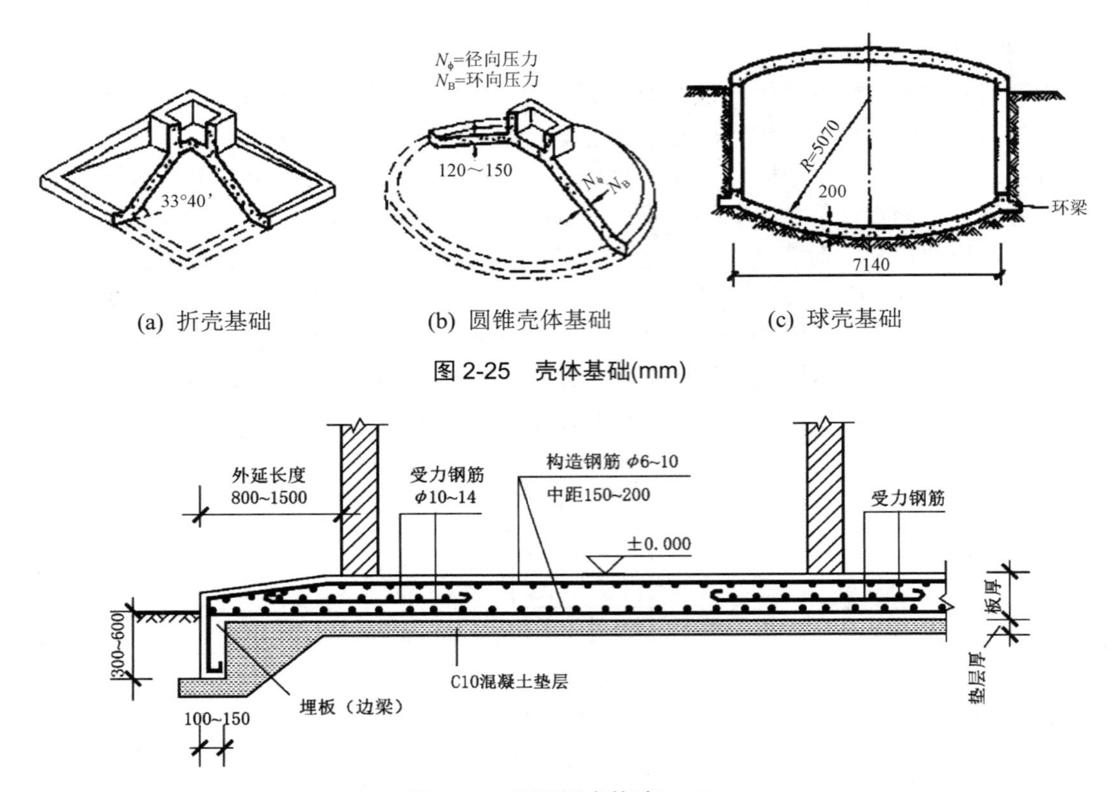

(a) 折壳基础　　(b) 圆锥壳体基础　　(c) 球壳基础

图 2-25　壳体基础(mm)

图 2-26　不埋板式基础(mm)

2.4　地下室构造

通常将建筑物地坪以下的空间称为地下室。它是建筑物首层以下的房间，可作为设备间、储藏间、商场、车库以及战备工程等，高层建筑利用深基础可建造一层或多层地下室，既可节约建设用地，增加使用面积，又可节省填土的费用。

2.4.1　地下室的分类

1. 按使用功能划分

1)　普通地下室

普通地下空间一般按地下楼层进行设计，根据用途及结构需要可做成一层、二层、三层或多层地下室，一般用作高层建筑的地下停车库、设备用房等。

2)　人防地下室

人防地下室是指有人民防空要求的地下空间，用以妥善解决战时紧急状态下人员的隐蔽和疏散问题，它具有保障人身安全的各项技术措施。设计时应严格遵照人防工程的有关规范。

按人防地下室的使用功能(指挥所的性质)和人防的重要程度，将人防地下室分为六级(其中四级又分为4A、4B两种)。

① 一级人防：中央一级的人防工事；
② 二级人防：省、直辖市一级的人防工事；
③ 三级人防：指县、区一级及重要的通讯枢纽一级的人防工事；
④ 四级人防：医院、救护站及重要的工业企业的人防工事；
⑤ 五级人防：普通建筑物下部的人员掩蔽工事；
⑥ 六级人防：抗力为 0.05MPa 的人员掩蔽和物品储存的人防工事。

2. 按埋入地下深度划分

1) 全地下室

地下室地坪低于室外地坪高度超过该房间净高 1/2 者称为全地下室。

2) 半地下室

地下室地坪低于室外地坪高度超过该房间净高 1/3，但不超过 1/2 者称为半地下室。

2.4.2 地下室的构造组成

地下室一般由墙、底板、顶板、门、窗和采光井等部分组成，如图 2-27 所示。

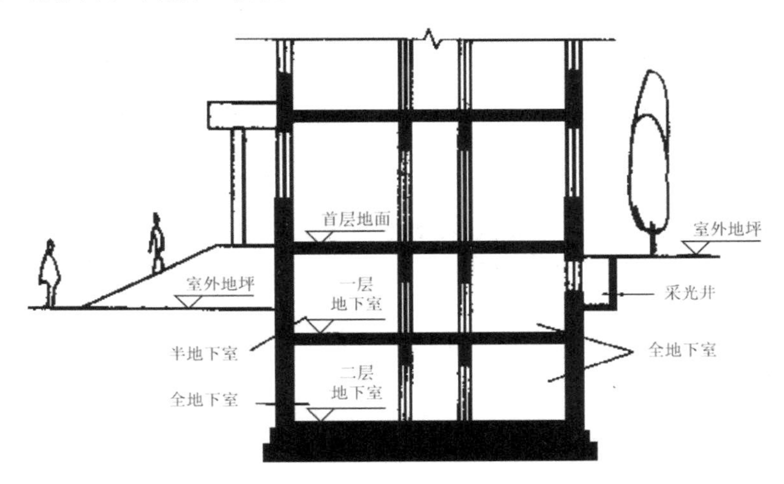

图 2-27　地下室的组成

1. 墙体

地下室的墙体不仅承受上部的垂直荷载，还要承受土、地下水及土壤冻胀时产生的侧压力，因此地下室的墙厚度应经过计算确定。采用筏形基础的地下室，应采用防水混凝土，钢筋混凝土外墙厚度不应小于 250 mm，内墙厚度不宜小于 200 mm。如果地下水位较低则可采用砖墙，砖墙厚度不应小于 490 mm。

2. 顶板

地下室的顶板常采用现浇或预制钢筋混凝土板。人防地下室的顶板，一般使用预制板时，往往需要在板上浇筑一层钢筋混凝土整体层，以保证顶板的整体性。

3. 底板

地下室的底板不仅承受作用于其上面的垂直荷载，在地下水位高于地下室底板时，还必须承受地下水的浮力，所以要求底板应具有足够的强度、刚度和抗渗能力，否则易出现渗漏现象。地下室底板常采用现浇钢筋混凝土板。

4. 门和窗

地下室的门、窗与地上部分相同。人防地下室的门应符合相应等级的防护和密闭要求，一般采用钢门或钢筋混凝土门。人防地下室一般不允许设窗。

5. 采光井

当地下室的窗在地面以下时，为达到采光和通风的目的，应设置采光井，一般每个窗设一个采光井。当窗的距离很近时，也可将采光井连在一起，如图 2-28、图 2-29 所示，即采光井可以单独设置，也可以联合设置。

图 2-28　采光井内部

图 2-29　采光井外部

采光井由侧墙、底板、遮雨设施或铁篦子组成。侧墙一般为砖墙，采光井底板则由混凝土浇筑而成，采光井的构造如图 2-30 所示。采光井的深度，根据地下室窗台的高度而定，一般采光井底板顶面应比窗台低 250～300 mm。采光井在进深方向(宽)为 1000 mm 左右，在开间方向(长)应比窗宽大 1000 mm。采光井侧墙顶面应比室外地面标高高出 250～300 mm，以防止地面水流入。

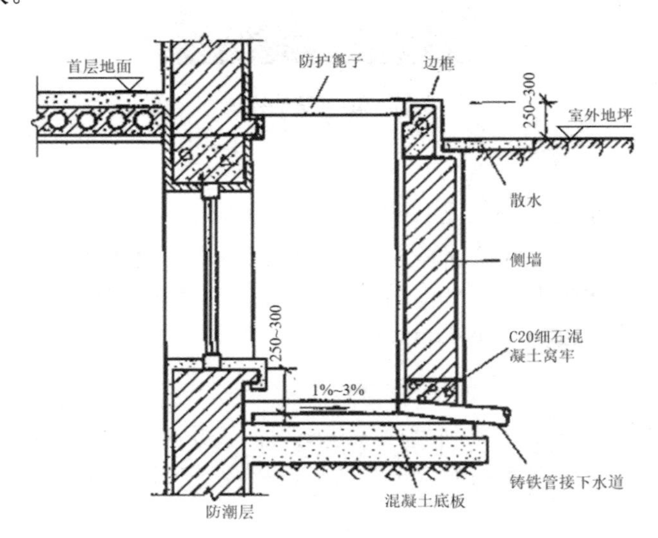

图 2-30　采光井的构造(mm)

6. 其他

人防地下室属于箱形基础的范围，其组成部分同样有顶板、底板、侧墙、门窗及楼梯等。人防地下室还应有防护室、防毒通道(前室)、通风滤毒室、洗消间及厕所等。为保证疏散，地下室的房间出口应不设门而以空门洞为主。与外界联系的出入口应设置防护门，出入口至少应有两个，其具体做法是一个与地上楼梯连接，另一个与人防通道或专用出口连接。为兼顾平时利用可在外墙侧开采光窗并设置采光井。

人防地下室面积标准应按人均 1.0m^2 计算。防空地下室的室内地坪至梁底和管底的净高不得小于 2.0 m，至顶板的结构板底面的净高不宜小于 2.4 m。

复习思考题

一、填空题

1. 人工地基加固常用的方法包括__________、__________、__________、__________。

2. 基础按照构造形式可分为__________、__________、__________、__________、__________、______等。

3. 三合土基础是由__________、__________、____________________三种材料按照体积比________或________拌合，分层铺设，夯压密实而成。

4. 地下室按照埋入地下深度可分为________和________。

二、名词解释

1. 人工地基
2. 基础埋置深度
3. 刚性基础
4. 半地下室

三、问答题

1. 基础、地基的概念是什么？
2. 基础埋深的影响因素是什么？
3. 基础如何分类？
4. 刚性基础和刚性角、非刚性基础分别是什么？
5. 常见基础构造类型有哪些？各有何特点？
6. 不同埋深的基础如何处理？
7. 地下室的种类及构造组成是什么？
8. 地下室的采光井应注意哪些构造问题？

四、制图题

绘制半地下室采光井构造做法。标注要求：构造层次名称。

思政模块

【职业素养】

教学案例：比萨斜塔为什么是“斜”的？分析地基对基础的影响，分析事故原因及处理措施，引导学生养成严肃认真的工作作风，避免在日后的工作当中有工程质量事故出现。

【职业精神】

教学案例：港珠澳大桥 6.7km 隧道能够做到滴水不漏，离不开严谨的设计与对施工质量的严格把控。

第3章

墙　　体

【学习要点及目标】

- 掌握墙体的作用、设计要求及类型
- 掌握砌体墙的基本构造
- 掌握砌体墙的细部构造，了解其相应作用
- 熟悉隔墙、隔断的基本构造
- 了解墙体设计相关规范

第3章
墙体思维导图

【本章导读】

墙体是建筑物的重要组成部分。它的作用是承重、围护以及分隔空间。墙体构造取决于选用的结构形式以及它所处的位置。此外，对墙体的物理性能的要求，如防火、隔热、保温、隔音等，也会对其构造方式产生影响。本章系统讲解墙体的设计要求及类型，以及各类墙体的基本构造等内容，并对墙体设计相关规范进行阐述，使学生对墙体构造有一个充分的认识，进一步掌握墙体构造的基本内容，并培养其墙体构造设计思路，为后续的课程学习增加相应的知识储备。

墙体 1

墙体 2

墙体 3

3.1 概　　述

“墙”是会意字：从啬，从土。“啬”有节俭收藏的意思，垒土为墙，意在收藏。墙的本义是指房屋或园场周围的障壁。

墙体作为建筑物的垂直围护构件，其主要作用是围护和分隔空间，保障所围合空间的保温、隔热、防火以及隔声等建筑性能，在墙体承重体系中同时还有承载功能，可保证建筑物的坚固与安全。同时，墙体作为建筑物中的基本元素，需要具有资源的经济性和加工的技术经济性，且应便于施工和维护，以满足大量建造的要求。墙体作为人的视觉和触觉的主要感知物，与屋顶等其他建筑构件一起，共同塑造建筑的基本形态，它是建筑设计中的立面和建筑形态的决定要素。

在人类早期的建筑物中，墙体与屋顶常以一种连续的构造体的形态展现出来，体现建筑物作为遮蔽物的原始形态和基本功能——遮蔽围护，如同包裹人体的服装。随着技术的发展、材料使用的扩展和进步以及人类利用构造手段解决问题的能力的提高，建筑物的墙体和屋顶逐渐分化出来，呈现出了不同的形态和构造体系。特别是建筑空间的层集和高大化在建筑设计中占据了控制性的地位，使得建筑立面设计成为了建筑艺术中的重要内容；墙体与屋顶、门窗等的结合使其成为构件的载体和背景；墙体材料和造型的多样性使得建筑设计语言极其丰富，同时使建筑具有鲜明的时代和地域特征及建筑师的个人风格。墙体和立面可以说是建筑物中最具有建筑学表现意义的部分，建筑物的墙体是建筑和城市风貌的决定性要素。在新技术、新材料和新的审美趣味的发展下，特别是混凝土现浇结构、空间网架结构、索膜结构、幕墙体系等新体系的发展，使建筑的墙体和屋顶、地面等又有了形成整体化的、皮膜包裹形态的可能以及信息媒介的功能。

3.2 墙体的设计要求及类型

墙体是建筑物的重要组成部分，主要起承重、围护以及分隔空间的作用。墙体有内墙与外墙、纵墙与横墙、承重墙与非承重墙之分。墙体按其材料的不同，可分为砖墙、石墙、土墙、混凝土墙以及砌块墙等。墙体按构造和施工方式的不同有块材墙、版筑墙和装配式墙之分。作为墙体，必须满足结构、保温、隔热、隔声、防火，以及适应工业化生产等方面的要求。

3.2.1 墙体的作用

墙体是建筑物的重要组成构件，占建筑物总重量的30%～45%，其耗材、造价、自重和施工周期在建筑的各个组成构件中往往占据重要的位置。墙体的作用主要体现在以下四个方面。

(1) 承重作用：承受各楼层及屋顶传下的垂直方向的荷载，水平方向的风荷载、地震作用，以及自身重量等；

(2) 围护作用：抵御自然界中风、雨、雪的侵袭，防止太阳辐射、噪声干扰及室内热量的散失，起保温、隔热、隔声、防水等作用；

(3) 分隔作用：墙体将房屋内部划分为若干个小空间，以满足功能分区要求；

(4) 装饰作用：装饰后的墙面，能够满足室内外装饰及使用功能要求，对改善整个建筑物的内外环境作用很大。

3.2.2 墙体的设计要求

在选择墙体材料和确定构造方案时，考虑墙体不同的作用，应分别满足结构与抗震、热工、隔声、防火、工业化等不同要求。

1. 结构与抗震要求

对以墙体承重为主的低层或多层砖混结构，一般要求各层的承重墙上下对齐，各层门窗洞口也以上下对齐为佳。此外还需考虑以下几方面要求。

1) 合理选择墙体承重方案

墙体有四种承重方案：横墙承重、纵墙承重、纵横墙承重和内框架承重。

(1) 横墙承重。横墙承重也称横向结构系统，是指将楼板及屋面板等水平承重构件搁置在横墙上，如图 3-1(a)所示。楼面及屋面荷载依次通过楼板、横墙、基础传递给地基，纵墙只起到加强纵向稳定、拉结以及承受自重的作用。这种方案的特点是横墙间距较小、数量多，由于有纵墙的拉结作用，建筑物的横向刚度较强，整体性好，有利于抵抗水平荷载 (风荷载、地震作用等)和调整地基不均匀沉降。由于纵墙只承担自身重量，因此在纵墙上开门窗洞口的限制较少。但是横墙间距受到限制，建筑开间尺寸不够灵活，而且墙体在建筑平面中所占面积较大。横墙承重方案适用于房间开间尺寸不大、墙体位置比较固定的建筑，如宿舍、旅馆、住宅等。

(2) 纵墙承重。纵墙承重也称纵向结构系统，是将楼板及屋面板等水平承重构件均搁置在纵墙上，屋面荷载依次通过楼板(梁)、纵墙、基础传递给地基，横墙只起分隔空间和连接纵墙的作用，如图 3-1(b)所示。由于纵墙承重，故横墙间距可以增大，能分隔出较大的空间，以适应不同的需要。但由于横墙不承重，这种承重方案抵抗水平荷载的能力比横墙承重方案差，其纵向刚度强而横向刚度弱，而且承重纵墙上开设门窗洞口有时会受到限制。这种方案主要适用于使用上要求有较大空间的建筑，如办公楼、商店、教学楼中的教室和阅览室等。

(3) 纵横墙承重。由纵横两个方向的墙体共同承受楼板、屋顶荷载的结构布置，称为纵横墙承重，也称混合承重，如图 3-1(c)所示。纵横墙承重方案平面布置灵活，两个方向的抗侧力都较好，其适用于房间开间、进深变化较多的建筑，如医院、幼儿园等。

(4) 内框架承重。内框架承重方案是指房屋内部采用柱、梁组成的内框架承重，房屋的四周采用墙承重，由墙和柱共同承受水平承重构件传来的荷载，如图 3-1(d)所示。内框架承重也称部分框架结构。由于房屋的刚度主要由框架保证，因此水泥及钢材用量较多，这种方案适用于室内需要大空间的建筑，如大型商店、餐厅等。

不同墙体承重方案性能对比如表 3-1 所示。墙体布置必须同时考虑建筑和结构两个方面的要求，既应满足建筑的功能与空间布局要求，又应选择合理的墙体结构布置方案，使墙体坚固耐久、经济适用。

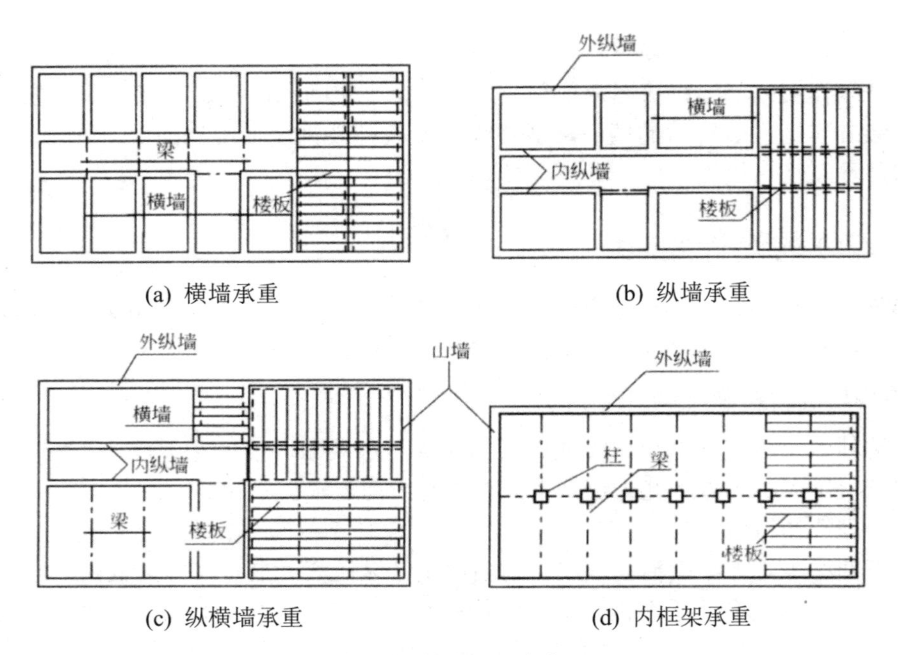

(a) 横墙承重　(b) 纵墙承重

(c) 纵横墙承重　(d) 内框架承重

图 3-1　墙体承重方案

表 3-1　不同墙体承重方案性能对比

方案类型	适用范围	优点	缺点
横墙承重	小开间房屋，如宿舍、住宅	横墙数量多，整体性好，房屋空间刚度大	建筑空间不灵活，房屋开间小
纵墙承重	大开间房屋，如中学的教室	开间划分灵活，能分隔出较大的房间	房屋整体刚度差，纵墙开窗受限制，室内通风不易组织
纵横墙承重	开间进深复杂的房屋	平面布置灵活	构件类型多、施工复杂
内框架承重	大空间的公共建筑，如商场	空间划分灵活，空间刚度大，各项性能较好	横墙较少，抗震性能差

2)　具有足够的强度、刚度和稳定性

作为承重墙的墙体，必须具有足够的强度以保证结构的安全。墙体的强度是指墙体承受荷载的能力，它与所采用的材料、材料强度等级、墙体的厚度、构造和施工方式有关。砖墙是脆性材料，抗变形能力小，如果层数过多、重量过大，砖墙可能会破碎和错位，甚至被压塌，因而应验算承重墙或柱在控制截面处的承载力。特别是地震区，房屋的破坏程度随层数增多而加重，所以要对房屋的高度及层数有一定的限制，设计规范中对此有相应的规定。

墙体的刚度和稳定性与墙体高度、长度和厚度及纵横向墙体间的距离有关，墙体的刚度是指墙体作为承重构件应具有抵抗变形的能力及自身应具有一定的稳定性，墙体的稳定性可通过验算确定。

一般可采用限制墙体高厚比、增加墙厚、提高砌筑砂浆强度等级以及墙内加筋等办法来保证墙体的稳定性。墙、柱高厚比是指墙、柱的计算高度与墙厚或柱边长的比值。高厚比越大构件越细长，其稳定性越差，故高厚比必须控制在允许值以内。允许高厚比限值是综合考虑了砂浆强度等级、材料质量、施工水平、横墙间距等因素确定的。为满足高厚比要求，通常在墙体开洞口部位设置门垛、在长而高的墙体中设置壁柱。

抗震设防地区，为了增加建筑物的整体刚度和稳定性，在多层砖混结构房屋的墙体中，还需设置贯通的圈梁和钢筋混凝土构造柱，使之相互连接，形成空间骨架，提高墙体抗弯、抗剪能力，使墙体在破坏过程中具有一定的延性，减缓墙体酥碎现象的产生。在地震烈度7～9度的地区内，当建筑物高差在6m以上，或建筑物有错层且楼板错层高差较大，或者构造形式不同，以及承重结构的材料不同时，一般在水平方向会有不同的刚度，此时应设置防震缝。

在墙体设计中，必须根据建筑物的层数、层高、房间大小、荷载大小等，经过计算确定墙体的材料、厚度以及合理的结构布置方案、构造措施，以满足墙体的结构及抗震要求。

2. 满足建筑节能、热工要求

为贯彻国家的节能政策，必须通过建筑设计和构造措施节约能耗。作为围护结构的外墙，在寒冷地区要具有良好的保温能力，以减少室内热量的损失，同时，应避免出现凝聚水；在炎热地区，还应具有一定的隔热能力，以防室内过热。

1) 建筑热工设计分区

《民用建筑热工设计规范》(GB 50176—2016)用累年最冷月(一月)和最热月(七月)平均温度作为分区主要指标，累年日平均温度≤5℃和≥25℃的天数作为辅助指标，将全国划分成五个建筑热工设计分区，即严寒地区、寒冷地区、夏热冬冷地区、夏热冬暖地区及温和地区，并提出相应的设计要求。

严寒地区：累年最冷月平均温度低于-10℃，日平均温度≤5℃天数≥145天的地区，如黑龙江和内蒙古的大部分地区。这个地区应加强建筑物的防寒措施，一般可不考虑夏季防热。

寒冷地区：累年最冷月平均温度为-10℃～0℃，日平均温度≤5℃天数为90～145天的地区，如东北地区的吉林、辽宁，华北地区的山西、河北、北京、天津及内蒙古的部分地区。这个地区应以满足冬季保温设计要求为主，适当兼顾夏季防热。

夏热冬冷地区：最冷月平均温度为0℃～10℃，最热月平均温度为25℃～30℃，日平均温度≤5℃天数为0～90天，日平均温度≥25℃天数为49～110天的地区，如陕西、安徽、江苏南部、广东、广西、福建北部地区。这个地区必须满足夏季防热要求，适当兼顾冬季保温。

夏热冬暖地区：最冷月平均温度高于10℃，最热月平均温度为25℃～29℃，日平均温度≥25℃天数为100～200天的地区，如广东、广西、海南和福建南部地区。这个地区必须充分满足夏季防热要求，一般可不考虑冬季保温。

温和地区：最冷月平均温度为0℃～13℃，最热月平均温度为18℃～25℃，日平均温度≤5℃天数为0～90天的地区，如云南全省和四川、贵州的部分地区。这个地区的部分地区应考虑冬季保温，一般可不考虑夏季防热。

2) 保温要求

在严寒的冬季，热量通过外墙由室内高温一侧向室外低温一侧传递的过程中，既产生热损失、又会遇到各种阻力，使热量不会突然消失，这种阻力称为热阻。热阻越大，通过墙体所传出的热量就越小，墙体的保温性能就越好，反之则差。因此，对于有保温要求的墙体，须提高其热阻，通常采取以下措施实现。

(1) 增加墙体的厚度。墙体的热阻值与其厚度成正比，想要提高墙身的热阻，可增加其厚度。因此，严寒地区的外墙厚度往往超过结构的需要。虽然增加墙厚能提高一定的热阻值，却很不经济，所以一般不宜简单地采用这种办法来提高墙体的保温能力。

(2) 选择导热系数小的墙体材料。一般把导热系数值小于 0.23W/(m・K)的材料称为保温材料。在建筑工程中，常选用导热系数小的保温材料，如选用泡沫混凝土、加气混凝土、陶粒混凝土、膨胀珍珠岩、膨胀蛭石、泡沫塑料、矿棉及玻璃棉等作墙体材料，以增加墙体的保温效果。

(3) 墙中设置保温层。墙体中设置保温层，用导热系数小的材料与承重的墙体组合在一起形成一种保温墙体，从而让不同性质的材料各自发挥其功能。保温层可设在外墙外侧、外墙内侧和墙体中间等部位。

保温层设在外墙内侧，承重层可起保护作用，有利于保温层的耐久，但墙内热稳定性较差，如果构造不当还易引起内部结露。保温层设在外墙外侧，室内热稳定性好，不易出现内部结露，且承重层温度应力小，但在保温层外需有保护、防水措施。保温层设在外墙中部可提高保温层耐久性和热稳定性，但构造复杂。

(4) 墙中设置封闭空气间层。墙体中设封闭空气间层是提高墙体保温能力的有效且经济的方法。因静止空气是热的不良导体(导热系数 λ=0.023W/(m・K))，由实验数据得知 60～100 mm 厚封闭空气间层热阻值达 0.18(m^2・K)/W，比 120mm 厚实心砖墙的热阻值 0.15(m^2・K)/W 还要大。因此用空心砖、空心砌块等材料砌墙对保温有利。

(5) 采取综合保温与防热措施。如充分利用太阳能，在外墙设置空气置换层，将被动式太阳房外墙设计为一个集热器(或散热器)。被动式太阳房墙体构造如图 3-2 所示。

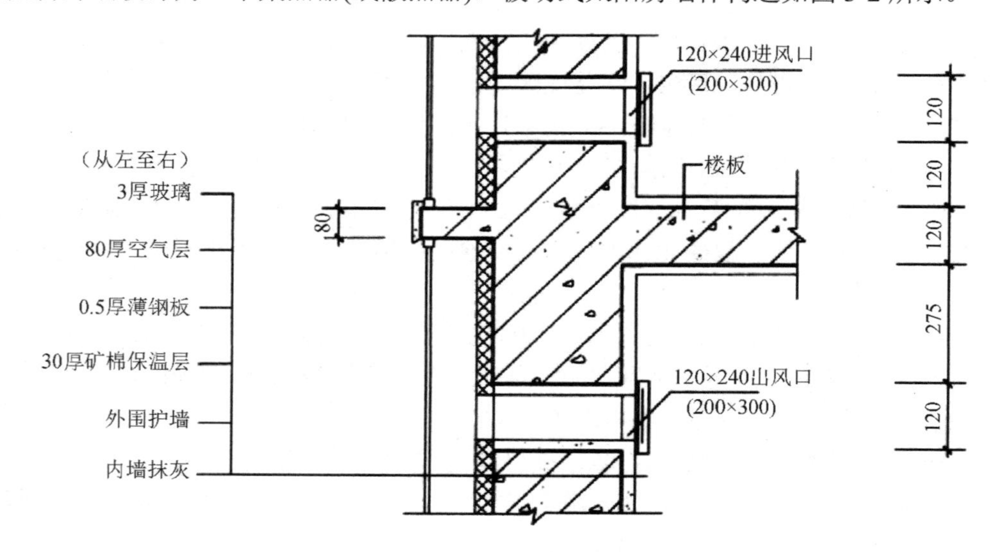

图 3-2 被动式太阳房墙体(特朗勃墙)构造(mm)

(6) 改进外墙上门窗缝隙构造，防止能量损失。

3) 墙体隔热要求

我国南方地区，特别是长江流域、东南沿海等地，夏季炎热时间长，太阳辐射强烈，气温较高，如七月份平均气温高达30℃～38℃、太阳水平辐射强度高达930～1046 W/m^2。同时，这些地区的相对湿度也大，属于湿热气候。

墙体防热的能力直接影响室内气候条件，尤其在开窗的情况下，影响更大。为了使室内不致过热，除了考虑对周围环境采取防热措施，并在建筑设计中加强对自然通风的组织外，对外墙的构造设计，还需进行隔热处理。由于外墙外表面受到的日照时数和太阳辐射强度以东、西向最大，东南和西南向次之，南向较小，北向最小，因此隔热应以东、西向墙体为主，一般采取以下措施。

(1) 对墙体外表面宜采用浅色而平滑的外饰面，如白色抹灰，贴陶瓷砖、马赛克、浅色墙地砖、金属外墙板等，以反射太阳光，减少墙体对太阳辐射热的吸收；

(2) 在窗口的外侧设置遮阳设施，以减少太阳对室内的直射；

(3) 在外墙内部设置通风间层，利用风压和热压作用，使间层中空气不停地交换，从而降低外墙内表面的温度；

(4) 利用植被对太阳能的转化作用而降温。即在外墙外表面种植各种攀缘植物，利用植被的遮挡、蒸腾和光合作用，吸收太阳辐射热，从而起到隔热的作用。

3. 满足隔声要求

为保证建筑室内有一个良好的声学环境，对不同类型建筑、不同位置墙体应有隔声要求。

墙体隔声主要是指隔离由空气直接传播的噪声。隔声量是衡量墙体隔绝空气声能力的标志。隔声量越大，墙体的隔声性能越好。

墙体隔声量与墙的单位面积质量(即面密度)有关，墙体单位面积质量越大，隔声量越高，这一关系通常称为“质量定律”。此外，墙体隔声量还与其构造形式和声音频率有关。

一般采取以下措施提高墙体隔声量。

(1) 加强墙体缝隙的填实处理；

(2) 增加墙厚和墙体的密实性；

(3) 采用有空气间层或在间层中填充吸声材料的夹层墙；

(4) 尽量利用垂直绿化降噪声。

4. 满足防火要求

墙体材料的燃烧性能和耐火极限必须符合防火规范的规定。有些建筑还应按防火规范要求设置防火墙，防止火灾蔓延。

5. 适应工业化建造的需要

逐步改革以普通黏土砖为主的墙体材料，是建筑工业化的一项内容，它可为生产工业化、施工机械化创造条件，以及大大降低劳动强度和提高施工的工效。

6. 其他要求

还应根据实际情况，考虑墙体的防潮、防水、防射线、防腐蚀及经济等方面的要求。

3.2.3 墙体的类型

1. 按墙体所处位置不同分类

墙体按所处位置不同，可以分为外墙和内墙。外墙位于房屋的四周，又称外围护墙。内墙位于房屋内部，主要起分隔内部空间的作用。

墙体按布置方向又可以分为纵墙和横墙。凡沿建筑物短轴方向布置的墙称为横墙，横向外墙俗称为山墙。凡沿建筑物长轴方向布置的墙称为纵墙。

另外，根据墙体与门窗的位置关系，墙体又有窗间墙、窗下墙、女儿墙之分。平面上窗洞口之间或窗洞与门洞之间的墙称为窗间墙；立面上窗洞口之间的墙称为窗下墙，又称窗肚墙；外墙突出屋顶的部分称为女儿墙。

不同位置的墙体名称如图 3-3、图 3-4 所示。

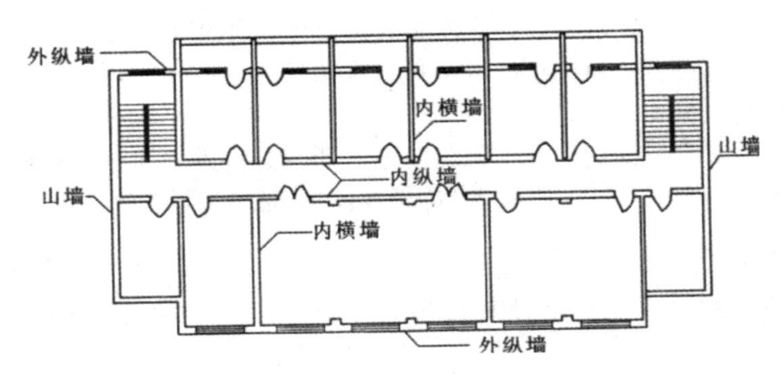

图 3-3 墙体按布置方向分类

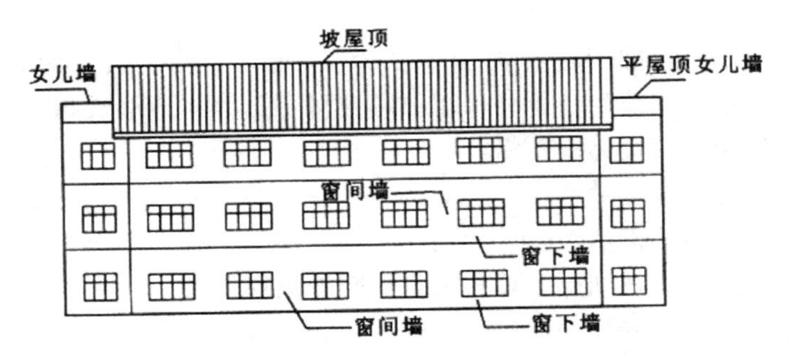

图 3-4 墙体按照与门窗位置关系分类

2. 按墙体受力性质分类

墙体按结构垂直方向的受力情况可以分为承重墙和非承重墙两种。承重墙直接承受上部楼板及屋顶传下来的荷载。凡不承受外来荷载的墙称为非承重墙。在砖混结构中，非承重墙可以分为自承重墙和隔墙。自承重墙仅承受自身重量，并把其自重传给基础。隔墙仅起分隔空间作用，并把自重传给楼板层或附加的小梁。在框架结构中，非承重墙可以分为填充墙和幕墙。填充墙是位于框架梁柱之间的墙体。当墙体悬挂于框架梁柱的外侧起围护作用时，称为幕墙，如金属幕墙、玻璃幕墙或石材幕墙等。幕墙的自重由其连接固定部位的梁柱承担。

3. 按墙体材料分类

墙体按所用材料的不同，可分为砖墙、石墙、土墙、混凝土墙以及利用多种工业废料制作的砌块墙等，如图3-5所示。砖墙是我国传统的墙体，应用最广。在产石地区利用石块砌墙具有很好的经济价值。土墙是就地取材、造价低廉的地方性墙体。利用工业废料发展各种墙体材料是墙体改革的重要课题，应予以重视。目前，各种新材料的墙体层出不穷，其中常见的几类墙体如表3-2所示。

表3-2　常见的几类新材料墙体

序号	承重墙	自承重砌块墙	自承重隔墙板
1	混凝土小型砌块墙		混凝土或GRC墙板
2	混凝土中型砌块墙	加气混凝土砌块墙	钢丝网抹水泥砂浆墙板
3	粉煤灰砌块墙	陶粒空心砌块墙	彩色钢板或铝板墙板
4	灰砂砖墙	混凝土砌块墙	配筋陶粒混凝土墙板
5	粉煤灰砖墙	黏土砖墙	轻集料混凝土墙板
6	现浇钢筋混凝土墙	灰砂砖墙	轻钢龙骨石膏板或硅钙板
7	黏土多孔砖墙		铝合金玻璃隔断墙

注：墙体材料的技术性能及选用要点参见《全国民用建筑工程设计技术措施——建筑产品选用技术》(2009)

图3-5　不同材料的墙体

4. 按墙体构造做法分类

墙体按照构造方式可分为实体墙、空体墙和组合墙三种，如图3-6所示。

1)　实体墙

实体墙是指由单一材料(如多孔砖、实心黏土砖、石块、混凝土和钢筋混凝土等)组成且不留空隙的墙体，如图3-6(a)所示。

2)　空体墙

空体墙也由单一材料组成，可由单一材料砌成内部空腔，也可用具有孔洞的材料建造墙体，如空斗砖墙、空心砌块墙等。

空斗砖墙在我国民间流传很久，其采用实心砖侧砌，或平砌与侧砌相结合，如图 3-6(b)所示。这种墙体的材料是普通黏土砖。空体墙与实体墙相比，具有节省材料、自重轻、保温隔热、隔声好、强度低等特点，可用作三层以下民用建筑的承重墙，但不宜在抗震设防地区使用。

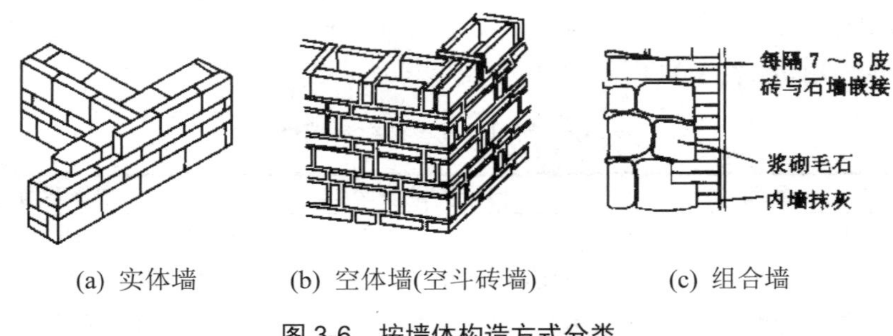

(a) 实体墙　(b) 空体墙(空斗砖墙)　(c) 组合墙

图 3-6　按墙体构造方式分类

3)　组合墙

组合墙由两种或两种以上材料组合而成，如图 3-6(c)所示。通常这种墙体的主体结构为砖或钢筋混凝土，其一侧或墙体中间为轻质保温板材，常用的保温材料有膨胀聚苯板(EPS 板，导热系数为 0.038～0.041W/(m ·K))、挤塑聚苯板(XPS 板，导热系数为 0.028～0.03 W/(m ·K))、聚氨酯发泡材料(导热系数为 0.025～0.028 W/(m · K))等。在我国北方采暖地区使用这种组合墙，能够改变建筑采暖能耗大、热环境差的状况，有利于节能。

按保温材料设置位置不同，组合墙可分为外保温墙、内保温墙和夹心墙，如图 3-7 所示。

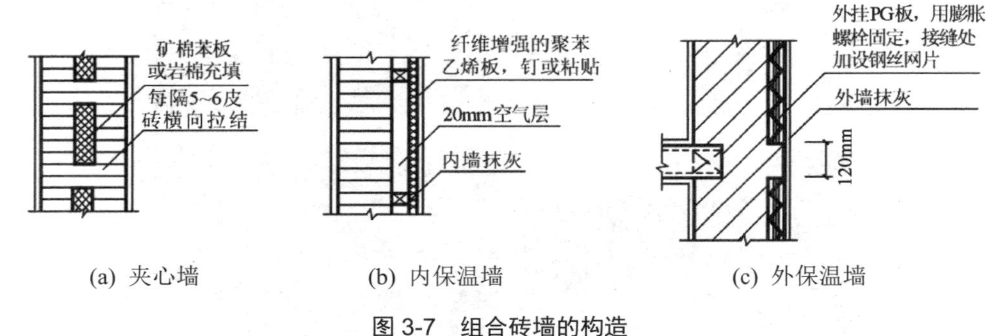

(a) 夹心墙　(b) 内保温墙　(c) 外保温墙

图 3-7　组合砖墙的构造

外墙外保温：是将保温层安装在外墙外表面，由保温层、保护层构成。其优点是热工性能高，综合投资低，适用范围广。因为保温层附主体结构的外侧，保护主体结构，所以能够延长建筑物的使用寿命；且由于保温层连续布置，基本消除了热(冷)桥、结露和霉变的现象，提高了居住的舒适度。其缺点是因保温层在墙体外侧，遭受环境破坏，所以对保温系统的耐候性和耐久性要求较高，同时施工难度大。

外墙内保温：是指在外墙结构的内部加做保温层。其优点是由于保温层在内侧，墙体调节室内温度较为迅速，耐久性好于外墙外保温，增加了使用寿命，有利于安全防火，施工简便，造价相对较低。其缺点是难以避免热(冷)桥位置导致保温性能降低，在热桥部位表面易产生结露、潮湿和霉变现象；保温层占用室内空间，减少使用面积效率，二次装修可能会对保温层造成破坏，不易修复。

夹心保温：将保温材料置于外墙的内、外两侧的墙片之间，墙片均可采用传统的黏土砖、混凝土空心砌块、钢筋混凝土等。其优点是内、外侧墙片对保温材料形成了有效的保护，防水、耐候等性能均良好； 对保温层选材要求不高，对施工季节和施工条件要求不高。其缺点是由于保温层处在两层承重刚性墙体之间，削弱了建筑主体的整体性，抗震性能较差；结构主体连接部位由于热桥的影响，削弱了墙体绝热性能。

5. 按墙体施工方法分类

墙体按施工方法不同可分为叠砌墙(板材墙)、版筑墙、装配式板材墙三种。叠砌墙是将各种加工好的块材(如普通实心砖、空心砖、加气混凝土砌块)用砂浆按一定的技术要求砌筑而成的墙体；版筑墙是直接在墙体部位竖立模板，在模板内夯筑黏土或浇筑混凝土，经振捣密实而成的墙体，如现浇混凝土墙；装配式板材墙是将工厂生产的大型板材运至现场进行机械化安装而成的墙，如 GRC 墙板、钢丝网抹水泥砂浆墙板、彩色钢板或铝合金墙板、配筋陶瓷混凝土墙板、轻集料混凝土墙板等。

3.3　砌体墙的基本构造

砌体墙是用砂浆等胶结材料将砖石砌块等块材按一定的技术要求组砌而成的墙体，如砖墙、石墙及各种砌块墙等，也可以简称为砌体。一般情况下，砌体墙具有一定的保温、隔热、隔声性能和承载能力，生产制造及施工操作简单，且不需要大型的施工设备，但是现场湿作业较多、施工速度慢、劳动强度较大。从我国实际情况出发，砌体墙在今后相当长的一段时期内仍将被广泛采用，其中砌块墙是我国墙体材料改革的主要途径之一。图 3-8 所示为常见的砌体墙。

(a) 土坯砖墙　(b) 天然石材墙

(c) 卵石墙　(d) 砌块墙

图 3-8　砌体墙

3.3.1 砌体墙材料

砌体墙包括块材和胶结材料两种材料，由胶结材料将块材砌筑成整体的砌体。

1. 块材

砌体墙所采用块材主要有各种砖、砌块等，如图 3-9 所示。

图 3-9 砌体墙所用块材

1) 砖

砖的种类很多，按材料分，有黏土砖、灰砂砖、页岩砖、煤矸石砖、水泥砖以及各种工业废料砖，如炉渣砖等；按外观分，有实心砖、空心砖和多孔砖；按制作工艺分，有烧结砖和蒸压砖。目前常用的有烧结普通砖、蒸压粉煤灰砖、蒸压灰砂砖、烧结多孔砖和烧结空心砖。

烧结普通砖是指各种烧结的实心砖，其制作的主要原材料一般是黏土、粉煤灰、煤矸石和页岩等，其功能有普通砖和装饰砖之分。黏土砖具有较高的强度和热工、防火、抗冻性能，但由于黏土材料占用农田，故各大、中城市已分批逐步在住宅建设中限时禁止使用实心黏土砖。随着墙体材料改革进程的加快，在大量性民用建筑中曾经发挥重要作用的实心黏土砖将逐渐退出历史舞台，被各种新型墙砖产品替代。

我国常用的普通实心砖规格(长×宽×厚)为 240mm×115mm×53mm，当砌筑所需的灰缝宽度按施工规范取 8～12 mm 时，正好形成 4∶2∶1 的尺寸关系，便于砌筑时相互搭接和组合。标准砖的尺寸关系如图 3-10 所示。

空心砖孔洞率不小于 35%，多孔砖孔洞率在 15%～30%之间，两者尺寸规格较多。多孔砖按照形状可分为 P 型多孔砖(又称 KP1 型多孔砖)和 M 型多孔砖(又称模数多孔砖)两种。P 型多孔砖的外形常用尺寸为 240mm×115mm×90mm；M 型多孔砖的外形常用尺寸为

190mm×190mm×90mm。多孔砖承重墙体的厚度多为 190mm 或 240mm，非承重墙体的厚度多为 115mm。多孔砖规格尺寸如图 3-11 所示。

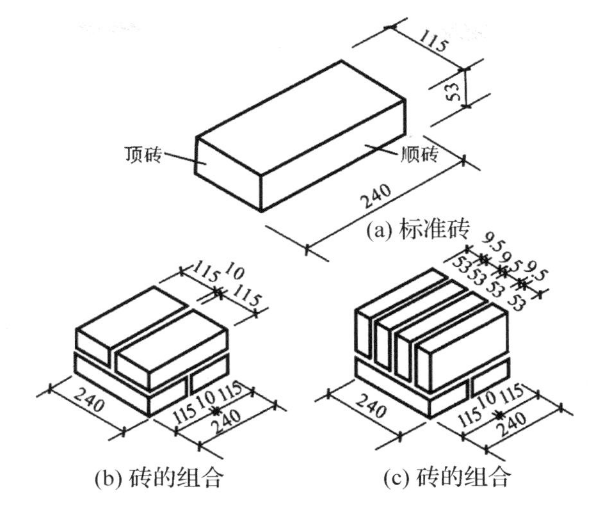

图 3-10　标准砖的尺寸关系(mm)

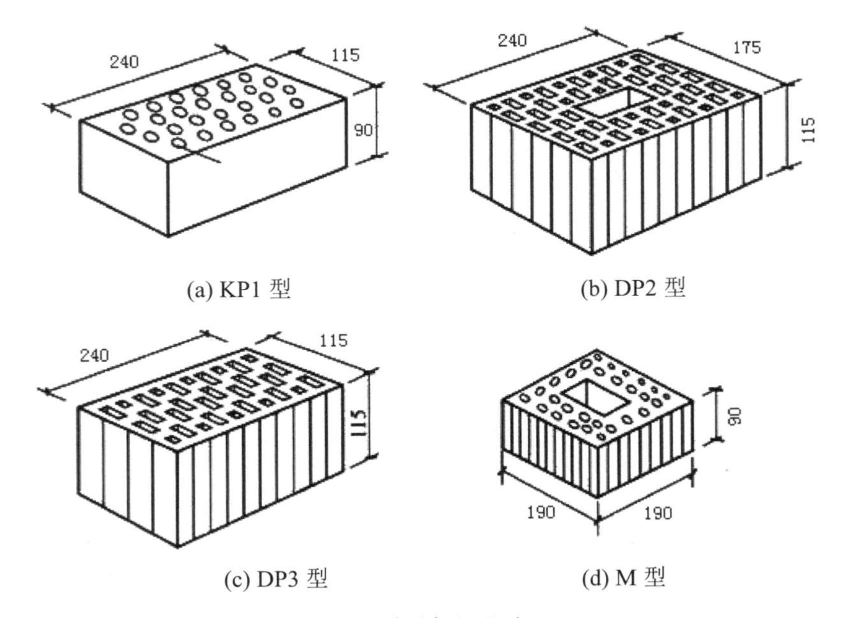

图 3-11　多孔砖规格尺寸(mm)

砖的强度等级有 MU30、MU25、MU20、MU15、MU10、MU7.5 等。此外，尺寸偏差和抗风化性能合格的砖，根据外观质量、强度等级、尺寸偏差和耐久性等指标可分为优等品(A)、一等品(B)、合格品(C)三个等级，用于砌筑清水砖墙的砖，对外观质量要求较高。

常用砌墙砖的种类、规格及强度如表 3-3 所示。

表 3-3　常用砌墙砖种类、规格及强度

名称	简图	主要规格 /mm	强度等级 /MPa	密度 /kg · m^{-3}	主要产地
普通黏土砖		240×115×53	MU7.5～MU20	1600～1800	全国各地
黏土多孔砖		240×115×53 190×190×90 240×180×115	MU7.5～MU20	1200～1300	全国各地
黏土空心砖		300×300×100 300×300×150 400×300×80	MU7.5～MU20	1100～1450	全国各地
炉渣空心砖		400×195×180 400×115×180 400×90×180	MU2.5～MU7.5	1200	全国各地
煤矸石半内燃砖		240×115×53 240×120×55	MU10～MU15	1600～1700	宁夏、湖南、陕西、辽宁
蒸养灰砂砖		240×115×53	MU7.5～MU20	1700～1850	北京、山东、四川
炉渣砖		240×115×53 240×180×53	MU7.5～MU20	1500～1700	北京、广东、福建、湖北
粉煤灰砖		240×115×53	MU7.5～MU15	1370～1700	北京、河北、陕西
页岩砖		240×115×53	MU20～MU30	1300～1600	广西、四川
水泥砂空心大砖		390×190×190 190×190×190	MU7.5～MU10	1200	广西

注：如果是承重结构的块体的强度等级，应按照《砌体结构设计规范》(GB 50003—2011)中的 3.1 材料强度等级的规定选用。

2)　砌块

砌块与砖的区别在于砌块的外形尺寸比砖大。砌块是利用混凝土、工业废料(炉渣、粉煤灰等)或地方材料制成的人造块材。其具有投资少、见效快、生产工艺简单、能充分利用工业废料和地方材料，且不与农业争地、节约能源、保护环境等优点。

(1)　砌块种类、规格。砌块的种类很多，按材料分有普通混凝土砌块、轻骨料混凝土砌块、加气混凝土砌块以及利用各种工业废料制成的砌块(如炉渣混凝土砌块、蒸养粉煤灰砌块等)；按功能分有承重砌块和保温砌块等；按砌块在组砌中的位置与作用可以分为主砌块和各种辅助砌块。

砌块按构造形式分，有实心砌块和空心砌块两种。空心砌块有单排方孔、单排圆孔和多排扁孔三种形式(见图 3-12)，其中多排扁孔对保温较有利。

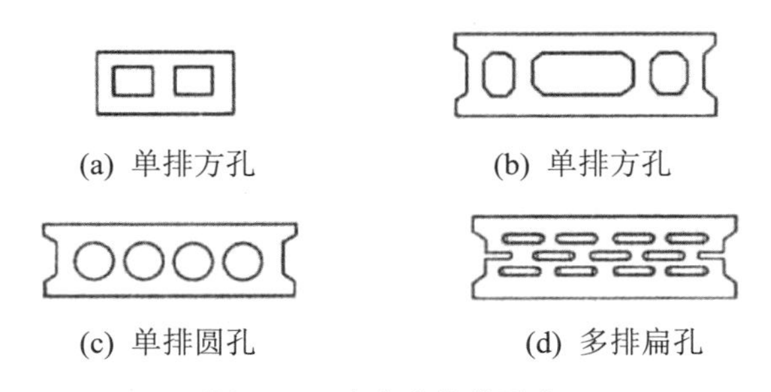

(a) 单排方孔　(b) 单排方孔

(c) 单排圆孔　(d) 多排扁孔

图 3-12 空心砌块的形式

砌块按尺寸、质量的大小不同分为小型砌块、中型砌块和大型砌块。砌块系列中主规格的高度大于 115mm 而小于 380mm 的称作小型砌块，高度为 380～980mm 的称为中型砌块，高度大于 980mm 的称为大型砌块。实际使用中以中、小型砌块居多。

小型砌块的外形尺寸(长×厚×高)多为 390mm×190mm×190mm，辅助尺寸为 90mm×190mm×190mm 和 190mm×190mm×190mm。小型砌块的尺寸系列通常采用砌块的长、宽、厚尺寸各加上一个标准灰缝厚度 10mm，恰好是基本模数 M=100mm 的整数倍数，对砌体结构设计和施工的标准化非常有利。

中型砌块有空心砌块和实心砌块之分。常见的空心砌块尺寸(长×厚×高)主要有 630mm×180mm×845mm、1280mm×180mm×845mm、2130mm×180mm×845mm；实心砌块的尺寸(长×厚×高)主要有 280mm×240mm×380mm、430mm×240mm×380mm、580mm×240mm×380mm、880mm×240mm×380mm。

(2) 砌块强度等级。承重砌块中，普通混凝土空心砌块强度等级有 MU3.5、MU5、MU7.5、MU10、MU15 等五级。非承重砌块中，轻骨料混凝土空心砌块强度等级有 MU2.5、MU3.5、MU4.5 等三级，加气混凝土砌块强度等级分为 A1.0、A2.0、A2.5、A3.5、A5.0、A7.5、A10.0 等七级。

2. 胶结材料

砌体墙所用胶结材料主要是砌筑砂浆。砌筑砂浆由胶凝材料(水泥、石灰等)、填充料(砂、矿渣、石屑等)混合并加水搅拌而成。砌筑砂浆的作用是将块材黏结成砌体并均匀传力，同时还起着嵌缝作用，并可提高墙体的强度、稳定性及保温、隔热、隔声、防潮等性能。

砌筑砂浆要求有一定的强度，以保证墙体的承载能力，还要求有适当的稠度和保水性(即有良好的和易性)，同时要方便施工。

砌筑砂浆通常使用的有水泥砂浆、石灰砂浆和混合砂浆三种。对砂浆性能主要从强度、和易性、耐水性等方面进行比较。水泥砂浆强度高、防潮性能好，但可塑性和保水性较差，主要用于受力和潮湿环境下的墙体，如地下室、基础墙等；石灰砂浆的强度、耐水性均差，但和易性好，可以用于砌筑强度要求低的墙体以及干燥环境的低层建筑墙体；混合砂浆由水泥、石灰膏、砂加水拌和而成，有一定的强度，和易性也好，常用于砌筑地面以上的墙体，使用比较广泛。

一些块材表面较光滑，如蒸压粉煤灰砖、蒸压灰砂砖、蒸压加气混凝土砌块等，砌筑时需要加强与砂浆的粘结力，要求采用经过配方处理的专用砌筑砂浆，或采取提高块材和砂浆间粘结力的相应措施。

砂浆的强度等级有 Ml5、M10、M7.5、M5、M2.5 等。在同一段砌体中，砂浆和块材的强度应有一定的对应关系，以保证砌体的整体强度。

根据试验测得，砌体的强度随砖和砂浆标号的增高而增高，但不等于两者的平均值，而且是远低于其平均值，如表 3-4 所示。

表 3-4　砌体强度

单位：N/mm²

砖强度等级	砂浆强度等级			
	M10	M5.0	M2.5	M1.0
MU15	4.7	3.8	3.2	2.7
MU10	3.8	3.1	2.5	2.1
MU7.5		2.7	2.2	1.8
MU5.0		2.2	1.8	1.4

3.3.2　砌体墙组砌方式

组砌是指砌体块材在砌体中的排列。组砌的关键是错缝搭接，使上下皮块材的垂直缝交错，保证砌体墙的整体性。如果墙体表面或内部的垂直缝处于一条线上，即形成通缝(见图 3-13)，在荷载作用下，会使墙体的强度和稳定性显著降低。砖墙和砌块墙由于块材尺寸和材料构造的差异，对墙体的组砌有一些不同的要求。

1. 砖墙的组砌

在砖墙的组砌中，把砖的长边垂直于墙面砌筑的砖叫丁砖，把砖的长边平行于墙面砌筑的砖叫顺砖。每排列一层砖称为一皮，上下皮之间的水平灰缝称横缝；左右两块砖之间的垂直缝称竖缝。标准缝宽为 10mm，可以在 8～12mm 之间进行调节。为了保证墙体的强度和稳定性，砌筑时要避免通缝，砌筑原则是：横平竖直、错缝搭接、灰浆饱满、厚薄均匀。当外墙面做清水墙时，组砌还应考虑墙面图案美观。

砖墙组砌示意图如图 3-13 所示。

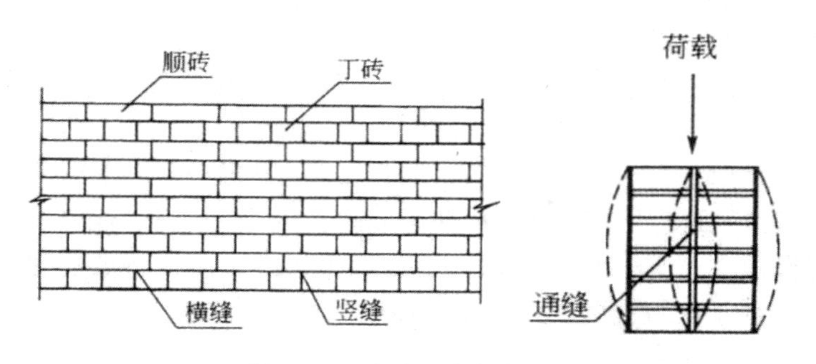

图 3-13　砖墙组砌示意图

1)　实心砖墙

实心砖墙是用普通实心砖砌筑的实体墙。普通实心砖墙组砌时，上下皮错缝搭接长度不得小于 60mm，常采用顺砖和丁砖交替砌筑。常见的砌式有全顺式(半砖墙)、一顺(或多顺)

一丁式、每皮丁顺相间式、两平一侧式(3/4 砖墙)等，如图 3-14 所示。

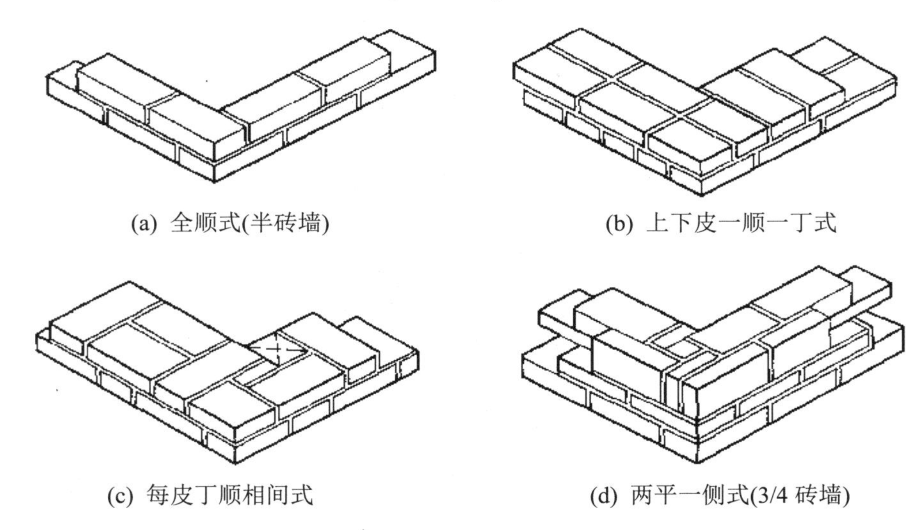

(a) 全顺式(半砖墙)　　(b) 上下皮一顺一丁式

(c) 每皮丁顺相间式　　(d) 两平一侧式(3/4 砖墙)

图 3-14　砖墙的砌式

2)　空斗墙

空斗墙是以普通黏土砖砌筑而成的空心墙体，墙厚一般为一砖。这种墙侧砌的砖为斗砖，平砌的砖为眠砖。全由斗砖砌筑而成的墙称为无眠空斗墙；每隔一至三皮斗砖砌一皮眠砖的墙称为有眠空斗墙，空斗墙的组砌方式如图 3-15 所示。

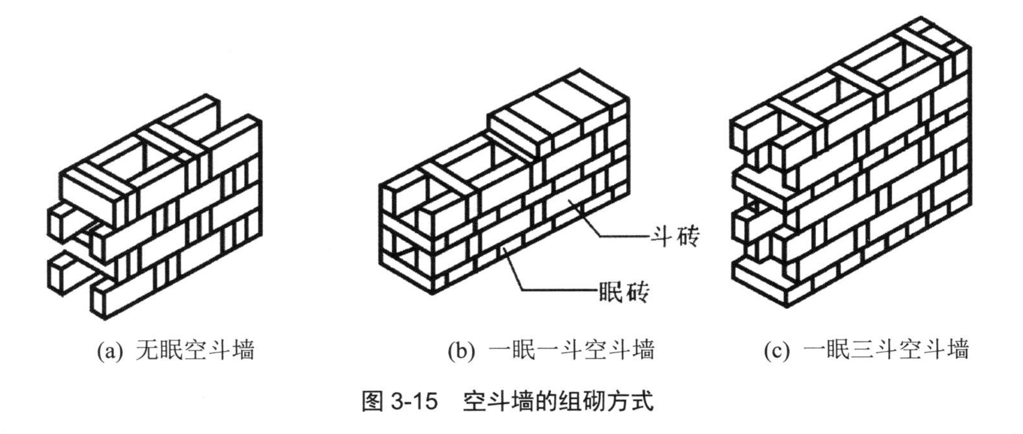

(a) 无眠空斗墙　　(b) 一眠一斗空斗墙　　(c) 一眠三斗空斗墙

图 3-15　空斗墙的组砌方式

空斗墙在构造上要求在墙体重要部位，如基础、勒脚、门窗洞口两侧，以及纵横墙交接处，梁板支座处采用眠砖实砌，空斗墙加固部位示意图如图 3-16 所示。

3)　多孔砖墙

多孔砖墙的砌筑方式有全顺式、一顺一丁式和丁顺相间式，如图 3-17 所示。DM 型多孔砖一般采用整砖顺砌的方式，上下皮错开 1/2 砖。如出现不足一块多孔砖的空隙，则用实心砖填砌。多孔砖墙体在±0.000 以下基础部分不得使用多孔砖，必须使用实心砖或其他基础材料砌筑。墙身可预留孔洞和竖槽，但不允许预留水平槽(女儿墙除外)，也不得临时用机械工具凿洞或射钉，以免破坏墙体。

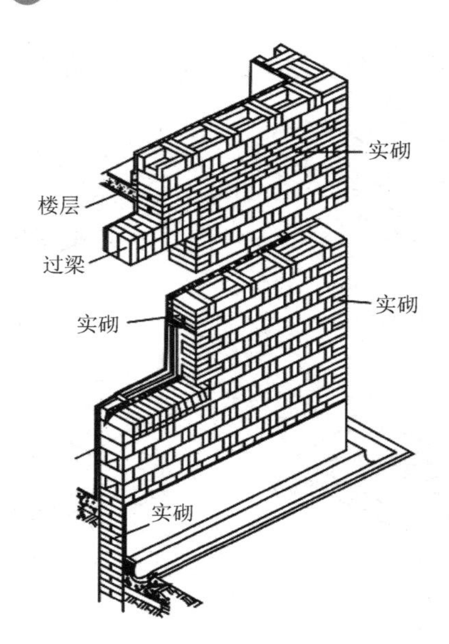

图 3-16　空斗墙加固部位示意图

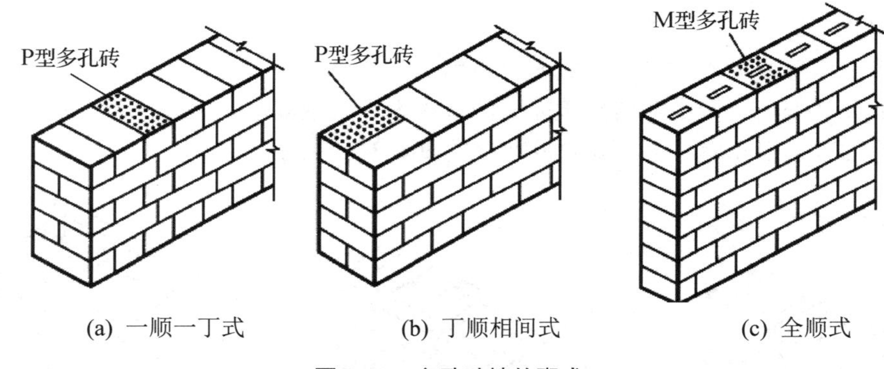

(a) 一顺一丁式　　(b) 丁顺相间式　　(c) 全顺式

图 3-17　多孔砖墙的砌式

2. 砌块墙的组砌

用砌块砌筑墙体时，必须将砌块彼此交错搭接，以保证建筑物有一定的整体性。砌块在组砌中与砖墙不同的是，砌块规格较多、尺寸较大，为保证错缝以及砌体的整体性，应事先作排列设计，并在砌筑过程中采取加固措施。排列设计就是把不同规格的砌块在墙体中的安放位置用平面图和立面图加以表示，并注明每一砌块的型号，以便施工时按排列图进料和砌筑。砌块排列设计应满足以下要求。

(1) 上下皮砌块应错缝搭接，尽量减少通缝；

(2) 墙体交接处和转角处的砌块应彼此搭接，以加强其整体性；

(3) 优先采用大规格的砌块，使主砌块的总数量在 70%以上，以利加快施工进度；

(4) 尽量减少砌块规格，在砌块体中允许用极少量的普通砖来镶砌填缝，以方便施工；

(5) 空心砌块上下皮之间应孔对孔、肋对肋，以保证有足够的接触面。

砌块排列平面与内墙立面示意图如图 3-18 所示。

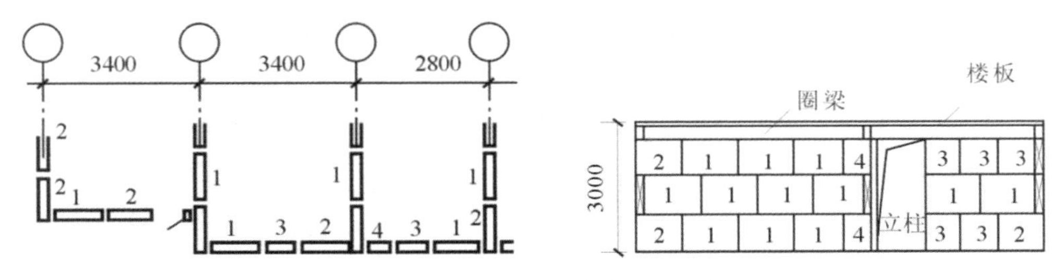

图 3-18 砌块排列平面与内墙立面示意图(mm)

由于砌块规格很多，外形尺寸往往不像砖那样规整，因此砌块组砌时，缝型比较多，有平缝、凹槽缝和高低缝，如图 3-19 所示。平缝制作简单，多用于水平缝。凹槽缝灌浆方便，多用于垂直缝，也可用于水平缝。缝宽视砌块尺寸而定，小型或加气混凝土砌块缝宽为 10～15mm，中型砌块缝宽为 15～20mm。砂浆强度等级由计算确定，混凝土空心砌块砂浆强度不低于 M5。

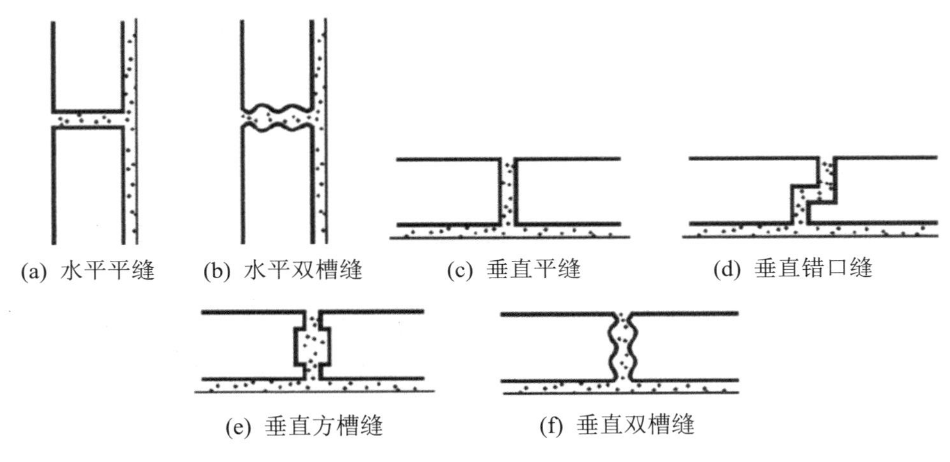

图 3-19 砌块缝型图

砌块搭接长度为砌块长度的 1/4、高度的 1/3～1/2，且不应小于 90mm。当无法满足搭接长度要求时，在水平灰缝内应设ϕ4 的钢筋网片用于拉结，横向钢筋间距不宜大于 200mm，网片每端均应超过该垂直缝，其长度不得小于 300mm。

砌块墙与后砌墙交接处，应沿墙高每 400mm 在水平缝内设置 2ϕ4、横筋间距不大于 200mm 的焊接钢筋网片。通缝的处理方法，如图 3-20 所示。

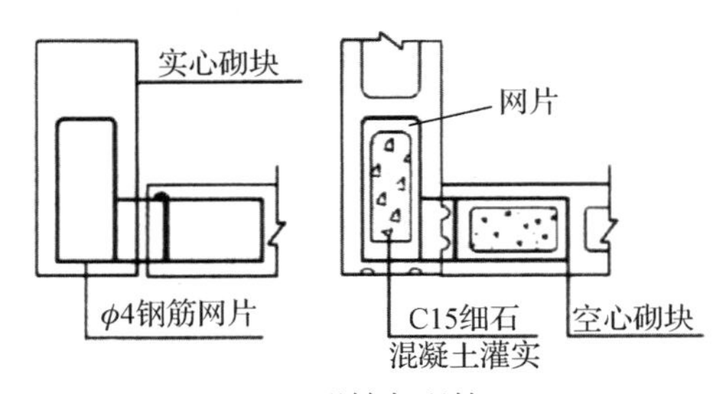

(a) L 形转角配筋

图 3-20 通缝处理方法(mm)

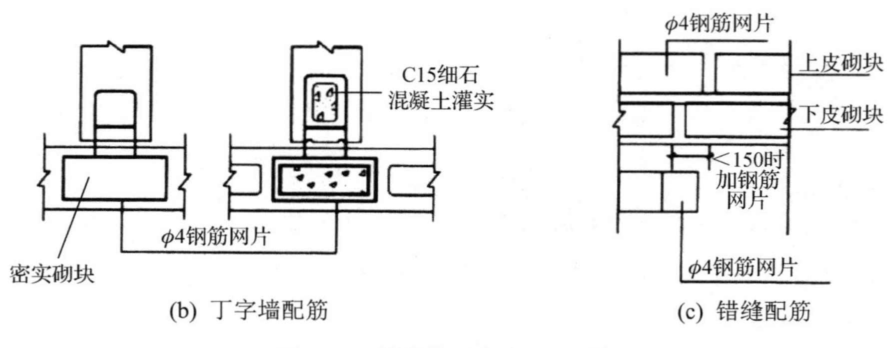

(b) 丁字墙配筋　　(c) 错缝配筋

图 3-20　通缝处理方法(mm)(续)

3.3.3　砌体墙的尺寸

墙的尺寸是指厚度和墙段两个方向的尺寸。除应满足结构和功能设计要求之外，块材墙的尺寸还必须符合块材的规格。根据块材尺寸和数量，再加上灰缝宽度，即可组成不同的墙厚和墙段。

1. 墙厚

墙厚主要由块材和灰缝的尺寸组合而成。

1)　实心砖墙

以常用的规格(长×宽×厚)240mm×115mm×53mm 为例，用砖的三个方向的尺寸作为墙厚的基数，当错缝或墙厚超过砖块尺寸时，均按灰缝宽度为 10mm 进行砌筑。从尺寸上可以看出，砖厚加灰缝宽度、砖宽加灰缝宽度后与砖长形成 1∶2∶4 的比例，组砌很灵活。用标准砖砌墙时，常见的墙厚度为 115mm、178mm、240mm、365mm、490mm、615mm 等，分别称为 12 墙(半砖墙)、18 墙(3/4 砖墙)、24 墙(一砖墙)、37 墙(一砖半墙)、49 墙(二砖墙)、62 墙(二砖半墙)等(见表 3-5)，墙体即按这些尺寸砌筑。

表 3-5　墙厚名称及尺寸

单位：mm

习惯称谓	半砖墙	3/4 砖墙	一砖墙	一砖半墙	二砖墙	二砖半墙
工程称谓	12 墙	18 墙	24 墙	37 墙	49 墙	62 墙
构造尺寸	115	178	240	365	490	615
标志尺寸	120	180	240	360	480	620
尺寸组成	115×1	115×1+53+10	115×2+10	115×3+20	115×4+30	115×5+40

常见砖墙厚度与砖规格的关系如图 3-21 所示。

当采用复合材料或带有空腔的保温隔热墙体时，墙厚尺寸在块材尺寸基数的基础上根据构造层次计算即可。

2)　空心砖墙

空心砖墙的厚度及轴线定位与砖的类型、圈梁的设置等有关。

(1)　模数多孔砖。模数多孔砖的墙体厚度以 50mm(M/2)进级，如表 3-6 所示。

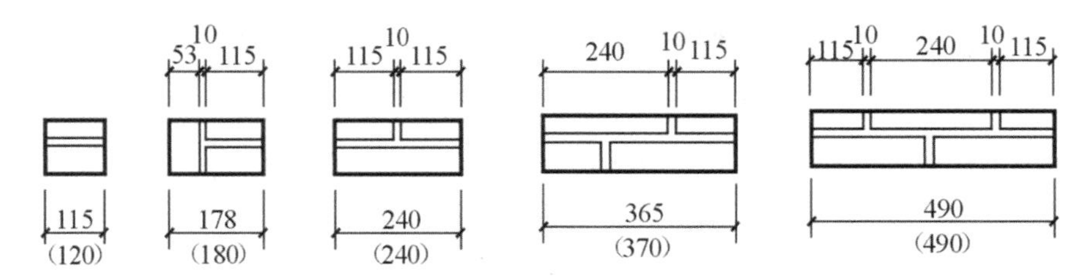

图 3-21　墙厚与砖规格的关系(mm)

表 3-6　多孔砖墙厚

模数	1M	1.5M	2M	2.5M	3M	3.5M	4M
墙厚/mm	90	140	190	240	290	340	390
用砖类型	DM4	DM3	DM2	DM1	DM2+DM4	DM1+DM4	DM1+DM3
				DM3+DM4		DM2+DM3	

当设板平圈梁时，外墙定位轴线距顶层墙身内缘为 100mm；设板底圈梁或无圈梁时，外墙定位轴线距顶层墙身内缘为 150mm；承重内墙定位轴线与顶层墙身中心线重合。

(2)　普通多孔砖。普通多孔砖墙体的厚度有 120mm、240mm、360mm、490mm 等。

墙的定位同普通砖墙。即外墙定位轴线距顶层内缘为 120mm；承重内墙定位轴线与顶层墙身中心线重合。

2. 洞口与墙段尺寸

1)　洞口尺寸

洞口主要是指门窗洞口，其尺寸应按模数协调统一标准制定，这样可以减少门窗规格，有利于工厂化生产，提高工业化的程度。一般情况下，1000mm 以内的洞口尺寸采用基本模数 100mm 的倍数，如 600mm、700mm、800mm、900mm、1000mm 等；大于 1000mm 的洞口尺寸多采用扩大模数 300mm 的倍数，如 1200mm、1500mm、1800mm 等。

2)　墙段尺寸

墙段尺寸是指窗间墙、转角墙等部位墙体的长度。承重墙体的墙段尺寸需满足结构和抗震的要求。

墙段由块材和灰缝组成。以标准砖为例，在 115mm 砖宽基础上加 10mm 灰缝宽度，共计 125mm(115mm+10mm=125mm)，以此作为砖的组合模数。按此砖模数的墙段尺寸有 240mm、370mm、490mm、620mm、740mm、870mm、990mm、1120mm、1240mm、1365mm、1490mm 等。

砖墙的洞口及墙段尺寸如图 3-22 所示。

但是砖模数 125mm 与我国现行《建筑模数协调统一标准》中的扩大模数 3M 制不一致。在一栋房屋中采用两种模数，在设计、施工中会出现不协调现象；而且砍砖过多会影响砌体强度。解决这一矛盾的办法是调整灰缝大小，施工规范允许竖缝宽度为 8～12mm，使墙段有少许的调整余地。但是，如果墙段短、灰缝数量少，调整范围就小。所以当墙段长度小于 1.5m 时，设计时宜使其符合砖模数；当墙段长度超过 1.5m 时，可不再考虑砖模数。

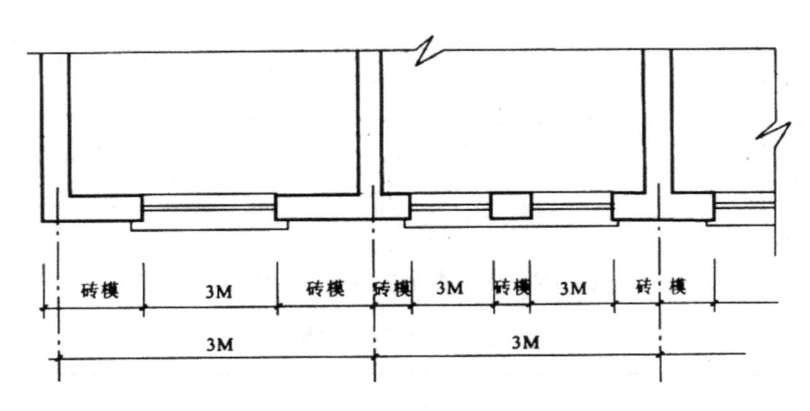

图 3-22　砖墙的洞口及墙段尺寸

另外，门窗洞口位置的墙段尺寸还应满足结构需要的最小尺寸，为了避免应力集中在小墙段上而导致墙体的破坏，对转角处的墙段和承重窗间墙的宽度有限值要求(非抗震)，图 3-23 所示为多层房屋窗间墙宽度限值。

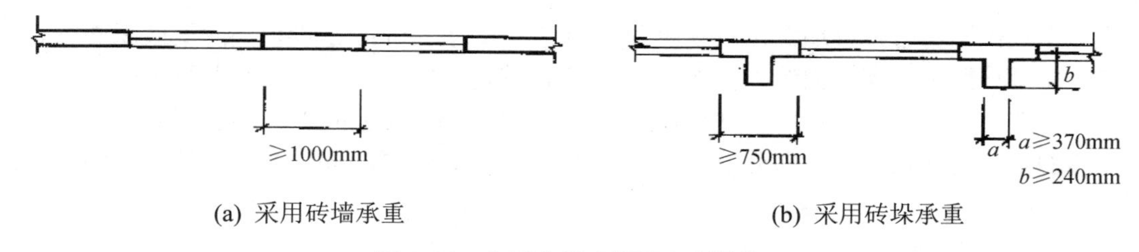

(a) 采用砖墙承重　　(b) 采用砖垛承重

图 3-23　多层房屋窗间墙宽度限值

在抗震设防地区，墙段尺寸应符合现行《建筑抗震设计规范》(GB 50011—2010)的要求，具体规定如表 3-7 所示。

表 3-7　有关墙段尺寸的规定

单位：m

构造类别	设计烈度			备注
	6、7 度	8 度	9 度	
承重窗间墙最小宽度	1.00	1.20	1.50	在墙角设钢筋混凝土构造柱时，不受此限；
承重外墙尽端至门窗洞边最小距离	1.00	2.00	3.00	
无锚固女儿墙(非出入口处)最大高度	0.50	0.50	—	出入口上面的女儿墙应有锚固；
内墙阳角至门窗洞边最小尺寸	1.00	1.50	2.00	阳角设钢筋混凝土构造柱时，不受此限

注：非承重外墙尽端至门窗洞边的宽度不得小于 1m。

3.3.4　砌体墙的细部构造

砌体墙作为承重构件或围护构件，不仅与其他构件密切相关，而且还受到自然界各种因素的影响。为了保证砌体墙的耐久性和墙体与其他构件的连接，应在相应的位置进行细部构造处理。砌体墙的细部构造包括墙脚、门窗洞口、墙身加固措施及防火墙等构造。

1. 墙脚构造

墙脚一般是指室内地坪以下、基础顶面以上的墙体。外墙墙脚易受到雨水冲击、机械碰撞，同时由于砌体本身存在很多微孔以及墙脚所处的位置常有地表水和土壤中的水渗入，致使墙身受潮、霉变、饰面层脱落，进而影响室内卫生环境。外墙墙脚受潮示意图，如图 3-24 所示。因此，必须做好墙脚防潮工作，增强墙脚的坚固耐久性，及时排除房屋四周的地面水。

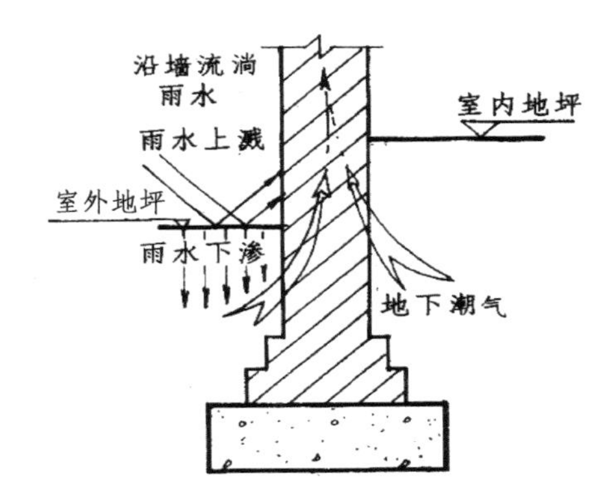

图 3-24　外墙墙脚受潮示意图

墙脚细部构造主要包括墙身防潮层、勒脚、散水或明沟。

1)　墙身防潮层

砌体墙在基础之上，部分墙体与土壤接触且本身又是由多孔材料构成。为了防止土壤中的水分沿基础墙上升以及位于外墙墙脚外侧的地面水渗入砌体，使墙身受潮，降低其坚固性，并使饰面层脱落，影响室内卫生环境，必须在墙脚部位连续设置防潮层。防潮层一般包括水平防潮层和垂直防潮层。

(1)　防潮层的位置。当室内地坪垫层为混凝土等密实材料时，防潮层的位置应设在垫层范围内且低于室内地坪 60mm 处，同时还应至少高于室外地坪 150mm，防止雨水溅湿墙面。当室内地坪垫层为透水材料(如炉渣、碎石等)时，水平防潮层的位置应与室内地坪平齐或高于室内地坪 60mm。当室内地坪出现高差时，应在墙身内设高低两道水平防潮层，并在土壤一侧设垂直防潮层。墙身防潮层的设置位置如图 3-25 所示。

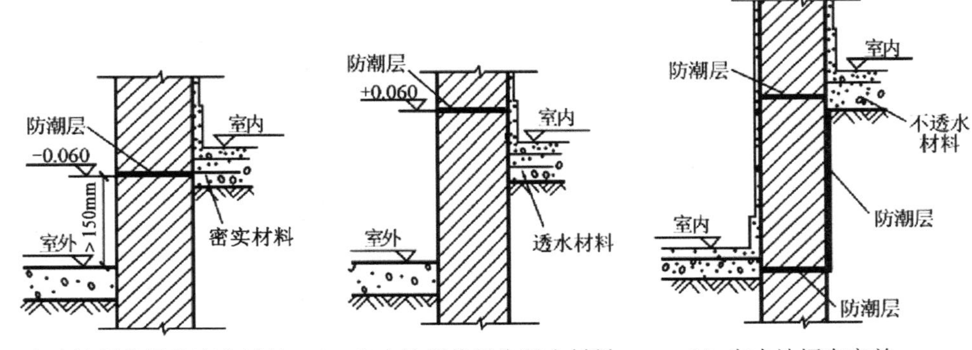

(a) 室内地坪垫层为密实材料　(b) 室内地坪垫层为透水材料　(c) 室内地坪有高差

图 3-25　墙身防潮层的设置位置

(2) 水平防潮层的构造做法。墙身水平防潮层按防潮层所用材料不同，可分为油毡防潮层、防水砂浆防潮层、细石混凝土防潮层等。

油毡防潮层：先抹 20mm 厚水泥砂浆找平层，然后干铺油毡一层或用热沥青贴一毡二油。油毡防潮层具有一定的韧性、延伸性和良好的防潮性能，但日久易老化失效，同时油毡层使墙体隔离，也削弱了砖墙的整体性和抗震能力，因此其不适用于刚度要求高的墙体或地震区。油毡防潮层的构造做法如图 3-26(a)所示。

防水砂浆防潮层：在防潮层位置抹一层 20～30mm 厚的 1∶2 水泥砂浆掺入 3%～5%防水剂配制而成的防水砂浆，或用防水砂浆砌 2～4 皮砖作防潮层。此种做法构造简单，但砂浆开裂或不饱满时影响防潮效果。该防潮层适用于抗震地区、独立砖柱和振动较大的砖砌体。防水砂浆防潮层的构造做法如图 3-26(b)所示。

细石混凝土防潮层：在防潮层位置铺设 60mm 厚 C15 或 C20 细石混凝土带，内配 3ϕ6 或 3ϕ8 钢筋。细石混凝土防潮层的抗裂性能和防潮效果较优，且能与砌体紧密结合，故其适用于整体刚度要求较高的建筑。细石混凝土防潮层的构造做法如图 3-26(c)所示。

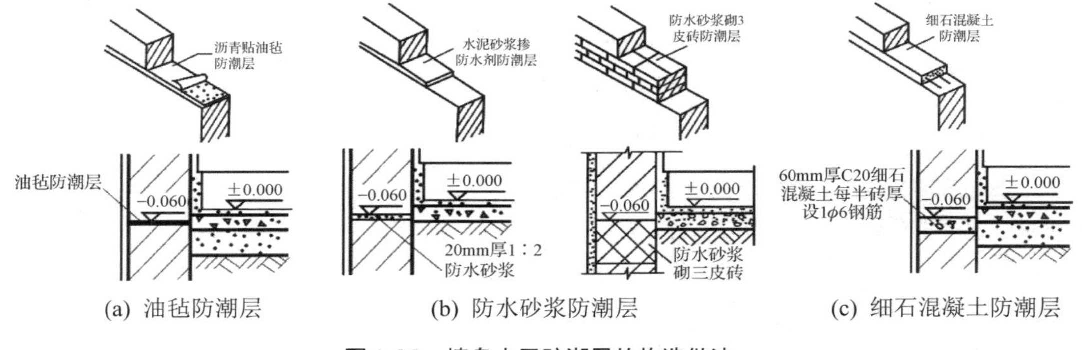

(a) 油毡防潮层　　(b) 防水砂浆防潮层　　(c) 细石混凝土防潮层

图 3-26　墙身水平防潮层的构造做法

如果墙脚采用不透水的材料(如条石或混凝土等)，或设有钢筋混凝土地圈梁时，可以不设防潮层。

(3) 垂直防潮层的构造做法。当室内地坪出现高差或室内地坪低于室外地坪时，对墙身不仅要求按地坪高差的不同设置两道水平防潮层，为了避免高地坪房间(或室外地坪)回填土中的潮气侵入低地坪房间的墙面，对有高差部分的垂直墙面也要采取防潮措施，即在填土一侧沿墙设置垂直防潮层。

其具体做法是在高地坪房间填土前，在两道水平防潮层之间的垂直墙面上，先用水泥砂浆做出 15～20 mm 厚的抹灰层，然后再涂冷底子油一道、刷热沥青两道(或做防水砂浆抹灰防潮处理)，而在低地坪一边的墙面上，则采用水泥砂浆打底的墙面抹灰，如图 3-27 所示。

2) 勒脚

勒脚是外墙墙脚接近室外地坪的部分。勒脚的作用是防止外界碰撞、防止地表水对墙脚的侵蚀、增强建筑物立面美感。其做法、高度、色彩等应结合设计要求的建筑造型，选用耐久性好、防水性能好的材料。

勒脚一般采用以下几种构造做法，如图 3-28 所示。

(1) 抹灰类勒脚：可采用 20mm 厚 1∶3 水泥砂浆打底，12mm 厚 1∶2 水泥石子浆(根据立面设计确定水泥和石子种类及颜色)水刷石或斩假石抹面。为保证抹灰层与砖墙黏结牢固，施工时应清扫墙面、洒水润湿，并可在墙上留槽使灰浆嵌入。抹灰类勒脚多用于一般建筑，其构造做法如图 3-28(a)、(b)所示。

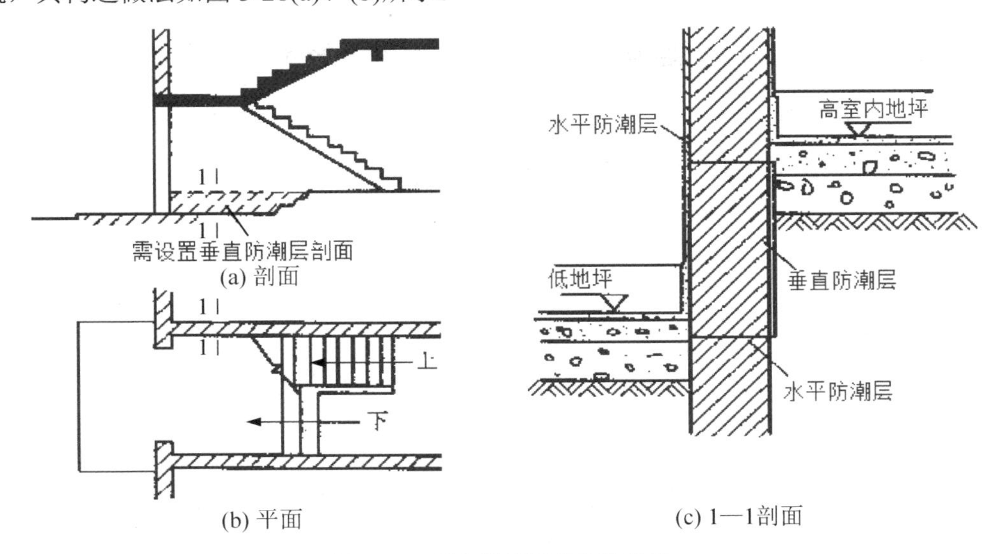

图 3-27　垂直防潮层的构造做法

(2) 贴面勒脚：可用天然石材或人工石材贴面，如花岗石、水磨石板、陶瓷面砖等。贴面勒脚耐久性好，装饰效果好，多用于标准较高的建筑，如图 3-28(c)所示。

(3) 坚固材料勒脚：采用条石、蘑菇石、混凝土等坚固耐久的材料代替砖砌外墙。其高度可砌至室内地坪或按设计要求确定。坚固材料勒脚一般用于潮湿地区、高标准建筑或有地下室的建筑，如图 3-28(d)所示。

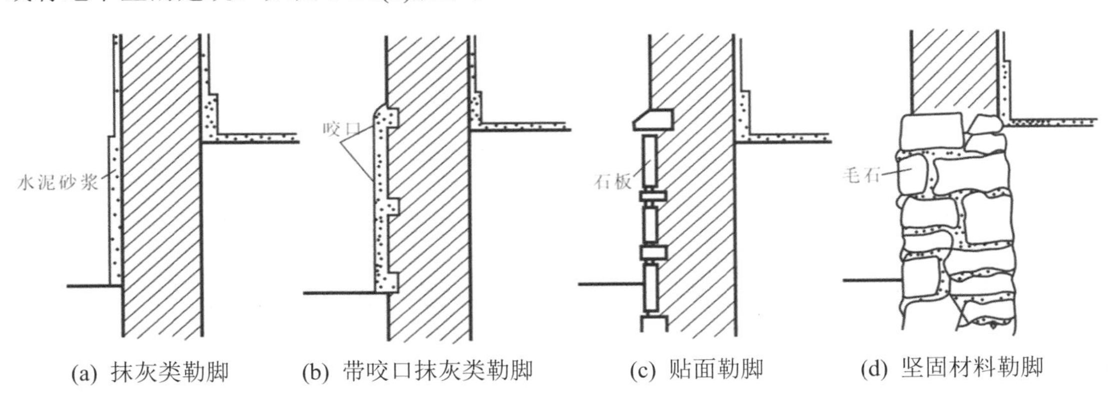

图 3-28　勒脚构造做法

3)　明沟与散水

明沟与散水都是为了迅速排除屋顶落水或地表水，防止雨水渗入勒脚危害基础以及积水渗入地基造成建筑物下沉而设置的。

明沟是指设置在外墙四周的排水沟，其作用是将水有组织地导向集水井，最终使水流入排水系统。明沟一般用素混凝土现浇，也可用砖、石砌筑，其构造做法如图 3-29 所示。当屋面为自由落水时，明沟的中心线应对准屋顶檐口边缘，沟底应有不小于 1%的坡度，以保证排水通畅。明沟适用于年降雨量大于 900 mm 的地区(多用于南方)。

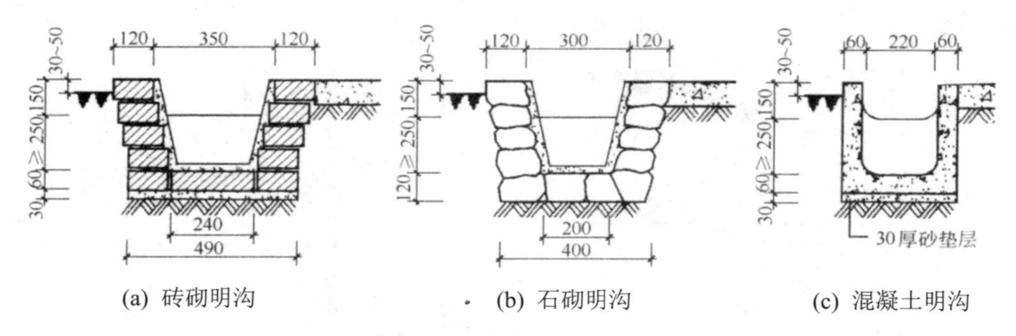

(a) 砖砌明沟　　(b) 石砌明沟　　(c) 混凝土明沟

图 3-29　明沟构造做法(mm)

散水是沿建筑物外墙设置的排水倾斜坡面，坡度一般为 3%～5%，其作用是将积水排离建筑物。散水又称散水坡或护坡。散水的做法通常是先在素土夯实基层上铺设灰土、三合土、混凝土等材料，然后用混凝土、水泥砂浆、砖、块石等材料做面层，如图 3-30 所示。其宽度一般为 600～1000mm，当屋面为自由落水时，散水宽度应比屋檐挑出宽度大 200mm 左右。在软弱土层、湿陷性黄土地区，散水宽度一般应≥1500 mm。

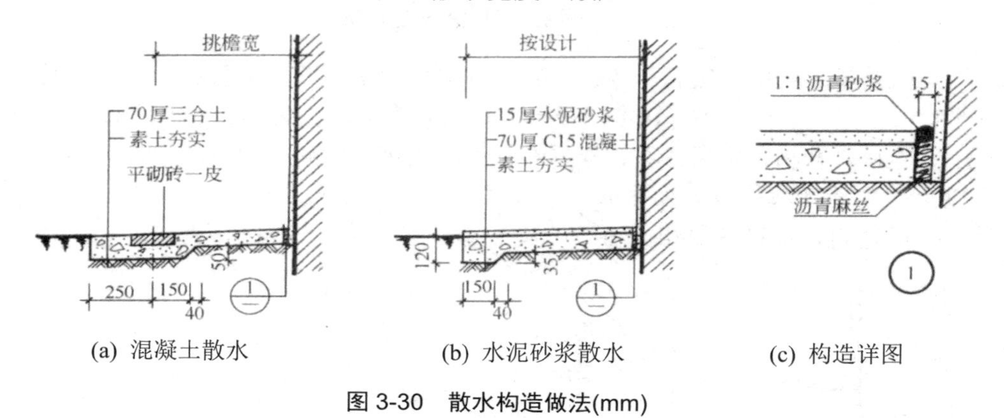

(a) 混凝土散水　　(b) 水泥砂浆散水　　(c) 构造详图

图 3-30　散水构造做法(mm)

由于建筑物的沉降，以及勒脚与散水施工时间的差异，在勒脚与散水交接处应设分格缝，缝内用弹性材料填嵌(如沥青砂浆)，以防外墙下沉时勒脚部位的抹灰层被剪切破坏。勒脚与散水关系的示意图如图 3-31 所示。整体面层是为了防止散水因温度应力及材料干缩而造成裂缝，在散水长度方向每隔 6～12m 应设一道伸缩缝，并在缝中填嵌沥青砂浆，如图 3-32 所示。

2. 门窗洞口

1)　门窗过梁

门窗过梁是在砌体墙的门窗洞口上方设置的水平承重构件，用来承受洞口上部砌体所传来的各种荷载，并将这些荷载传给洞口两侧的墙体。一般而言，由于墙体砖块相互咬接，过梁上墙体的重量并不全部压在过梁上，有一部分重量沿搭接砖块斜向传给了门窗洞口两侧的墙体，因而过梁只承受上部墙体的部分荷载，即图 3-33 中三角部分的荷载。只有在过梁的有效范围内出现集中荷载时，才需要另行考虑。

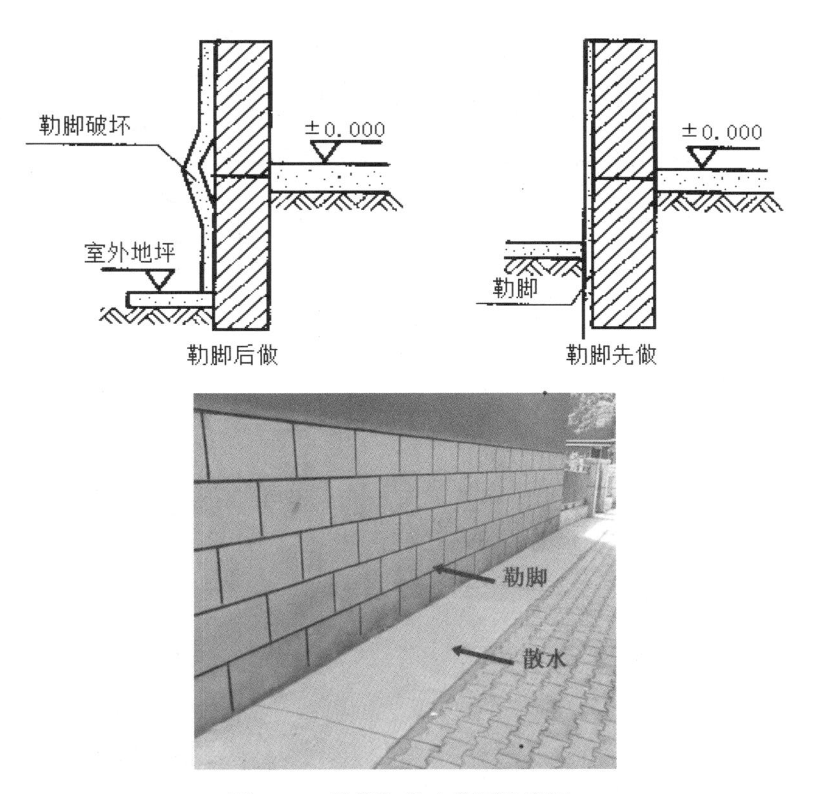

图 3-31 勒脚与散水关系示意图

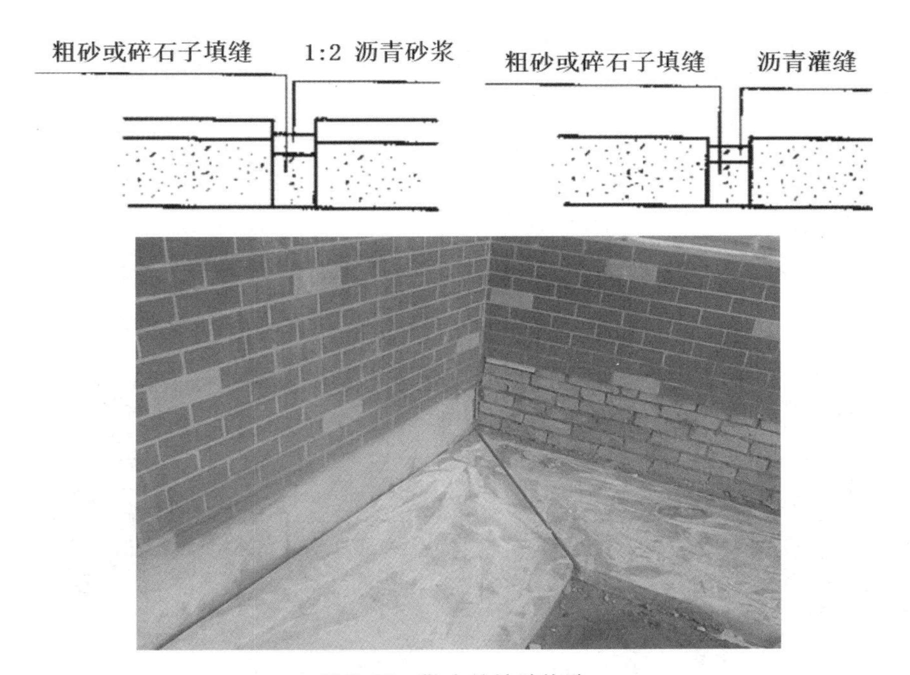

图 3-32 散水伸缩缝构造

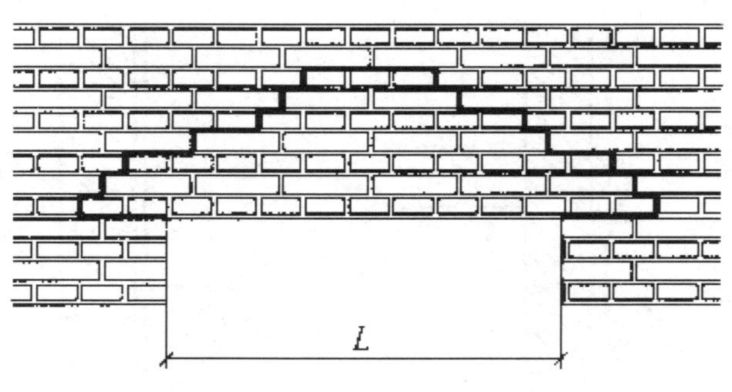

图 3-33　过梁受荷范围

过梁的形式较多，如图 3-34 所示，常见的有砖拱过梁、钢筋砖过梁和钢筋混凝土过梁三种。

(1)　砖拱过梁。砖拱过梁有平拱和弧拱两种，如图 3-35 所示。这两种过梁都是将立砖和侧砖相间砌筑，使砂浆灰缝上宽下窄，砖向两边倾斜，相互挤压形成拱，其作用是承担荷载。

(a) 平拱砖过梁

(b) 砖弧拱过梁

(c) 石拱过梁

(d) 钢筋砖过梁

图 3-34　常用过梁形式

(e) 钢筋混凝土过梁

(f) 钢筋混凝土拱形过梁

图 3-34 常用过梁形式(续)

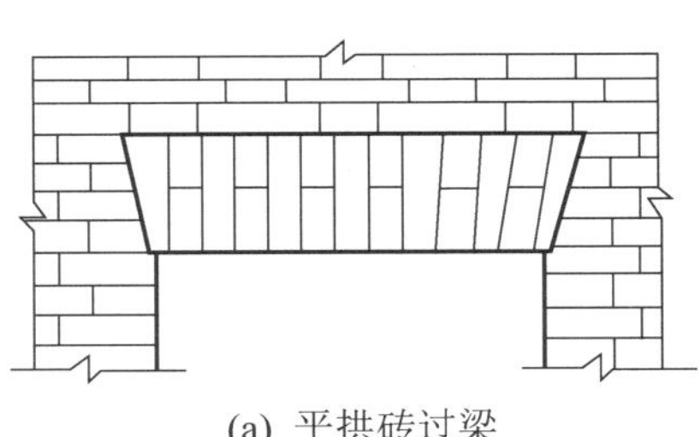

(a) 平拱砖过梁

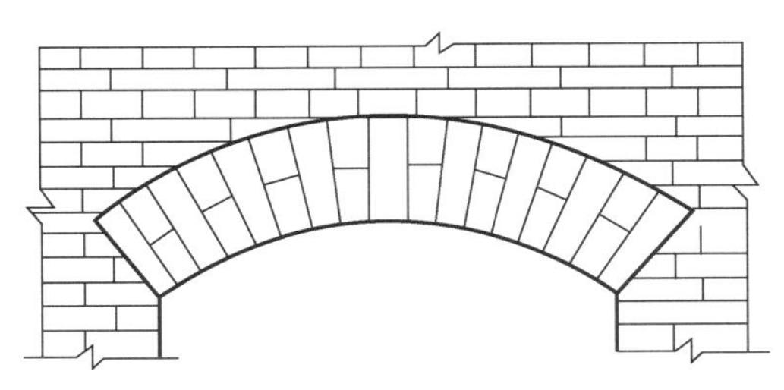

(b) 砖弧拱过梁

图 3-35 砖拱过梁

砖砌平拱过梁是我国传统做法。砖砌平拱采用竖砌的砖作为拱券，拱的高度多为一砖，灰缝上部宽度≯15mm，下部宽度≮5mm，两端下部伸入墙内 20～30mm，中部起拱高度为洞口跨度的 1/50。砖的标号不低于 MU10，砂浆不能低于 M5，这种平拱的最大跨度为 1.2m(见《砌体结构设计规范》(GB 50003—2011))。

砖砌弧拱过梁的弧拱高度不小于 240mm，其余做法同平拱砌筑方法。弧拱过梁由于起拱高度大，跨度也相应增大。当拱高为(1/12～1/8)L 时，跨度 L 为 2.5～3m；当拱高为(1/6～1/5)L 时，跨度 L 为 3～4m。砖弧拱过梁的砌筑砂浆强度等级不低于 M10，砖强度等级不低于 MU7.5，才能保证过梁的强度和稳定性。

采用砖拱过梁可以节约钢材和水泥，但整体性较差，不宜用于上部有集中荷载、建筑物受振动荷载、地基承载力不均匀以及地震区的建筑。

(2) 钢筋砖过梁。钢筋砖过梁是指在门窗洞口顶部砖砌体灰缝中配置适量的钢筋，形成能受弯矩作用的加筋砖砌体。其所用砖的标号一般不低于 MU10，砌筑砂浆不低于 M5。其构造做法一般为在洞口上方先支木模，再在其上放直径≮5mm 的钢筋，钢筋间距<120mm，伸入两端墙内≮240mm，钢筋上下应抹≮30mm 厚的砂浆层。梁高一般不少于 5 皮砖，且不少于门窗洞口宽度的 1/4。这种过梁最大跨度为 1.5m(见《砌体结构设计规范》(GB 50003—2011))。钢筋砖过梁的构造做法如图 3-36 所示。

钢筋砖过梁施工方便，整体性好，特别适用于清水墙立面，可得到与外墙砌法统一的效果。此外，在设计中为加固墙身，也可将钢筋砖过梁沿外墙一周连通砌筑，使之成为钢筋砖圈梁。

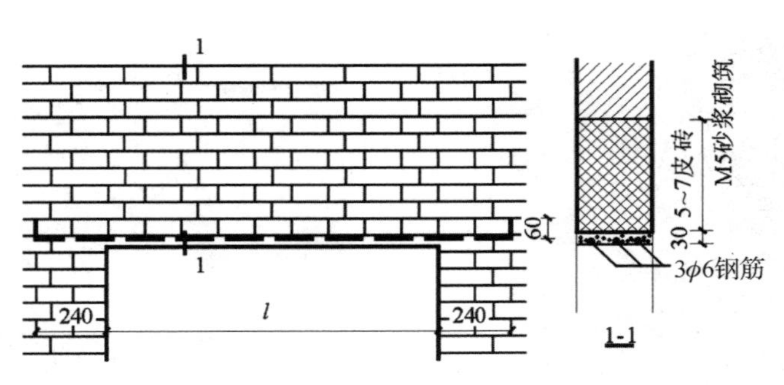

图 3-36　钢筋砖过梁构造做法(mm)

(3)　钢筋混凝土过梁。当门窗洞口较大或洞口上部有集中荷载时，可以采用钢筋混凝土过梁，它承载能力强、施工简便，且对房屋不均匀下沉或振动有一定的适应性，目前被广泛采用。

钢筋混凝土过梁有现浇和预制两种，其中预制装配式过梁施工速度快，是最常用的一种。图 3-37 所示为钢筋混凝土过梁断面的几种形式及相应尺寸。过梁断面形式有矩形和 L 形，矩形多用于内墙和混水墙，L 形多用于外墙和清水墙。在寒冷地区，为防止钢筋混凝土过梁产生冷桥问题，也可以将外墙洞口的过梁断面做成 L 形。

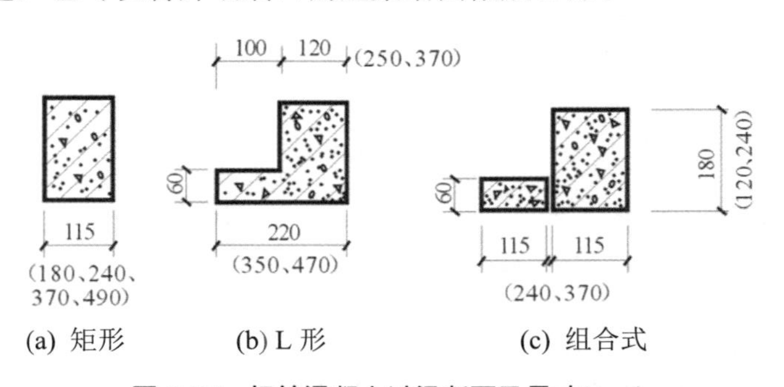

图 3-37　钢筋混凝土过梁断面及尺寸(mm)

钢筋混凝土过梁梁高及配筋由计算确定。为了施工方便，梁高应与砖的皮数相适应，以方便墙体连续砌筑，故常见梁高为 60mm、120mm、180mm、240mm，即 60mm 的整倍数。过梁梁宽一般同墙厚。过梁两端伸进墙内的支承长度不小于 240mm，以保证有足够的承压面积。

在立面中往往有不同形式的窗，过梁的形式(见图 3-38)应配合处理，如带窗套的窗，过梁断面为 L 形，一般挑出 60mm，挑出部分厚度为 60mm，如图 3-38(b)所示。为了简化构造，节约材料，也可将过梁与圈梁、悬挑雨罩、窗楣板或遮阳板等结合起来设计，如在南方炎热多雨地区，常从过梁上挑出窗楣板，这样做既能保护窗户不淋雨，又可遮挡部分直射太阳光。窗楣板按设计要求挑出，一般可挑出 300～500mm，挑出部分厚度为 60mm，如图 3-38(c)所示。

钢筋混凝土的导热系数大于砖的导热系数。在寒冷地区为了避免在过梁内表面产生凝结水，常采用 L 形过梁，以使外露部分的面积减少；或全部把过梁包起来，如图 3-39 所示。

在采用现浇钢筋混凝土过梁的情况下，若过梁与圈梁或现浇楼板位置接近，则应尽量合并设置，且同时浇筑。这样，既节约了模板，方便了施工，又增强了建筑物的整体性。

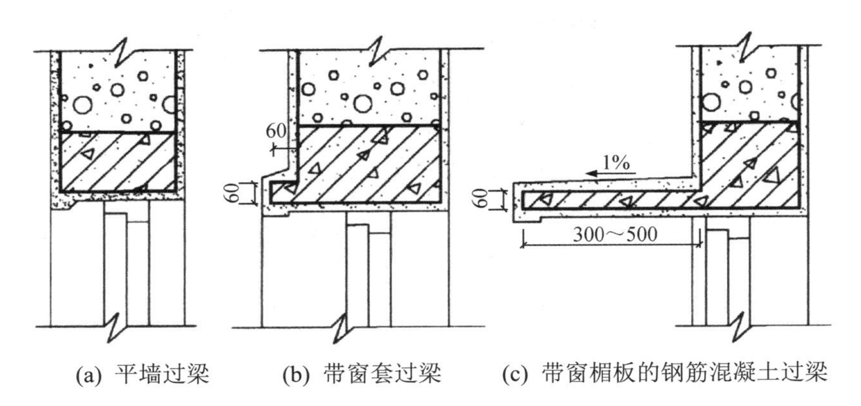

(a) 平墙过梁　　(b) 带窗套过梁　　(c) 带窗楣板的钢筋混凝土过梁

图 3-38　钢筋混凝土过梁形式(mm)

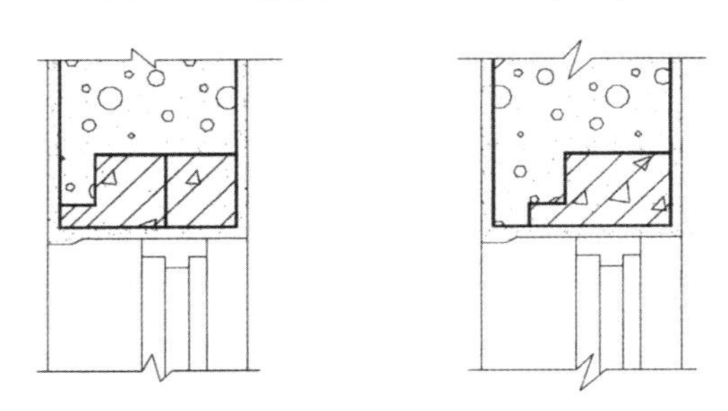

图 3-39　寒冷地区的钢筋混凝土过梁形式

2)　窗台

在窗洞口的下部应设置窗台。窗台根据窗框的安装位置可形成外窗台和内窗台，如图 3-40 所示。

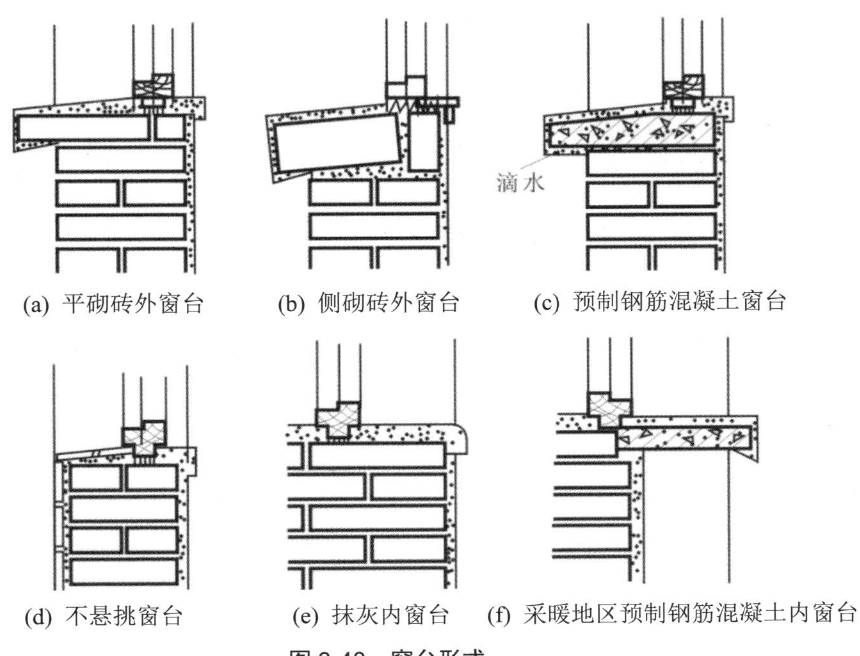

(a) 平砌砖外窗台　　(b) 侧砌砖外窗台　　(c) 预制钢筋混凝土窗台

(d) 不悬挑窗台　　(e) 抹灰内窗台　　(f) 采暖地区预制钢筋混凝土内窗台

图 3-40　窗台形式

(g) 外窗台

(h) 内窗台

图 3-40　窗台形式(续)

外窗台是在窗洞口下部靠室外一侧设置的向外形成一定坡度以利于排水的排水构件，如图 3-40(g)所示。其目的是防止雨水积聚在窗洞底部，侵入墙身和向室内渗透。

外窗台有悬挑窗台和不悬挑窗台两种。悬挑的窗台可用砖(平砌、侧砌)或混凝土板等构成。悬挑窗台下部应做成锐角形或半圆凹槽形(称为“滴水”)，以引导雨水沿着滴水槽口下落。由于悬挑窗台下部容易积灰，在风雨作用下很容易污染窗台下的墙面，特别是采用一般抹灰装修的外墙面更为严重，会影响建筑物的美观，因此，在如今的窗台设计中，大部分建筑物多以不悬挑窗台取代悬挑窗台，以利用雨水的冲刷洗去积灰。

外窗台的做法常见以下两种。

①　砖窗台。砖窗台应用比较广泛，有平砌挑砖和侧砌挑砖两种做法，挑出尺寸大多为 60mm，其厚度为 60～120mm。砖砌窗台的构造，如图 3-41 所示。以粉滴水槽窗台为例，其构造做法是在窗台表面抹 1∶3 水泥砂浆，并留有 10%左右的坡度，然后在挑砖下缘粉滴水槽，如图 3-41(b)所示。

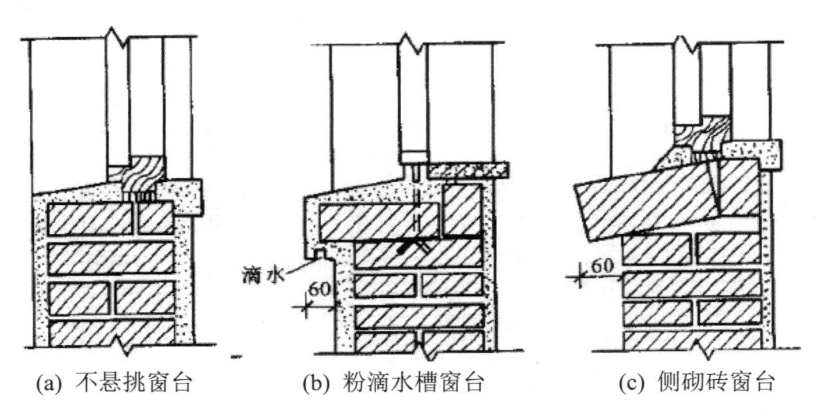

(a) 不悬挑窗台　(b) 粉滴水槽窗台　(c) 侧砌砖窗台

图 3-41　砖砌窗台构造示意图(mm)

②　混凝土窗台。混凝土窗台一般是现场浇筑而成，其构造示意图如图 3-42 所示。混凝土窗台易形成“冷桥”现象，不利于结构的保温和隔热。

内窗台在室内一侧，又称窗盘，如图 3-40(h)所示。设置内窗台是为了排除窗上的凝结水，以便于保护室内墙面，以及存放物品、摆放花盆等。内窗台台面应高于外窗台台面，以防止雨水流入室内。内窗台高度一般为 900～1000mm，幼儿园活动室取 600mm，售票台取 1100mm。

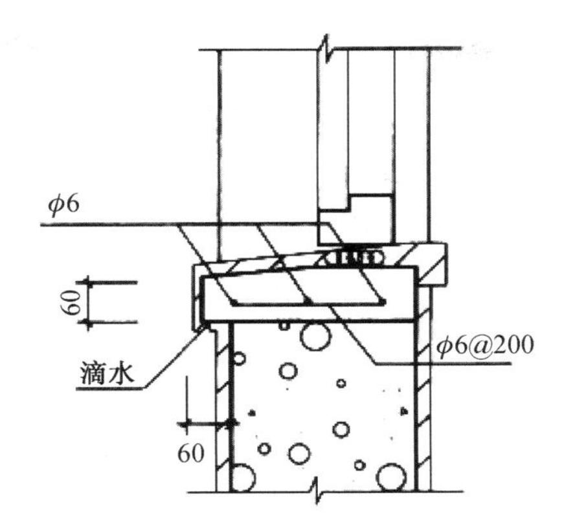

图 3-42　混凝土窗台构造示意图(mm)

内窗台的做法常见以下两种。

① 水泥砂浆抹灰窗台。水泥砂浆抹灰窗台一般在窗台上表面抹 20mm 厚的水泥砂浆，窗台以突出墙面 5mm 为宜。

② 窗台板。对于装修要求较高且窗台下设置暖气片的房间，一般均采用窗台板。窗台板可以采用预制水泥板或水磨石板制作。对装修要求特别高的房间，其窗台板还可以采用硬木板或天然石板制成。

3. 圈梁与构造柱——墙体的抗震加固措施

1) 圈梁

圈梁是沿建筑物外墙四周及部分内墙而设置的在同一水平面上连续相交、圈形封闭的带状构造。

(1) 圈梁的作用。圈梁用于加强房屋的空间刚度及整体性，防止由于地基不均匀沉降或较大振动而引起的墙身开裂。在抗震设防区，圈梁与构造柱浇筑在一起可以有效地抵抗地震作用。同时圈梁还可以承受水平荷载，减小墙的自然高度，增强墙的稳定性。

(2) 圈梁的位置。圈梁应设置在楼(层)盖之间的同一标高处，或紧靠板底的位置及基础顶面和房屋的檐口处，如图 3-43 所示。当墙高度较大，不满足墙刚度和稳定性要求时，也可在墙的中部加设一道圈梁。

图 3-43　圈梁位置图

(3) 圈梁的数量。在非地震区，对比较空旷的单层房屋(如食堂、厂房、仓库等)，当墙厚 $h\leqslant$240mm，檐口标高为 5～8m 时，应在檐口部位或窗顶标高处设置一道圈梁。檐口标高大于 8m 时，应在墙体中部增设一道圈梁。

对非地震区的多层民用房屋(如办公楼、住宅等多层砌体结构)，当墙厚 $h\leqslant$240 mm，且层数为 3～4 层时，在檐口标高处设一道圈梁；当超过 4 层时，可适当增设圈梁。若采用现浇楼盖可不设圈梁。对建筑在软弱地基或不均匀地基上的多层砌体结构房屋，应在基础顶面或顶层各设一道圈梁，其余楼层可隔层设或每层均设。

对处于抗震设防区的房屋，圈梁设置要求如表 3-8 所示。

表 3-8　圈梁设置要求

圈梁设置及配筋		设计烈度		
		6、7 度	8 度	9 度
圈梁设置	沿外墙及内纵墙	屋盖处及每层楼板处	屋盖处及每层楼板处	屋盖处及每层楼板处
	沿内横墙	同上； 屋盖处间距不应大于4.5m； 楼盖处间距不应大于7.2m； 构造柱对应部位	同上； 各层所有横墙，且间距不应大于 4.5m； 构造柱对应部位	同上； 各层所有横墙
配筋	最小配筋	4ϕ10	4ϕ12	4ϕ14
	箍筋及最大间距	ϕ6@250	ϕ6@200	ϕ6@150

注：具体设置详见《砌体结构通用规范》(GB 55007—2021)。

砌块墙应按楼层每层加设圈梁，以加强砌块墙的整体性。

(4) 圈梁的种类。在砌体结构中，圈梁常用以下做法。

① 钢筋砖圈梁。这种圈梁设置在楼层标高以下的墙身上，高度一般为 4～6 皮砖，宽度同墙厚，多用于非抗震区。其在构造上采用强度等级不低于 M5 的砂浆砌筑，在砌体灰缝中配置通长钢筋，钢筋不宜少于 6ϕ6，钢筋水平间距不宜大于 120mm，且钢筋应分上下两层布置，如图 3-44(a)所示。

可结合钢筋砖过梁沿外墙形成钢筋砖圈梁(目前少用)。

② 现浇钢筋混凝土圈梁。现浇钢筋混凝土圈梁是指在施工现场支模、绑钢筋并浇注混凝土形成的圈梁，常用强度等级为 C20 的混凝土。钢筋混凝土圈梁的宽度宜与墙厚相同，寒冷地区当墙厚为 240mm 以上时，圈梁宽度可取墙厚的 2/3，且不小于 240mm；其高度不应小于 120mm，常用高度为 180mm、240mm。基础中圈梁的最小高度为 180mm。

钢筋混凝土圈梁在墙身上的位置应考虑其能充分发挥作用并满足最小断面尺寸，可设置在与楼板或屋面板同一标高处(称为板平圈梁)，如图 3-44(b)所示；或紧贴楼板底设置，称为板底圈梁，如图 3-44(c)所示。外墙圈梁一般与楼板相平，内墙圈梁一般在板下。

钢筋混凝土圈梁被门窗等洞口截断时，应在洞口上部或下部增设相同截面的附加圈梁，附加圈梁与圈梁的搭接长度应不小于两梁垂直间距的两倍，且不小于 1m，如图 3-45 所示。对有抗震要求的建筑物，圈梁不宜被洞口截断。

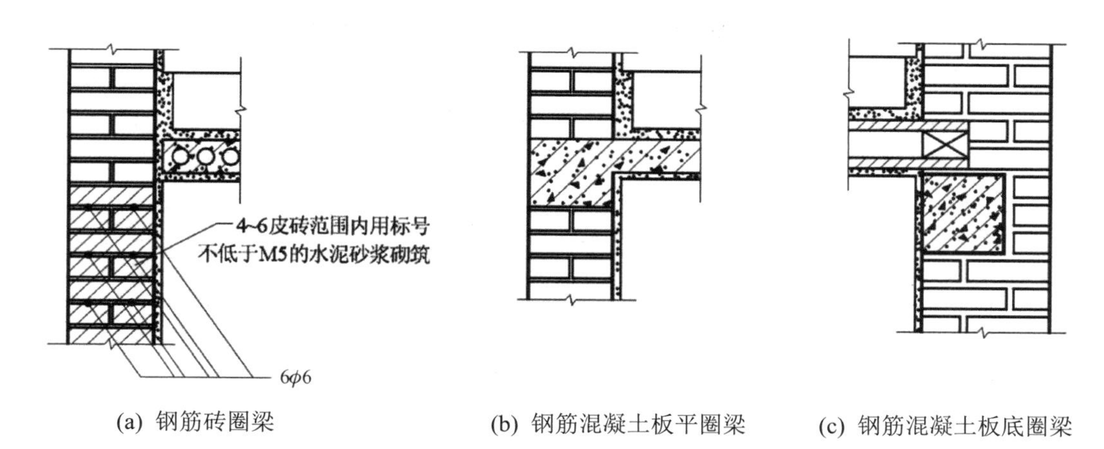

(a) 钢筋砖圈梁　　(b) 钢筋混凝土板平圈梁　　(c) 钢筋混凝土板底圈梁

图 3-44　圈梁的构造

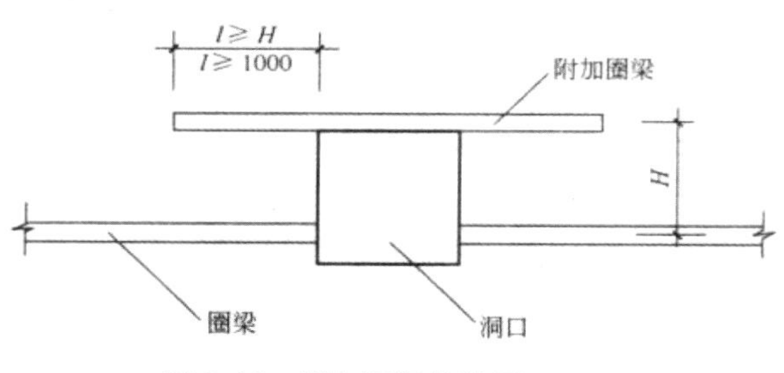

图 3-45　附加圈梁的设置(mm)

③　砌块墙圈梁。砌块墙圈梁常与过梁统一考虑，有现浇和预制两种。现浇圈梁整体性强，对加固墙身有利，但施工较为复杂。实际工程中可采用 U 形预制构件来代替模板，在槽内配制钢筋后浇注混凝土而成，如图 3-46 所示。预制圈梁则是将圈梁分段预制，现场拼接。预制时，梁端伸出钢筋，拼接时将两端钢筋扎结后，在结点现浇混凝土。

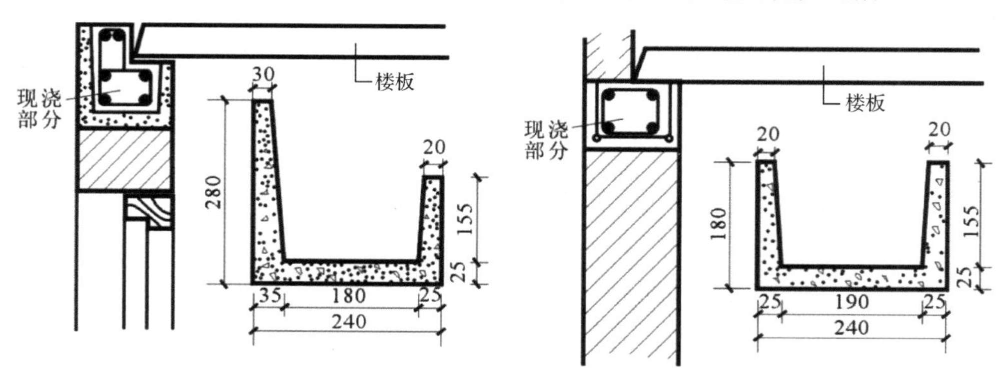

图 3-46　砌块墙中的 U 形预制圈梁(mm)

2)　构造柱

构造柱是从垂直构造角度考虑设置的，它与承重柱子的作用完全不同。在抗震设防地区，设置钢筋混凝土构造柱是多层建筑重要的抗震措施。这是因为钢筋混凝土构造柱与圈梁及墙体形成了具有较大刚度的空间骨架，增强了建筑物的整体刚度，提高了墙体的抗变形能力，可有效防止建筑倒塌。

(1) 构造柱的加设原则。构造柱一般加设在外墙转角处、内外墙交接处(包括内横外纵及内纵外横两部分)及楼梯间的四角处。多层砖砌房屋构造柱设置要求如表 3-9 所示。

表 3-9 多层砖砌房屋构造柱设置要求

<table>
<tr><th colspan="4">房屋层数</th><th rowspan="2">各种层数和烈度均应设置的部位</th><th rowspan="2">随层数或烈度变化而增设的部位</th></tr>
<tr><th>6 度</th><th>7 度</th><th>8 度</th><th>9 度</th></tr>
<tr><td>四、五</td><td>三、四</td><td>二、三</td><td></td><td rowspan="3">外墙四角，错层部位横墙与外纵墙交接处，较大洞口两侧，大房间内外墙交接处</td><td>7～8 度的楼梯间、电梯间的四角，每隔 15m 或单元的横墙与外墙交接处</td></tr>
<tr><td>六、七</td><td>五</td><td>四</td><td>二</td><td>各开间横墙(轴线)与外墙交接处，山墙与内纵墙交接处；7～9 度时，楼梯间、电梯间四角</td></tr>
<tr><td>八</td><td>六、七</td><td>五、六</td><td>三、四</td><td>内墙(轴线)与外墙交接处，内墙局部较小墙垛处；7～9 度时，楼梯间、电梯间四角；9 度时内纵墙与横墙(轴线)交接处</td></tr>
</table>

(2) 构造柱构造做法。构造柱的最小断面为 240mm×180mm；用于构造柱的混凝土强度等级不应小于 C15，一般为 C20；最小配筋量一般为主筋 4ϕ12、箍筋ϕ6@250mm，当抗震等级为 7 度，建筑超过 6 层、8 度或超过 5 层、9 度时，主筋应采用 4ϕ14，箍筋应采用ϕ6@200mm。

构造柱具体构造要求：施工时必须先绑扎钢筋，再砌墙，随着墙体的上升而逐段现浇钢筋混凝土柱身；构造柱与墙的连接处应砌成马牙槎，如图 3-47 所示，并沿墙高每隔 500mm 设水平拉结钢筋连接，钢筋每边伸入墙内不少于 1000mm，如图 3-48 所示，且在柱的上下端适当加密；构造柱下端应锚固于钢筋混凝土基础或基础圈梁内，构造柱应与圈梁紧密连接，在建筑物中形成整体骨架。

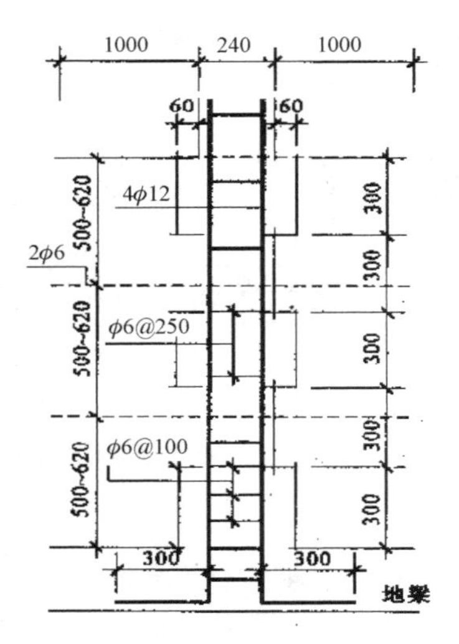

图 3-47 构造柱马牙槎示意图(mm)

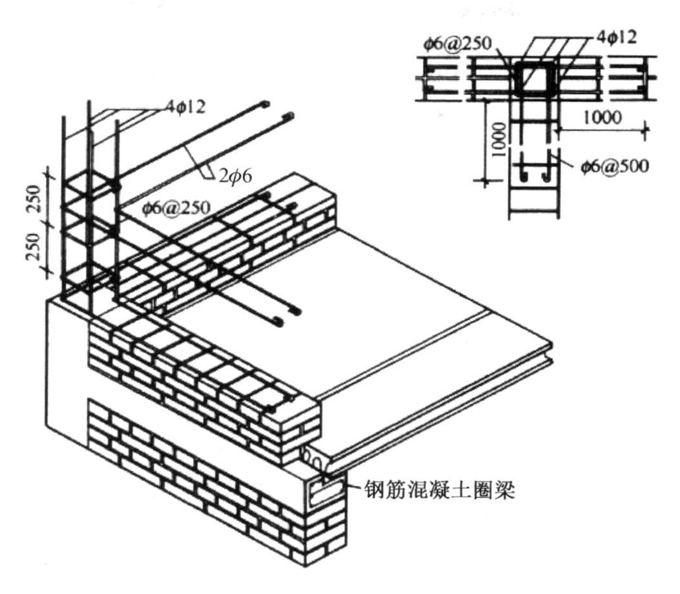

图 3-48　构造柱钢筋示意图(mm)

空心砌块墙体构造柱的做法是将砌块上下孔对齐，在孔中配 2ϕ10～2ϕ12 的钢筋，然后用 C15 细石混凝土分层灌实，如图 3-49 所示。

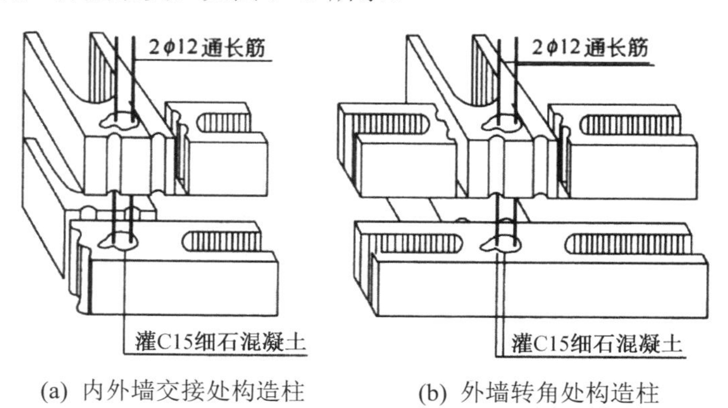

(a) 内外墙交接处构造柱　　(b) 外墙转角处构造柱

图 3-49　空心砌块墙体构造柱做法

4. 门垛和壁柱——墙身加固措施

当在墙体上开设门洞且门洞开在纵横墙交接处时，一般应设门垛。特别是应在墙体转折处或丁字墙处设置门垛，用以保证墙身稳定性和方便门框安装。门垛宽度同墙厚，门垛长度一般为 120mm 或 240mm(不计灰缝)，过长会影响室内使用。

当墙体受到集中荷载或墙体过长(如 240mm 厚，长度超过 6m)时应增设壁柱(又叫扶壁柱)，使之和墙体共同承担荷载并稳定墙身。壁柱的尺寸应符合块材规格，通常壁柱突出墙面半砖或一砖，考虑到灰缝的错缝要求，丁字形墙段的短边伸出尺寸一般为 130mm 或 250mm，壁柱宽 370mm 或 490mm。

门垛和壁柱的设置如图 3-50 所示。

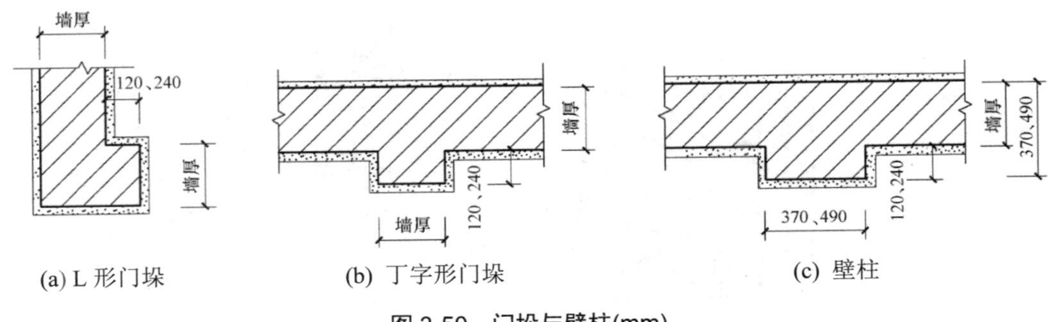

图 3-50　门垛与壁柱(mm)

5. 防火墙

为减少火灾的发生或防止其蔓延扩大，除在设计时考虑防火分区分隔、选用难燃或不燃烧材料制作构件、增加消防设施等之外，在墙体构造上，还要考虑防火墙设置问题。

防火墙的作用在于把建筑空间隔成若干个防火分区，限制燃烧空间，防止火灾蔓延。根据防火规范规定，防火墙应选用非燃烧体，且耐火极限不低于 3.0h；防火墙上不应开门窗洞口，如必须开设时应采用甲级防火门窗，并能自动关闭。防火墙的最大间距应根据建筑物的耐火等级而定，当耐火等级为一、二级时，其最大间距为 150m；三级时为 100m；四级时为 75m。

防火墙应直接设置在基础上或具有相应耐火性能的框架、梁等承重结构上。防火墙应截断燃烧体或难燃烧体的屋顶结构，同时高出非燃烧体屋面不小于 400mm，高出燃烧体或难燃烧体屋面不小于 500mm，如图 3-51 所示。当建筑物的屋盖为耐火极限不低于 0.5h 的非燃烧体时，防火墙可砌至屋面基层底部，不必高出屋面。

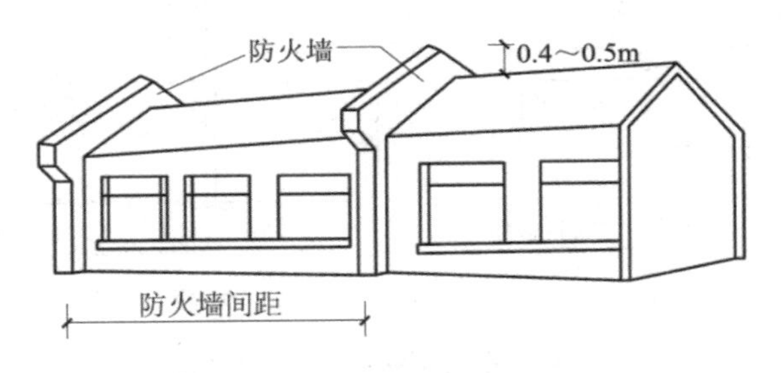

图 3-51　防火墙设置要求

3.4　隔墙、隔断的基本构造

在现代建筑中，为了提高平面布局的灵活性，大量采用隔墙、隔断以适应建筑功能的变化。隔墙、隔断是分隔室内空间的非承重构件，其作用是对空间的分隔、引导和过渡。

隔墙和隔断的不同之处有以下两点。

(1) 分隔空间的程度和特点不同。隔墙通常做到楼板底，将空间完全分为两个部分，相互隔开，没有联系，必要时隔墙上需要设置门。隔断可到顶也可不到顶，使空间似分非分，相互可以渗透，视线可不被遮挡；隔断有时设门，有时设门洞，比较灵活。

(2) 拆装的灵活性不同。隔墙设置后一般固定不变；而隔断可以移动或拆装，空间可分可合。

3.4.1 隔墙

由于隔墙不承受任何外来荷载，且自身的重量还要由楼板或墙下小梁来承受，因此隔墙在构造设计时应满足以下基本要求。

(1) 自重轻，以减轻楼板的荷载。

(2) 厚度薄，以增加建筑的有效空间。

(3) 便于拆装，能随使用要求的改变而变化，减轻工人的劳动强度并提高效率。

(4) 有一定的隔声能力，使各使用房间互不干扰，具有较好的独立性或私密性。

(5) 满足不同使用部位的要求，如卫生间的隔墙要求防水、防潮，厨房的隔墙要求防潮、防火等。

隔墙的类型很多，按其构造方式可分为块材隔墙、轻骨架隔墙、板材隔墙三大类。

1. 块材隔墙

块材隔墙是利用普通砖、多孔砖、空心砌块以及各种轻质砌块等砌筑而成的墙体，又称为砌筑式隔墙。

1) 半砖隔墙

半砖隔墙坚固耐久、有一定的隔声能力，但其自重大、湿作业多、施工麻烦，半砖隔墙构造示意图如图 3-52 所示。半砖隔墙用普通砖顺砌，砌筑砂浆等级宜大于 M2.5。当采用 M2.5 级砂浆砌筑时，其高度不宜超过 3.6m，长度不宜超过 6m；当采用 M5 级砂浆砌筑时，其高度不宜超过 4m，长度不宜超过 6m。半砖隔墙在构造上除砌筑时应与承重墙牢固搭接外，还应在墙身每隔 1.2m 高处加 $2\phi 6$ 拉结钢筋予以加固。半砖隔墙的上部与楼板或梁的交接处，不宜过于填实或使砖砌体直接接触楼板或梁，应留有 30 mm 的空隙或将上两皮砖斜砌，以防上部结构构件产生挠度，致使隔墙被压坏。隔墙上有门时，将预埋铁件或带有木楔的混凝土预制块砌入隔墙中，以使砖墙与门框拉结牢固。

2) 1/4 砖隔墙

1/4 砖隔墙是用普通砖侧砌而成，由于其厚度较薄、稳定性差，因此对砌筑砂浆强度要求较高，一般要求砂浆强度等级不低于 M5。这种隔墙的高度和长度不宜过大，一般其高度不应超过 2.8m，长度不应超过 3.0m，须用 M5 级砂浆砌筑。其常用于不设门窗洞口或面积较小的隔墙，如厨房与卫生间之间的隔墙。当用于面积较大或需开设门窗洞口的部位时，须采取加固措施。常用的加固方法是在高度方向每隔 500mm 砌入 $2\phi 4$ 钢筋；或在水平方向每隔 1200 mm，设置 C20 细石混凝土立柱一根，并沿垂直方向每隔 7 皮砖砌入 $1\phi 6$ 钢筋，使之与两端墙连接。1/4 砖隔墙构造示意图如图 3-53 所示。

3) 多孔砖或空心砖隔墙

用多孔砖或空心砖做隔墙多采用立砌方式，隔墙厚度为 90mm，在 1/4 砖墙和半砖墙之间，其加固措施可以参照以上两种隔墙进行构造处理，在接合处如果距离小于半块砖，常可用普通砖填嵌空隙。空心砖隔墙构造示意图如图 3-54 所示。

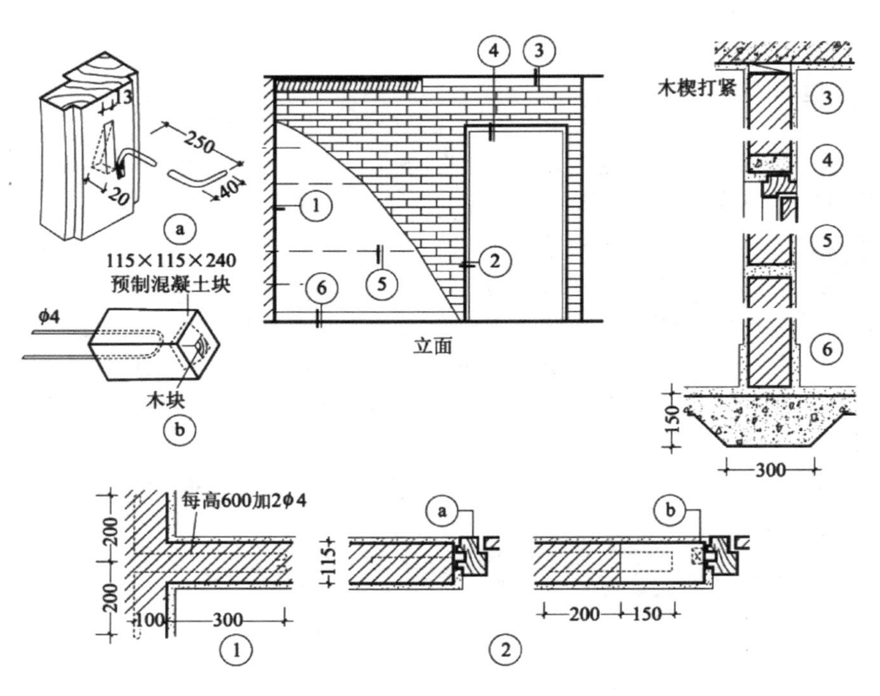

图 3-52　半砖隔墙构造示意图(mm)

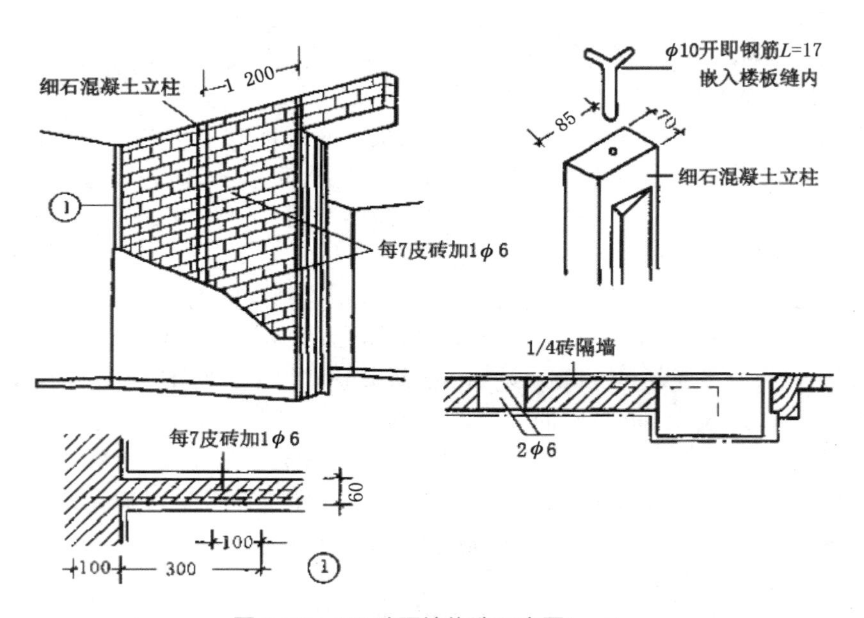

图 3-53　1/4 砖隔墙构造示意图(mm)

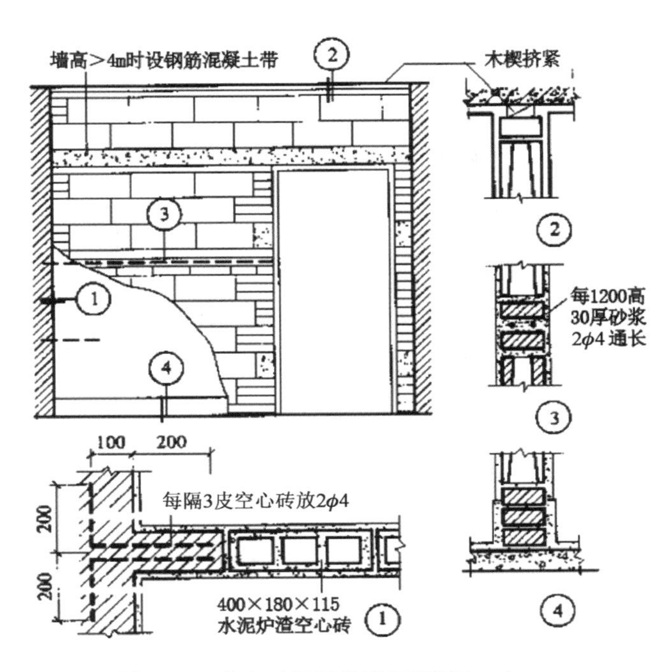

图 3-54　空心砖隔墙构造示意图(mm)

4)　砌块隔墙

为了减少隔墙的重量，可采用质轻块大的各种砌块，目前最常用的有加气混凝土砌块、粉煤灰硅酸盐砌块及水泥炉渣空心砌块等。砌块大多具有质量轻、孔隙率大、隔热性能好等优点。由于砌块隔墙吸水性强、防潮性能差，因此砌筑时应在墙下先砌 3～5 皮黏土砖。

砌块隔墙墙厚由砌块尺寸而定，一般为 90～120 mm。砌块隔墙厚度较薄，墙体稳定性较差，需对墙身进行加固处理，处理方法与砖隔墙类似，如图 3-55 所示。通常沿墙身竖向和横向配以钢筋，对空心砌块有时在竖向也可配筋。

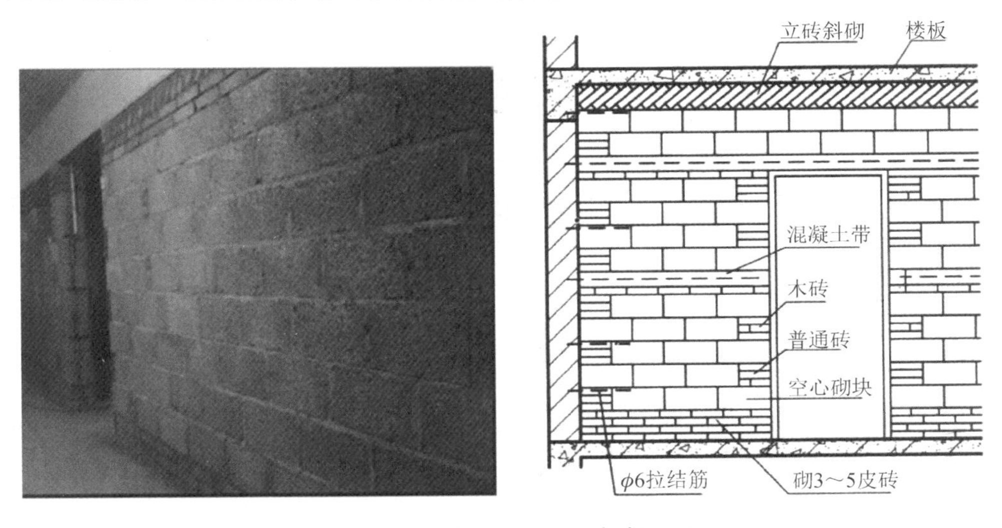

图 3-55　砌块隔墙加固处理方式(mm)

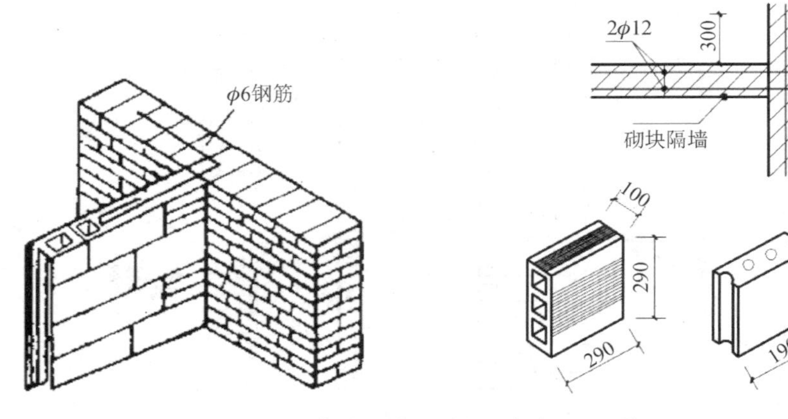

图 3-55　砌块隔墙加固处理方式(mm)(续)

砌块填充墙作隔墙时，如图 3-56 所示，其施工顺序为框架完工后填充墙体。填充墙的自重由框架结构支承，通常采用空心砌块。砌块与框架之间应有良好的连接，以利于将其自重传递给框架支承，其加固措施与半砖隔墙类似，竖向每隔 500mm 左右需从两侧框架柱中甩出 1000mm 长ϕ26 钢筋伸入砌体锚固；水平方向每 2～3m 需设置构造立柱；门框的固定方式与半砖隔墙相同，但长度或宽度超过 3.3m 以上的较大洞口需在洞口两侧加设钢筋混凝土构造立柱。

图 3-56　砌块填充墙作隔墙

5)　玻璃砖隔墙

玻璃砖隔墙是一种透光墙壁，具有强度高、绝热、绝缘、隔声、防水、耐火、美观、通透、整洁、光滑等特点，而且透明度可选择，光学畸变极小，膨胀系数小，内部质量好。其特别适合高级建筑、体育馆，适用于控制透光、眩光和太阳光的场合。

玻璃砖分为空心和实心两种，从外观形状上分为正方形、矩形和各种异形等。玻璃砖侧面有凹槽，采用水泥砂浆或结构胶拼砌，缝隙一般为 10mm。砌筑曲面时，最小缝隙为

3mm，最大缝隙为 16mm。玻璃砖隔墙高度应控制在 4.5m 以下，长度也不宜过长。凹槽中可加横向及竖向钢筋或扁钢进行拉结，以提高墙身稳定性，其钢筋必须与隔墙周围的墙或柱、梁连接在一起。玻璃砖隔墙面积超过 12～15m^2 时，要增加支撑加固。玻璃砖隔墙加固处理方式如图 3-57 所示。当玻璃砖隔墙砌筑完成后，要进行勾缝处理，在勾缝内涂防水胶，以保证防水功能和勾缝均匀。勾缝完成后，需将玻璃砖隔墙表面清理干净。

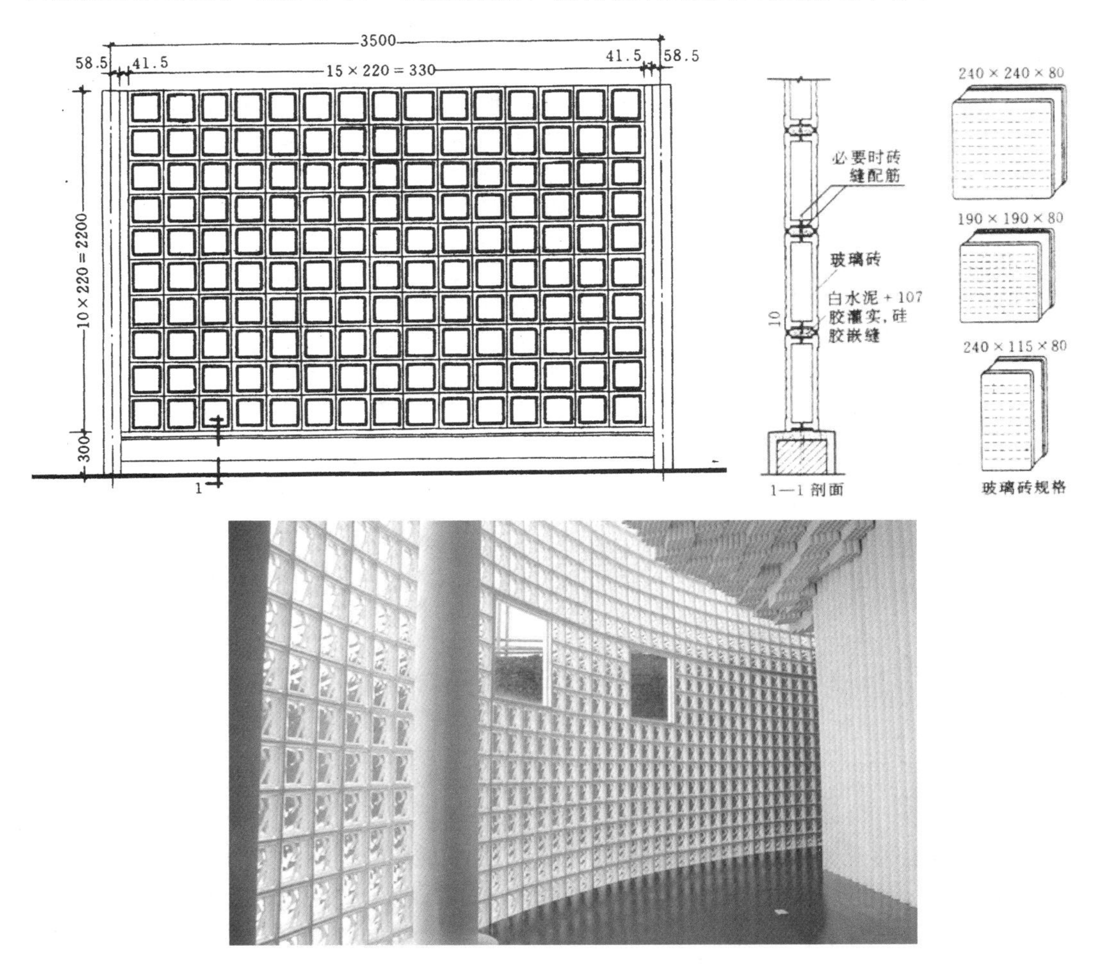

图 3-57　玻璃砖隔墙加固处理方式(mm)

2. 轻骨架隔墙

轻骨架隔墙由骨架和面层两部分组成，施工时应先立墙筋(骨架，又称龙骨)再做面层，因而轻骨架隔墙又称为立筋式(或立柱式)隔墙。它是以木材、钢材或其他材料构成骨架，然后把面层钉接、涂抹或粘贴在骨架上而形成的隔墙，如老式的板条抹灰墙、钢丝(板)网抹灰墙，新式的轻钢龙骨纸面石膏板隔墙等。这类隔墙自重轻，可以搁置在楼板上，不需要做特殊的结构处理。由于这类墙有空气夹层，因此隔声效果一般也比较好。

1)　骨架

常用的骨架有木骨架、金属骨架。近年来，为了节约木材和钢材，出现了不少采用工业废料和地方材料制成的骨架，如石膏骨架、水泥刨花骨架等。

(1) 木骨架。木骨架由木制的上槛、下槛、墙筋、斜撑或横筋(又称横档)组成，上、下槛及墙筋断面尺寸为(45～50)mm×(70～100)mm。一般墙筋沿高度方向每隔 1.2m 左右设斜撑一道，当骨架外系铺钉面板时，斜撑应改为水平的横筋，斜撑与横筋断面与墙筋相同或略小些。墙筋间距视面层板材规格而定，一般为 400～600mm；当饰面为抹灰时，取 400mm；当饰面为装饰面板时，取 450mm 或 500mm；当饰面为纤维板或胶合板时，取 600mm。横筋间距可与墙筋间距相同，也可适当放大。

骨架与楼板应连接牢固，上槛、下槛、墙筋与横挡之间可以榫接，也可以采取钉接。但必须保证饰面平整，同时木材必须干燥、避免翘曲。隔墙下部砌筑 2～3 皮实心砖，同时骨架还应作防火及防腐处理。图 3-58 所示为木板条抹灰骨架。

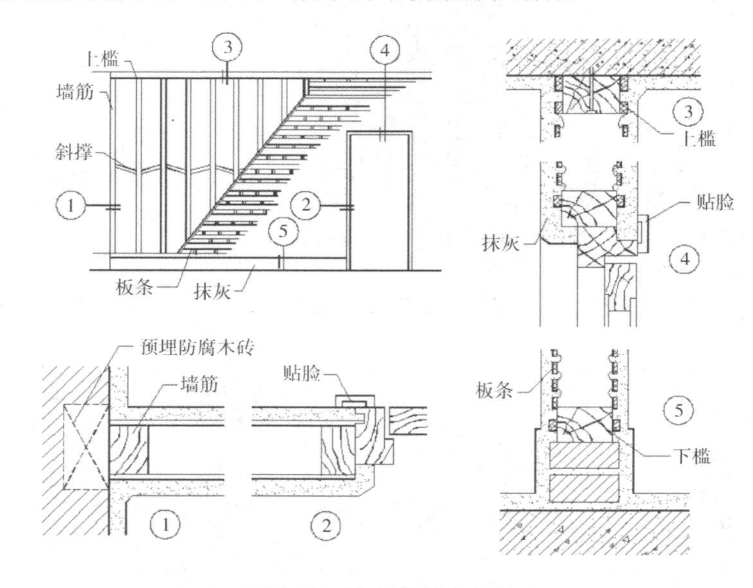

图 3-58 木板条抹灰骨架

(2) 金属骨架。金属骨架一般采用薄壁钢板、铝合金薄板、轻型型钢制成各种配套龙骨和连接件，有沿顶龙骨、沿地龙骨、竖向龙骨、横撑龙骨以及加强龙骨等，其截面形式有 T 形和 C 形。金属骨架的构造做法一般为先固定沿顶、沿地龙骨，然后按面板规格固定竖向龙骨，间距一般为 400～600mm。沿顶、沿地龙骨的安装可采用预埋铁件、射钉或膨胀螺栓。竖向龙骨固定在沿顶、沿地龙骨上，必要时可加横撑龙骨和加强龙骨。

常用的轻钢骨架是由各种形式的薄壁型钢制成的，其主要优点是强度高、刚度大、自重轻、整体性好、易于加工和大批量生产，还可根据需要拆卸和组装。常用的薄壁型钢有 0.8～1mm 厚槽钢和工字钢。

轻钢骨架构造示意图如图 3-59 所示。其安装过程是先用螺钉将上槛、下槛(也称导向骨架)固定在楼板上，上、下槛固定后安装竖向龙骨(墙筋)，竖向龙骨间距为 400～600mm，与面板规格相协调，龙骨上留有走线孔。

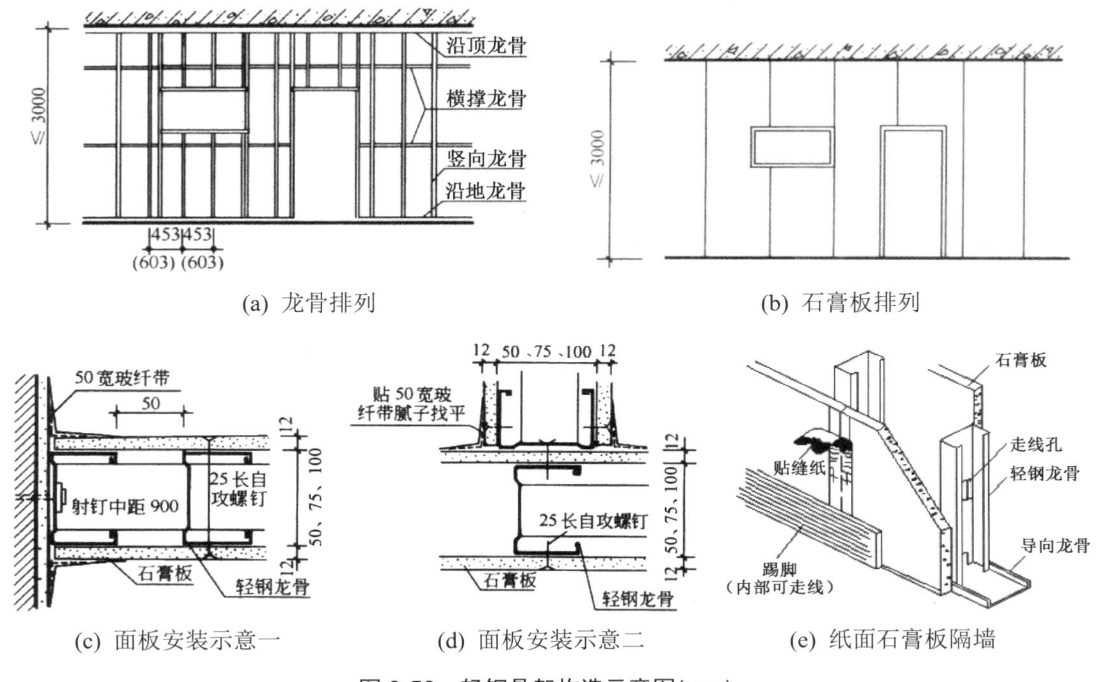

(a) 龙骨排列　　(b) 石膏板排列

(c) 面板安装示意一　　(d) 面板安装示意二　　(e) 纸面石膏板隔墙

图 3-59　轻钢骨架构造示意图(mm)

2)　面层

轻骨架隔墙的面层有多种类型，如木质板材类(如胶合板)、石膏板类(如纸面石膏板)、无机纤维板类(如矿棉板)、金属板材类(如铝合金板)、塑料板材类(如 PVC 板)、玻璃板材类(如彩绘玻璃)等，多为难燃或不燃材料。

常用石膏板规格为 3000mm×800mm×12mm、3000mm×800mm×9mm，胶合板规格为 1830mm×915mm×4mm(三合板)、2135mm×915mm×7mm(五合板)，硬质纤维板规格为 1830mm×1200 mm×3mm(或 4.5mm)、2135mm×915mm×4mm(或 5mm)。

一般胶合板、硬质纤维板等以木材为原料的板材多用于木骨架，而石膏面板多用于石膏或轻钢骨架。隔墙的名称由面层材料而定，如轻钢纸面石膏板隔墙。

3)　构造做法

面板与骨架的关系常见有两种：一种是面板贴在骨架的两面或一面，用压条压缝或不用压条压缝，即贴面式；另一种是将面板置于骨架中间，四周用压条压住，称为镶板式。面板与骨架的连接形式如图 3-60 所示。

面板在骨架上的固定方法常用的有钉接、黏结、卡入三种，如图 3-61 所示。采用轻钢骨架时，往往用骨架上的舌片或特制的夹具将面板卡到轻钢骨架上，这种做法简便且迅速，有利于隔墙的组装和拆卸。

3. 板材隔墙

板材隔墙是指采用轻质材料制成的各种预制薄型板材(多为条板，单板高度相当于房间净高，面积较大，且不依赖骨架)，以砂浆或其他黏结材料固定而形成的隔墙，如石膏条板、石膏珍珠岩板、加气混凝土条板、碳化石灰板、泰柏板、蜂窝复合板、彩钢板等形成的隔墙。这类隔墙工厂化程度较高、施工速度快、可减少现场湿作业。

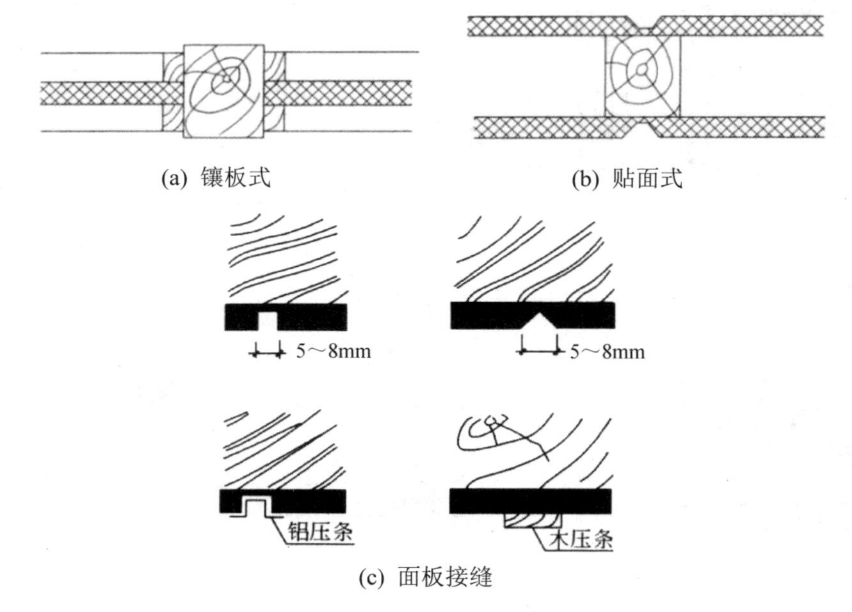

(a) 镶板式　(b) 贴面式

(c) 面板接缝

图 3-60　面板与骨架的连接形式

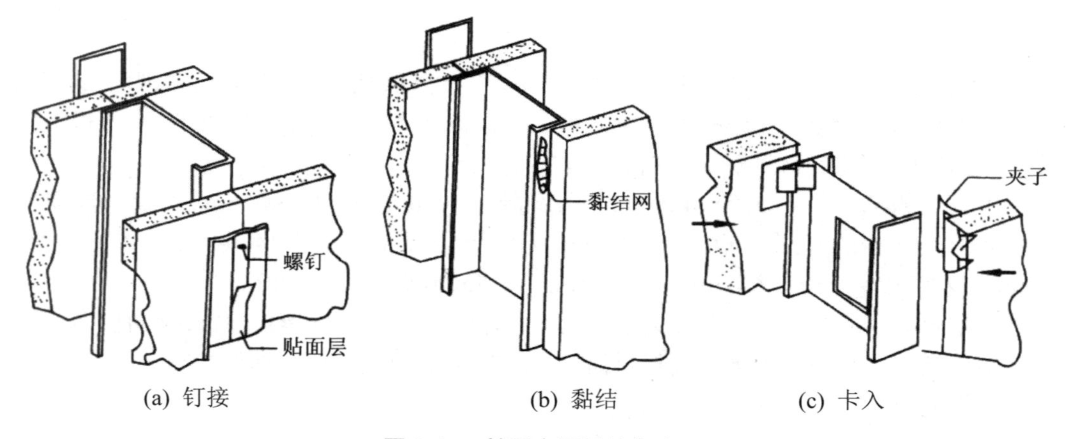

(a) 钉接　(b) 黏结　(c) 卡入

图 3-61　粘固定面板的方法

条板墙体厚度应满足建筑防火、隔声、隔热等功能要求。单层条板墙体用作分户墙时其厚度不宜小于 120mm；用作户内分隔墙时，其厚度不宜小于 90mm。由条板组成的双层条板墙体用于分户墙或隔声要求较高的隔墙时，单块条板的厚度不宜小于 60mm。

固定安装条板时，在板的下面用木楔将条板楔紧，条板左右两侧主要靠各种黏结砂浆或黏结剂进行黏结，待安装完毕，再在表面进行装修。

1)　轻质条板隔墙

常用的轻质条板主要有玻纤增强水泥条板、钢丝增强水泥条板、增强石膏空心条板、轻骨料混凝土条板等。条板的长度通常为 2200～4000mm，常用 2400～3000mm；宽度常用 600mm，一般按 100mm 递增；厚度最小为 60mm，一般按 10mm 递增，常用 60mm、90mm、

120mm。其中空心条板孔洞的最小外壁厚度不宜小于 15mm，且两边壁厚应一致，孔间肋厚不宜小于 20mm。

轻质条板墙体的限制高度为：60mm 厚度时为 3m，90mm 厚度时为 4m，120mm 厚度时为 5m。

条板在安装时，与结构连接的上端用黏结材料黏结，下端用细石混凝土填实或用一对对口木楔将板底楔紧。在抗震设防 6～8 度的地区，条板上端应加 L 形或 U 形钢板卡并与结构预埋件焊接固定，或用弹性胶连接填实。对隔声要求较高的墙体，在条板之间以及条板与梁、板、墙、柱相结合的部位应设置泡沫密封胶、橡胶垫等材料的密封隔声层。在确定条板长度时，应考虑留出技术处理空间，一般为 20mm，当考虑防水、防潮要求在墙体下部设垫层时，所留空间可按实际需要增加。条板安装示意图如图 3-62 所示。

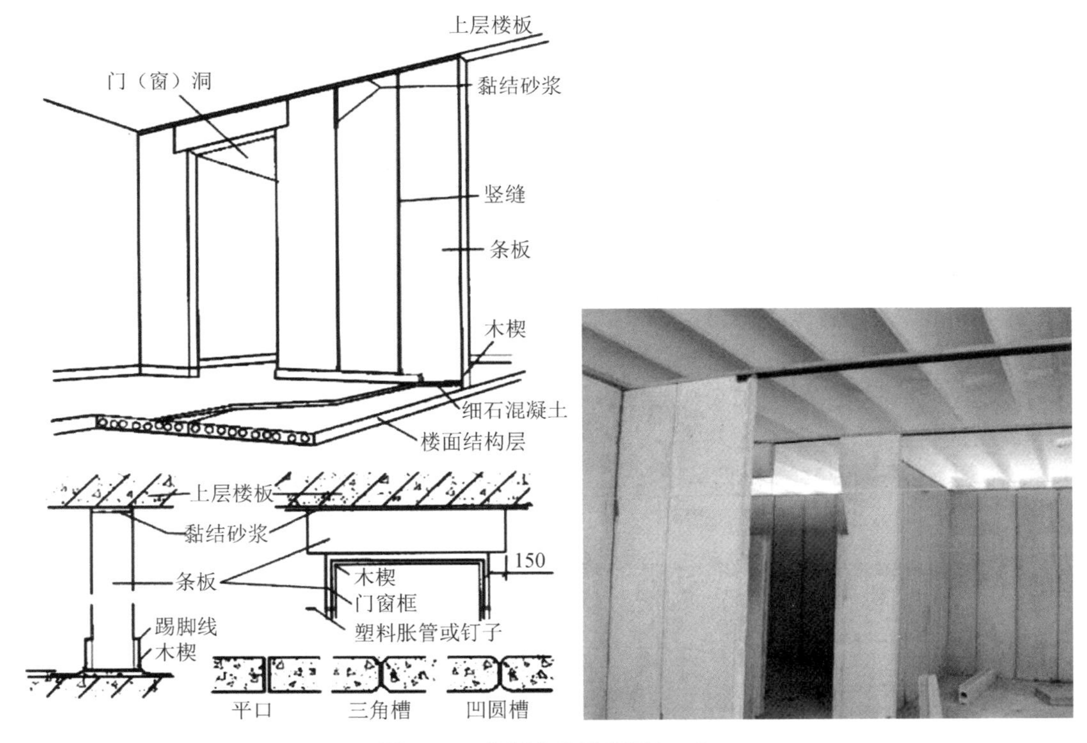

图 3-62　条板安装示意图(mm)

增强石膏空心条板分为普通条板、钢木窗框条板及防水条板三种，在建筑中按各种功能要求配套使用。增强石膏空心条板不适用于长期处于潮湿环境或接触水的房间，如卫生间、厨房等。石膏空心板规格为宽 600 mm、厚 60 mm、长 2400～3000 mm，有 9 个孔，孔径 38mm，孔隙率 28%。增强石膏空心条板要能满足防火、隔声及抗撞击的要求，其安装节点如图 3-63 所示。

轻骨料混凝土条板用在卫生间或厨房时，墙面须作防水处理。

2)　加气混凝土条板隔墙

加气混凝土由水泥、石灰、砂、矿渣等加发泡剂(铝粉)，并通过原料处理、配料浇注、切割、蒸压养护等工序而制成。与同种材料的砌块相比，板的块型较大，生产时需要根据其用途配置不同的经防锈处理的钢筋网片。

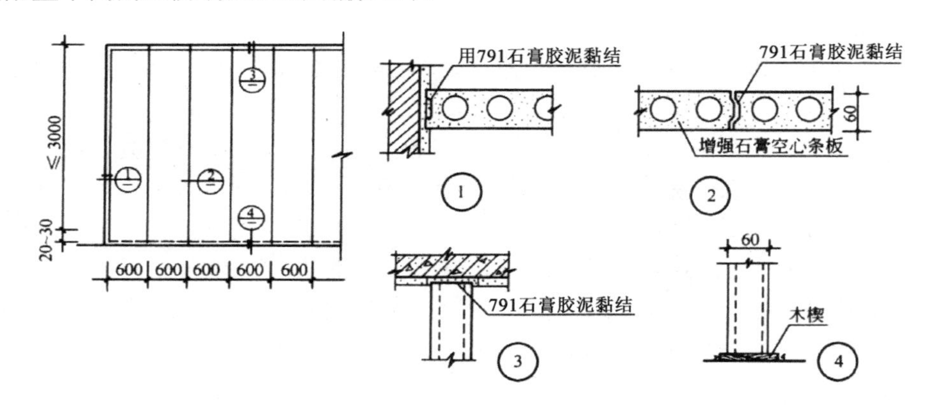

图 3-63　增强石膏空心条板的安装节点(mm)

加气混凝土条板可用于外墙、内墙和屋面。其自重较轻，可锯、可刨、可钉，施工简单，防火性能好(板厚与耐火极限的关系是：75mm—2h，l00mm—3h，150mm—4h)，同时板内的气孔是闭合的，能有效抵抗雨水的渗透。但其不宜用于具有高温、高湿或有化学有害空气介质的建筑中。

加气混凝土条板长度为2700～3000mm，用于内墙板的板材宽度通常为500mm、600mm，厚度为 75mm、100mm、120mm 等，高度按设计要求进行切割。安装时，板材之间用水玻璃砂浆或 107 胶砂浆黏结，板材与结构的连接和轻质条板类似，端板与建筑墙体的连接，可采用预埋插筋做法。条板顶端与楼面或梁下用黏结砂浆做刚性连接，下端用一对对口木楔挤紧，再用细石混凝土填缝塞实。门窗框在加气混凝土条板隔墙上的固定一般有膨胀螺栓连接法、黏结圆木安装法和胶黏连接法。加气混凝土条板隔墙构造示意图如图 3-64 所示。

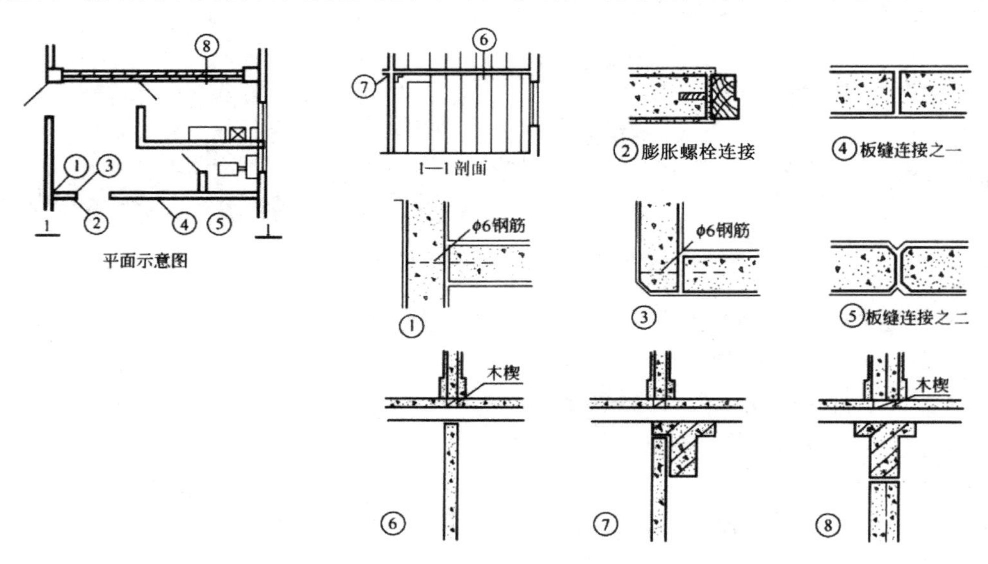

图 3-64　加气混凝土条板隔墙构造示意图(mm)

3) 碳化石灰板隔墙

碳化石灰板是以磨细的生石灰为主要原料，在其中掺3%～4%(重量比)的短玻璃纤维，再加水搅拌，振动成型，最后利用石灰窑的废气碳化而成的空心板。一般的碳化石灰板的规格为长2700～3000 mm，宽500～800mm，厚90～120 mm，板的安装同加气混凝土条板。碳化石灰板隔墙构造示意图如图3-65所示。

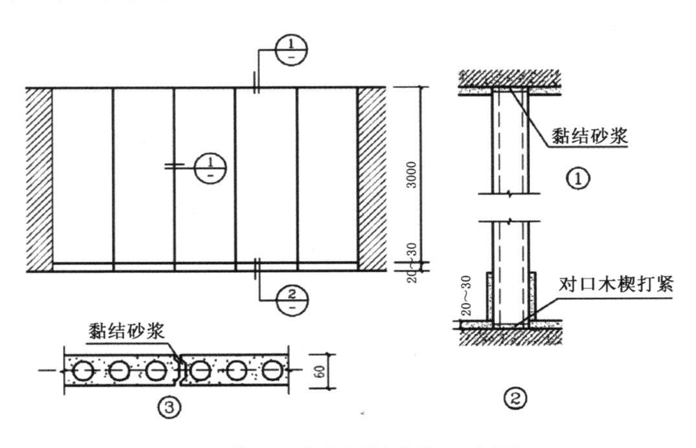

图3-65 碳化石灰板隔墙构造示意图(mm)

碳化石灰板隔墙可做成单层或双层，每层厚度为90mm或120mm，隔墙平均隔声能力为33.9dB或35.7dB。如采用60 mm宽空气间层的双层板，其平均隔声能力可为48.3dB，适用于隔声要求高的房间。

碳化石灰板主要优点有材料来源广泛、生产工艺简易、成本低廉、轻质、隔声效果好。

4) 复合板隔墙

用几种材料制成的多层板材称为复合板材。复合板材的面层有泰柏板、铝板、树脂板、硬质纤维板、压型钢板等，夹芯材料可用矿棉、木质纤维、泡沫塑料和蜂窝状材料等。

复合板材充分利用材料的性能，大多具有强度高，耐火性、防水性、隔声性能好的优点，且安装、拆卸方便，有利于建筑工业化。

(1) 泰柏板墙。泰柏板又称为钢丝网泡沫塑料水泥砂浆复合墙板。它是由$\phi 2$低碳冷拔镀锌钢丝焊接成三维空间网笼，中间填充阻燃聚苯乙烯泡沫塑料构成轻质板材，安装后双面抹灰或喷涂水泥砂浆而成的复合墙体。

泰柏板长为2100～4000mm，宽为1200～1400mm，厚度为70mm，抹灰后的厚度为100mm。这种板的特点是重量轻，强度高，防火、隔声、防腐能力强，板内可预留设备管道、电器设备等。泰柏板适用于建筑物的内、外墙，甚至轻型屋面或小开间建筑的楼板。

泰柏板隔墙须用配套的连接件在现场安装固定，隔墙的拼缝处、阴阳角和门窗洞口等位置，须用专用的钢丝网片加固。泰柏板隔墙构造示意图如图3-66所示。

(2) 金属面夹芯板。我国生产的金属面夹芯板，其上下两层为金属薄板，芯材为具有一定刚度的保温材料，如岩棉、硬质泡沫塑料等。金属面夹芯板的生产方式为在专用的自动化生产线上复合而成具有承载能力的结构板材，其也被称为“三明治”板。根据面材和芯材的不同，板的长度一般在12 000mm以内，宽度为900mm、1000mm，厚度在30～250mm之间。金属夹芯板是一种多功能的建筑材料，具有高强、保温、隔热、隔声、装饰性能好等优点，既可用于内隔墙，还可用于外墙板、屋面板、吊顶板等，其中泡沫塑料夹芯的金属复合板不能用于防火要求高的建筑。

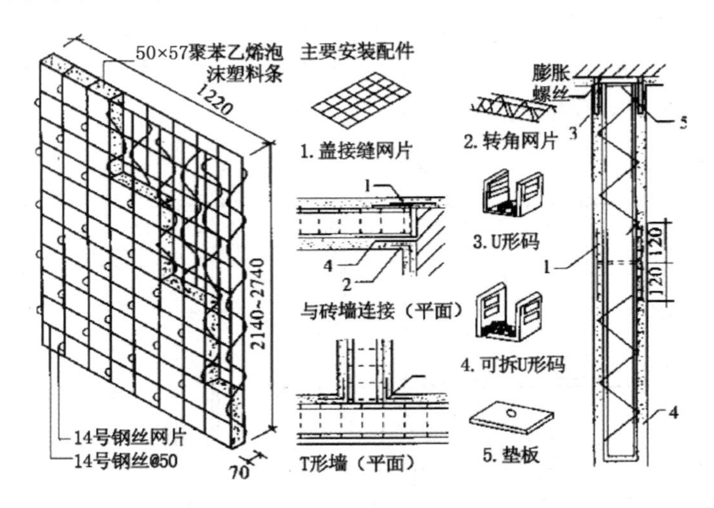

图 3-66　泰柏板隔墙构造示意图(mm)

3.4.2　隔断

隔断是指分隔室内空间的装饰构件。隔断的作用在于分隔空间或遮挡视线。利用隔断分隔的空间，增加了空间的变化，可以产生丰富的意境效果，增加空间的层次和深度，使空间既分又合，且相互连通。隔断能够创造一种似隔非隔、似断非断、虚虚实实的氛围，它是当今居住和公共建筑如住宅、办公室、旅馆、展览馆、餐厅、门诊部诊室等设计中常用的一种处理方法。

隔断的形式很多，常见的有屏风式、移动式、镂空式、帷幕式和家具式等。

1)　屏风式隔断

屏风式隔断通常是不到顶的，空间通透性强。隔断与顶棚间保持一定距离，起到分隔空间和遮挡视线的作用。这种隔断常用于办公室、餐厅、展览馆以及门诊部的诊室等公共建筑中，厕所、淋浴间等也可以采用这种形式。隔断高度一般为1050～1800mm。

屏风式隔断的种类很多，按其安装架立方式不同可分为固定屏风式隔断和活动屏风式隔断。

2)　移动式隔断

移动式隔断可以随意闭合或打开，使相邻的空间随之独立或合成一个空间。这种隔断使用灵活，在关闭时也能起到限定空间、隔声和遮挡视线的作用。移动式隔断的种类有拼装式、滑动式、折叠式、悬吊式、卷帘式和起落式等，其多用于餐馆、宾馆活动室及会堂中。

3)　镂空式隔断

镂空式隔断是公共建筑门厅、客厅等处分隔空间常用的一种形式。镂空式隔断有竹、木制的，也有混凝土预制构件的，形式多样，如图 3-67 所示。隔断与地面、顶棚之间的固定也因隔断材料不同而变化，可采用钉、焊等方式连接。

4)　帷幕式隔断

帷幕式隔断占使用面积小，能满足遮挡视线的功能，使用方便，且便于更新，其多用于住宅、旅馆和医院。帷幕式隔断的材料大体有两类：一类是使用棉、丝、麻织品或人造革等制成的软质帷幕隔断；另一类是用竹片、金属片等条状材料制成的隔断。

图 3-67　镂空式隔断

5)　家具式隔断

家具式隔断巧妙地把分隔空间与贮存物品两种功能结合起来，既节约费用，又节省使用面积；既提高了空间组合的灵活性，又使家具与室内空间相协调。这种形式多用于室内设计以及办公室的分隔等。

复习思考题

一、填空题

1. 普通砖的规格为____________________。
2. 墙体结构的布置方案一般有__________、__________、__________三种形式。
3. 圈梁一般采用钢筋混凝土材料，现场浇筑，混凝土强度等级不低于__________。
4. 砖的强度等级分__________。
5. 实体砖墙常用的组砌方式为__________、__________、__________、__________。
6. 门窗过梁常用的有砖拱过梁、钢筋砖过梁、__________等。
7. 钢筋混凝土过梁两端伸入墙内的长度应不小于__________。
8. 钢筋混凝土过梁按施工方式不同，分为__________、__________两种。
9. 砖砌悬挑窗台的悬挑长度一般为__________。
10. 墙身防潮层的位置应设在地面垫层范围内，一般在__________标高处。
11. 墙身防潮层根据材料不同，一般有__________、__________、__________等。
12. 散水的宽度一般为__________。
13. 对墙身加固的方法一般有__________、__________、__________等。
14. 圈梁是沿外墙四周及部分内墙设置在__________的连续封闭的梁。
15. 常见的隔墙有__________、__________、__________。

二、选择题

1. 关于墙身的加固措施不正确的是(　　)。
   A. 设圈梁　　B. 设变形缝　　C. 设构造柱　　D. 设壁柱
2. 建筑物散水下铺 300mm 厚中砂，其主要目的是(　　)。
   A. 防火　　B. 防水　　C. 防冻　　D. 防震
3. 当圈梁遇到洞口不能封闭的时候，应设置搭接长度为(　　)的附加圈梁。
   A. L≥2H 且 L≥1M　　B. L≥2H 且 L≥1.5M
   D. L≥3H 且 L≥1M　　D. L≥3H 且 L≥1.5M
4. 非抗震设计的单层砖混建筑承重墙上开 2100mm 宽外门，下列过梁中，应选用的是(　　)。
   A. 砖砌平拱　　B. 砖砌弧拱　　C. 钢筋砖过梁　　D. 钢筋混凝土过梁
5. 承重黏土空心砖的尺寸为(　　)。
   A. 240mm×115 mm×53 mm　　B. 190 mm×190 mm×90 mm
   C. 240 mm×115 mm×90 mm　　D. 240 mm×115 mm×180 mm
6. 关于防止外墙热桥的措施中，下面描述不正确的是(　　)。
   A. 过梁设计成 L 形　　B. 女儿墙内侧设钢筋混凝土构造柱
   C. 悬挑楼板下贴苯板　　D. 柱子外包砌块
7. 墙身防潮层应设置在(　　)。
   A. 内墙　　B. 外墙与承重墙　　C. 外墙　　D. 外墙与隔墙
8. 钢筋砖过梁钢筋搭砌墙体的宽度为(　　)。
   A. 120mm　　B. 180mm　　C. 240mm　　D. 370mm

三、名词解释

1. 圈梁
2. 过梁
3. 复合墙

四、问答题

1. 什么是纵墙？什么是横墙？
2. 墙体承重结构的布置方案有哪些？各有何特点？分别适用于何种情况？
3. 提高外墙的保温能力有哪些措施？
4. 墙体隔声措施有哪些？
5. 什么是防火墙？多层建筑对它的材料和耐火极限要求是什么？防火墙作用是什么？
6. 黏土实心砖为什么被限制大量使用？
7. 砌体墙组砌的要点是什么？
8. 砖墙砌筑原则是什么？常见的砖墙组砌方式有哪些？
9. 砌块墙的组砌要求有哪些？
10. 简述墙脚水平防潮层的作用、设置位置、方式及特点。
11. 墙脚水平防潮层的三种构造做法是什么？

12. 在什么情况下设垂直防潮层？其构造做法是什么？
13. 勒脚的作用是什么？其处理方法有哪几种？试说出各自的构造特点。
14. 常见的过梁有几种？它们的适用范围和构造特点是什么？
15. 外窗台构造中应考虑哪些问题？构造做法有几种？
16. 墙身加固措施有哪些？有何设计要求？
17. 简述圈梁的概念、作用、设置要求。
18. 简述构造柱作用、设置要求及其构造做法。
19. 简述构造柱的施工顺序。
20. 常见的隔墙、隔断有哪些？试述各种隔墙的特点及其构造做法。

思政模块

【职业伦理】

教学案例：墙体构造安全问题

2009年2月9日晚，在建的中央电视台电视文化中心(又称央视新址北配楼)发生了特大火灾。起火原因为燃放大型烟花引燃不合格保温板。

课堂教学以视频、案例等形式导入生产隐患，从而提出安全生产法的意义，启发学生深入思考建筑工程中安全生产的重要性。让学生学完本课程后，意识到作为一名建筑人或建筑工程管理人，知法、懂法、守法以及对法律有一颗敬畏之心的重要性，从而使课程思政内容得到升华。

【文化自信】

教学案例：磨砖对缝——天坛回音壁

了解我国传统建筑师精益求精、自强诚信的匠人精神，并以此为目标进行自我教育，树立正确的建筑观、创作思想和理念。

【职业素养】

教学案例：回顾历史，展望未来

引导学生从优秀传统建筑墙体构造入手，了解建筑墙体的作用、类型、设计依据，掌握墙体构造设计和细部做法，进一步展望未来。随着建筑的不断发展，思考墙体构造在高层建筑、绿色建筑中的更新策略，并掌握建筑砌体墙的构造做法，了解绿色建筑装配式墙体构造。

第 4 章

楼地层及阳台、雨篷

第 4 章
楼地层及阳台
雨篷思维导图

【学习要点及目标】

- 了解楼地层的类型与设计要求
- 熟悉楼地层的构造的分类与设计要求
- 了解阳台的设计原则

【本章导读】

楼地层是建筑水平方向的承重构件，它把房屋分成若干层，承载人们的活动。在建筑中，楼板将人、家具等竖向荷载及楼板自重通过墙体、梁或柱传给基础，故要求其具有足够的强度和刚度，具有防火、隔声、防潮、防水的能力，同时满足各类管线的敷设。楼板的面层设计会影响室内空间的舒适与美观，阳台与雨篷可以看作楼板的延伸，连通了室内外的空间。

楼板类型与构造

4.1 概　　述

楼地层分为楼板层和地坪层两种，是水平方向分隔房屋空间的承重构件，楼板层分隔上下楼层空间，地坪层则分隔大地与底层空间。楼板层和地坪层都可供人们进行活动，它们有着相同的面层，但由于所处的位置与受力状况的不同，其结构和构造有所不同。

楼板层也称楼层，是建筑物中供人们在楼面活动的支承平台，也是分隔竖向建筑空间的水平承重构件。结构层为楼板，楼板将所承受的上部荷载及自重传递给墙或柱，并由墙柱传给基础。

地坪层是建筑物底层室内地面与土壤相接触的构件，它的结构层为垫层，垫层将所承受的荷载及自重均匀地传给夯实的地基。

4.1.1 楼地层的基本组成

为了满足楼板、地面的使用功能，建筑物的楼地层通常由以下几部分组成，如图 4-1 所示。

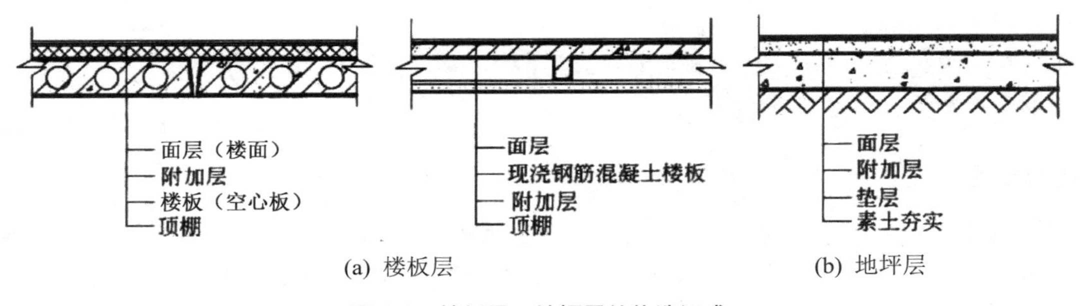

(a) 楼板层　　(b) 地坪层

图 4-1　楼板层、地坪层的构造组成

1. 楼板层的构造组成

1)　面层

面层是楼板层最上面的层次，也是室内空间下部的装修层，通常称为楼面或地面。面层是楼板上表面的构造层，起着保护结构层、使结构层免受损坏、分布荷载和绝缘的作用，同时对室内起美化装饰或清洁作用。

2)　结构层

结构层又称为楼板，是楼板层的承重构件，包括板、梁等构件。其主要功能在于承受楼板层上的全部荷载，并将这些荷载传给墙或柱，同时对部分墙身起水平支撑作用，可提高墙体整体稳定性，增强建筑物的整体刚度，并对楼板层的隔声、防火等起主要作用。

3)　附加层

附加层又称功能层，根据楼板层的具体要求而设置，其主要作用是隔声、隔热、保温、防水、防潮、防腐蚀以及防静电等，包括有管线敷设层、隔声层、防水层、保温层或隔热层等附加构造层。管线敷设层是用来敷设水平设备暗管线的构造层；隔声层是为隔绝撞击声而设的构造层；防水层是用来防止水渗透的构造层；保温层或隔热层是用来改善热工性能的构造层。根据实际需要，附加层有时和面层合为一体，有时又和吊顶合为一体。

4)　顶棚层

顶棚层是楼板层下表面的构造层，也是室内空间上部的装修层，主要作用是保护楼板、安装灯具、遮挡各种水平管线、改善使用功能、装饰美化室内空间以及满足室内的特殊使用要求。

2 地坪层的基本组成

地坪层是建筑物底层与土壤相接的构件，和楼板层一样，它承受着底层地面上的荷载，并将荷载均匀地传给地基。地坪层由面层、垫层和素土夯实层构成。根据需要还可以设各种附加构造层，如找平层、结合层、防潮层、保温层、管道敷设层等。

1)　面层

地坪面层与楼板面层一样，是人们日常生活、工作、生产直接接触的地方，根据不同房间，对面层有不同的要求，面层要做到坚固耐磨、表面平整、光洁、易清洁、不起尘。对于居住和人们长时间停留的房间，要求有较好的蓄热性和弹性；浴室、厕所则要求耐潮湿、不透水；厨房、锅炉房要求地面防水、耐火；实验室则要求耐酸碱、耐腐蚀等。

2)　附加层

附加层主要是为了满足特殊使用功能要求而设置的某些层次，如防水层、防潮层、保温层、结合层等。

3)　结构层

结构层是地坪层中承重和传力的部分，常与垫层结合使用，通常采用 80～100mm 厚 C10 混凝土。

4)　垫层

垫层是结构层和地基之间的找平层或填充层，主要作用为加强地基、帮助结构层传递荷载。有时垫层也与结构层合为一体，地基条件较好且室内荷载不大的建筑，一般可不设垫层；地基条件较差、室内荷载较大且有保温等特殊要求的一般都需要设置垫层。垫层通常就地取材，均需夯实，北方常用灰土或碎石，南方常用碎砖、碎石、 三合土等。

5)　素土夯实层

素土夯实层是地坪的基层，材料为不含杂质的砂石和黏土，通常是填 300 mm 的素土夯实成 200 mm 厚，使之均匀传力。

由于地下水位升高、室内通风不畅，房间湿度增大，引起地面受潮，使室内人员感觉不适，造成地面、墙面、家具霉变，还会影响结构的耐久性、美观和人体健康。因此，应对可能受潮的房屋进行必要的防潮处理，处理方法有设防潮层、设保温层等。

楼板层和地坪层的面层在构造和要求上是一致的，统称地面。顶棚层位于楼板下方的构造层，均属室内装修的范畴。

4.1.2　楼板层的设计要求

楼板层是多层建筑中沿水平方向分隔上下空间的结构构件。除了承受并传递垂直和水平荷载外，还应具备防火、隔声、防水等能力。同时，为了美观，很多机电设备的管线需要安装在楼板内。因此，设计楼板时必须满足以下几点要求。

(1) 安全性：楼板作为承重构件必须具有足够的强度和刚度，以保证结构的安全性。

(2) 隔声：楼板应具备一定的隔声能力，以免楼上楼下互相干扰。对一些特殊性质的房间(如广播室、录音室、演播室等)，隔声要求则更高。

(3) 防火：为了保证人身和财产安全，楼板须具有一定的防火能力。

(4) 防水、防潮：对有水侵袭的房间如厕浴间等，楼板层一定要具有防水、防潮能力，以免有水渗漏，影响建筑物的正常使用。

(5) 满足各种管线的设置要求：现代建筑中，由于各种服务设施日趋完善，机电专业的管线也越来越多，为了保证室内美观和室内空间的使用更加充分，在楼板层的设计中，必须仔细考虑各种设备管线的走向。

(6) 经济要求：满足使用功能的前提下，合理选用结构形式和构造方案。

4.1.3 楼板层的类型

楼板层根据其结构层使用材料的不同，楼板可分为木楼板、钢筋混凝土楼板、压型钢板组合楼板等多种类型，如图 4-2 所示。

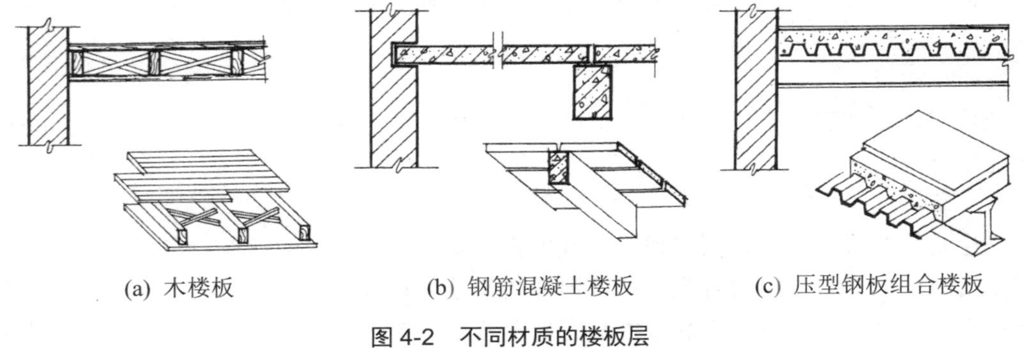

(a) 木楼板　(b) 钢筋混凝土楼板　(c) 压型钢板组合楼板

图 4-2　不同材质的楼板层

1. 木楼板

木楼板是我国的传统做法，自重轻、保温隔热性能好、舒适、有弹性，但其只在木材产地采用较多，同时其隔声、耐火性和耐久性均较差，且造价偏高，为节约木材和满足防火要求，目前较少采用。

2. 钢筋混凝土楼板

钢筋混凝土楼板具有强度高、刚度大、耐火性和耐久性强的特点，且具有良好的可塑性，便于工业化生产，目前应用最广泛。按其施工方法不同，可分为现浇式、装配式和装配整体式三种。

3. 压型钢板组合楼板

压型钢板组合楼板是在钢筋混凝土楼板的基础上发展起来的，一般用于钢结构体系中，利用钢衬板作为楼板的受弯构件和底模，既提高了楼板的强度和刚度，又加快了施工进度，是目前正大力推广的一种新型楼板。

4.2 钢筋混凝土楼板构造

在各种类型的楼板中，钢筋混凝土楼板具有强度高、刚度大、耐久性强、防火、便于工业化施工的优点，且是目前应用最广泛的楼板。按施工方式的不同，钢筋混凝土楼板分为现浇整体式、预制装配式和装配整体式三种类型。

4.2.1 现浇整体式钢筋混凝土楼板

现浇钢筋混凝土楼板通过在施工现场支模板、绑扎钢筋、浇注并振捣混凝土、养护、拆模等工序将整个楼板浇筑成整体。它的整体性好，刚度大，抗震性好，防火、防水性好，可塑性强，可适应各种不规则形状和要留孔洞等特殊要求的建筑。但在施工过程中，现浇钢筋混凝土楼板模板耗量大，施工周期长，湿作业多，施工条件差。近年来，由于模板和浇注机械化的发展，其应用更加广泛。

现浇钢筋混凝土楼板根据受力和传力情况不同，可分为板式楼板、梁板式楼板、无梁楼板、压型钢板组合楼板等。

1. 板式楼板

楼板内不设置梁，将板直接搁置在承重墙上，楼面荷载可直接通过楼板传给墙体。板式楼板根据受力特点和支承情况的不同，可分为单向板和双向板。当板的长边与短边之比大于 2 时，板基本上沿短边方向传递荷载，这种板称为单向板，如图 4-3(a)所示。当板的长边与短边之比不大于 2 时，荷载沿长边和短边两个方向传递，这种板称为双向板，如图 4-3(b)所示。双向板的受力和传力更加合理，构件的材料更能充分发挥作用。为了满足施工要求和经济要求，对各种板式楼板的最小厚度和最大厚度规定如下：当为单向板时，屋面板的板厚为 60～80 mm，民用建筑的楼板厚度为 70～100 mm，工业建筑的楼板厚度为 80～180 mm；当为双向板时，板厚为 80～160 mm。板式楼板板底平整、美观、施工方便，适用于墙体承重的小跨度房间，如住宅、旅馆等，或其他建筑的厨房、卫生间、走廊等。

2. 梁板式楼板

1) 肋形楼板

现浇肋梁楼板由板、次梁、主梁现浇而成。根据板的受力状况不同，有单向板肋梁楼板、双向板肋梁楼板。单向板的平面长边与短边之比大于或等于 3，可认为这种板受力后仅向短边传递。双向板的平面长边与短边之比小于或等于 2，受力后向两个方向传递。图 4-4 所示为单向板肋梁楼板，板由次梁支承，次梁的荷载传给主梁。同时在进行肋梁楼板的布置时应遵循以下原则。

(1) 承重构件，如柱、梁、墙等应有规律地布置，宜做到上下对齐，以便于结构传力直接，受力合理。

(2) 板上不宜布置较大的集中荷载，自重较大的隔墙和设备宜布置在梁上，梁应避免支承在门窗洞口上。

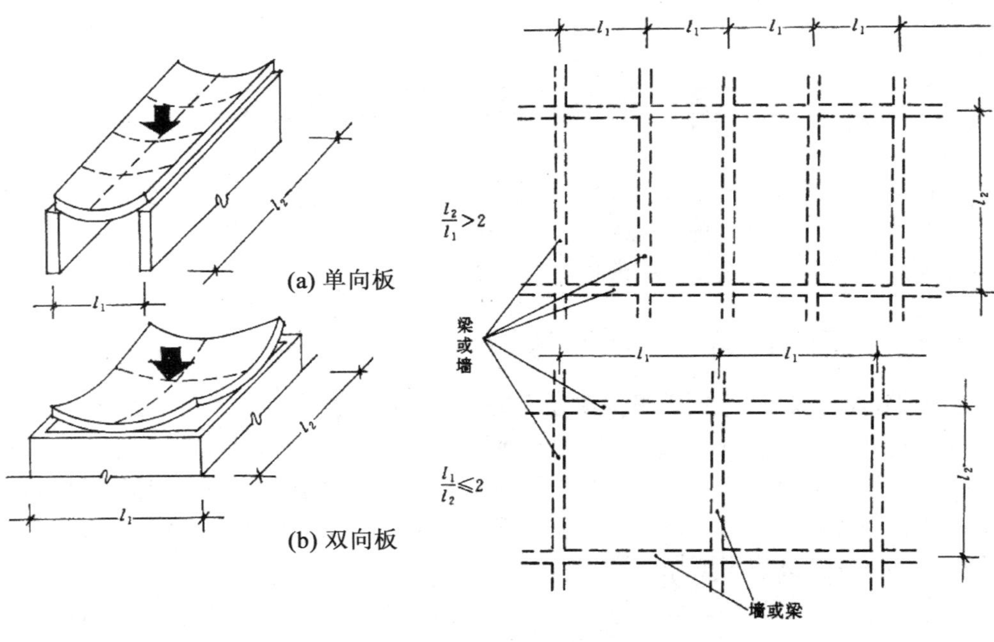

图 4-3　单向板与双向板

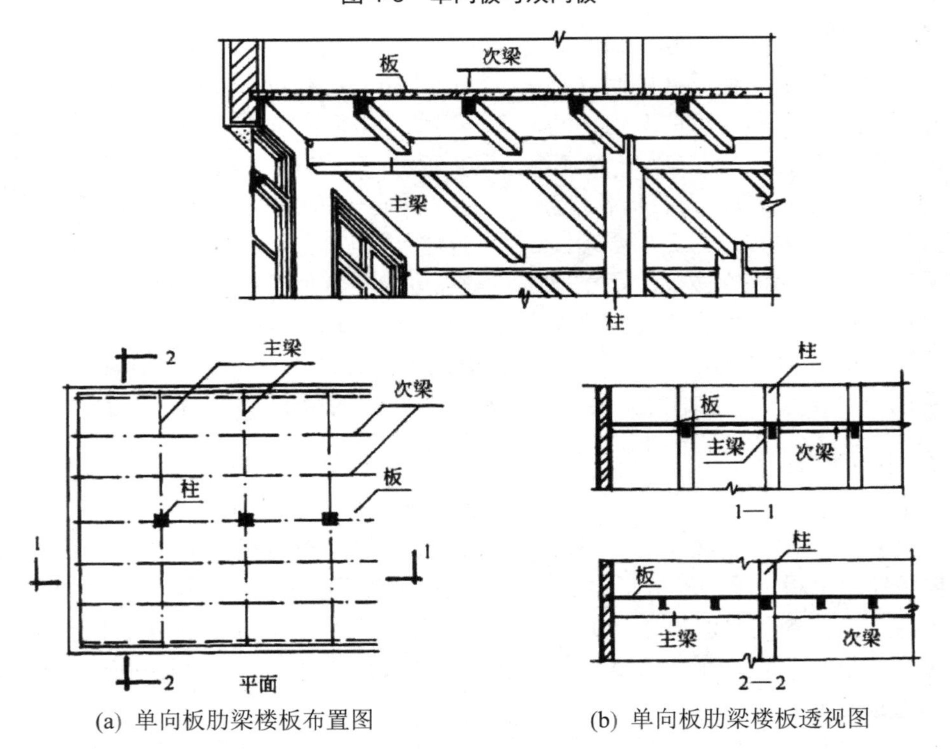

(a) 单向板肋梁楼板布置图　　(b) 单向板肋梁楼板透视图

图 4-4　单向板肋梁楼板

(3) 满足经济要求。一般情况下，常采用的单向板跨度尺寸为 1.7～3.6m，不宜大于 4m。双向板短边的跨度宜小于 4m；方形双向板宜小于 5m×5m。次梁的经济跨度为 4～6m；主梁的经济跨度为 5～8m。

2)　井式楼板

当肋梁楼板两个方向的梁不分主次、高度相等、同位相交、呈井字形时，则称为井式楼板。因此，井式楼板是肋梁楼板的一种特例。井式楼板的板为双向板，所以，井式楼板也是双向板肋梁楼板。

井式楼板宜用于正方形平面，长短边之比不大于 1.5 的矩形平面也可采用。梁与楼板平面的边线可正交也可斜交，分别称为正井式、斜井式。此种楼板的梁板布置图案美观、有装饰效果，并且由于两个方向的梁互相支撑，为创造较大的建筑空间创造了条件。故一些大空间采用了井式楼板，其跨度可达 20～30m，梁的间距一般为 3m 左右。井式楼板透视图如图 4-5 所示。

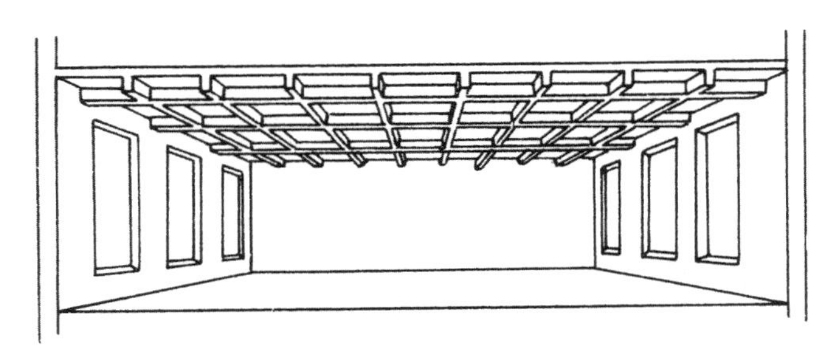

图 4-5　井式楼板透视图

3. 压型钢板组合楼板

压型钢板组合楼板(见图 4-6)是一种钢与混凝土组合的楼板，是用凹凸相间的压型薄钢板做衬板，与现浇混凝土一起支承在钢梁上构成整体型楼板支承结构，主要应用于钢结构体系中，由楼面层、组合板、钢梁三部分构成，其中组合板包括现浇混凝土和钢承板两部分。

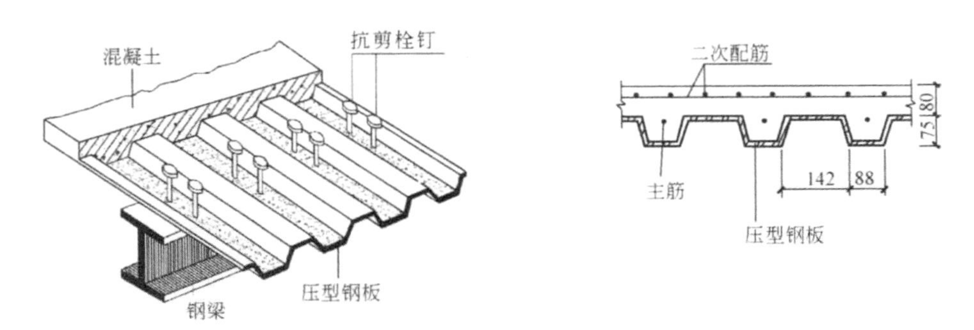

图 4-6　压型钢板组合楼板(mm)

经过构造处理，可使混凝土、压型钢板共同受力，即混凝土承受剪力和压力，压型钢板可以起到受拉钢筋的作用，承受下部的拉弯应力。这样一来，楼板中的混凝土可不再放置受力筋，仅设构造钢筋即可。同时，压型钢板作为混凝土楼板的永久性模板，施工时又是施工的台板，可简化施工程序，加快施工进度。另外，还可以利用压型钢板间的空隙敷设室内电力管线，也可在压型钢板底部焊接架设悬吊管道、通风管道和吊顶棚的支托，充分利用楼板结构中的空间。

钢承板与钢梁之间采用焊接连接或栓钉连接，栓钉的主要作用为保证混凝土板和钢梁

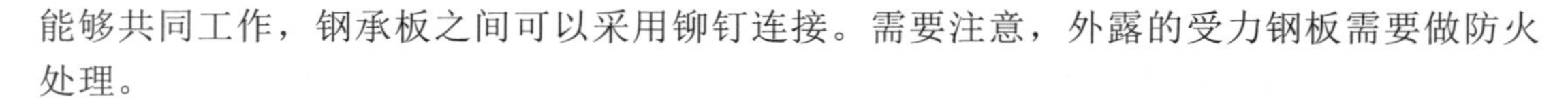

能够共同工作，钢承板之间可以采用铆钉连接。需要注意，外露的受力钢板需要做防火处理。

4. 无梁楼板

无梁楼板是指将等厚的楼板直接支承在柱上且不设主梁和次梁的结构，如图 4-7 所示，楼面荷载直接通过柱子传至基础。无梁楼板与一般肋梁楼板的主要区别是其楼面荷载由板通过柱直接传给基础。这种结构不仅传力简捷，而且增大了楼层净空。但由于没有主梁和次梁，钢筋混凝土板直接支承在柱上，因而楼板的厚度较大。

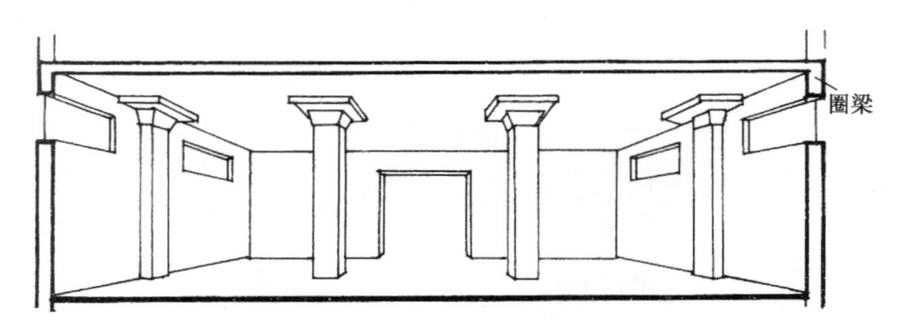

图 4-7　无梁楼板透视图

无梁楼板分为有柱帽和无柱帽两种。当楼面荷载比较小时，可采用无柱帽楼板；当楼面荷载较大时，必须在柱顶加设柱帽。柱帽的设置可以增大柱子的支承面积、减小板的跨度。无梁楼板的柱可设计成方形、矩形、多边形和圆形，柱帽可根据室内空间要求和柱截面形式进行设计。无梁楼板的柱网一般布置为正方形或接近正方形的矩形平面，正方形的柱网最为经济。柱网间距一般不超过 6m。当采用预应力楼板，或双向密肋楼板时，柱网间距可以适当增大。当楼面活荷载≥500kg/m^2，跨度在 6m 左右时，无梁楼板比梁板式楼板经济，同时因板跨较大，板厚应在 120mm 以上。无梁楼板的四周可支承在承重墙上，或支承在边柱上，或从边柱悬臂伸出。无梁楼板多用于活荷载较大的商店、形状规整的展览馆、仓库等建筑中。

4.2.2　预制装配式钢筋混凝土楼板

装配式钢筋混凝土楼板是指在构件预制加工厂或施工现场外预先制作，然后运到工地现场进行安装的钢筋混凝土楼板。这种板大大提高了机械化施工水平，可使工期大大缩短。预制板的长度一般与房屋的开间或进深一致，为 3M 的倍数；板的宽度一般为 1M 的倍数。板的截面尺寸必须经过结构计算确定。

1. 预制楼板构件的类型

预制钢筋混凝土楼板按应力状况，可分为预应力和非预应力两种。采用预应力构件可以推迟裂缝的出现，从而提高构件的承载力和刚度，减轻构件自重，降低造价。

预制钢筋混凝土楼板按截面形式分为实心平板、槽形板、空心板三种。

1)　实心平板

实心平板规格较小，板跨一般不大于 2.4m。预应力实心平板的跨度可达 2.7m，板厚为跨度的 1/30，一般为 50～80mm，板宽为 600～900mm。

实心平板因跨度小，多用于过道或小开间房间，如厕所、卫生间等，也可用于阳台板、雨篷板或地沟盖板等。实心平板容易制作，模板简单，但自重大。当跨度较大时，板较厚，不经济，如图 4-8 所示。

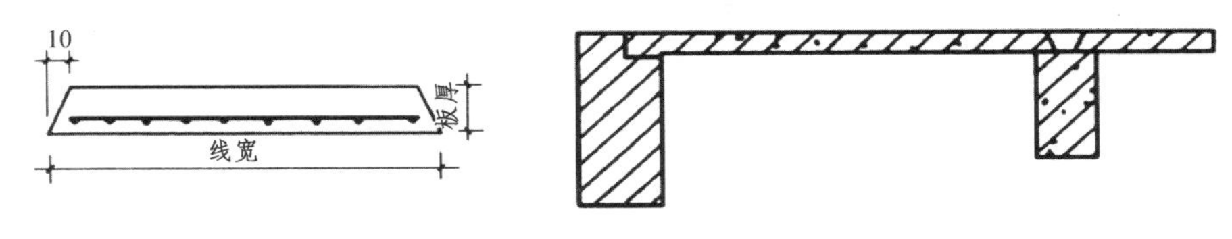

图 4-8　实心平板(mm)

2)　槽形板

槽形板是一种梁板结合构件，相当于在实心平板的两侧加上纵向的边肋，作用在板上的荷载由边肋承担，板宽为 600～1200mm，板跨为 3～7.2m，板厚为 25～30mm，肋高为 120～300mm。为提高板的刚度和便于搁板，常将板的两端以端肋封闭，当板跨大于或等于 6m 时，应在板的中部每隔 500～700mm 处增设一道横肋。

槽形板减轻了板的自重，它具有省材料、便于在板上开洞、造价低等优点，但隔声效果差。槽形板依据安放方向可分为正槽板和反槽板。正槽板板肋朝下，受力合理，但板底部有肋不平，通常设吊顶或用于不要求天棚平整的房间；反槽板板肋朝上，受力不合理，但底面平整，且可在槽内填充轻质材料，以解决楼板的隔声、保温等问题。槽形板的形式如图 4-9 所示。

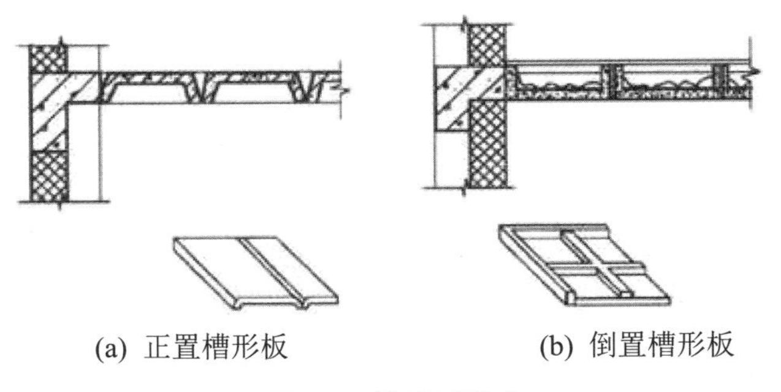

(a) 正置槽形板　　(b) 倒置槽形板

图 4-9　槽形板形式

3)　空心板

空心板孔的截面形状有圆孔和方孔。方孔比圆孔更节约混凝土，但脱模较困难，易出现裂缝。圆孔增大了肋的截面面积，使板的刚度增强，对受力有利，并且抽芯脱模方便，因此，预制空心板多采用圆孔。

空心板受力合理，能减轻自重、节省材料，在不增加材料用量的基础上，可提高承载力和刚度，如图 4-10 所示。

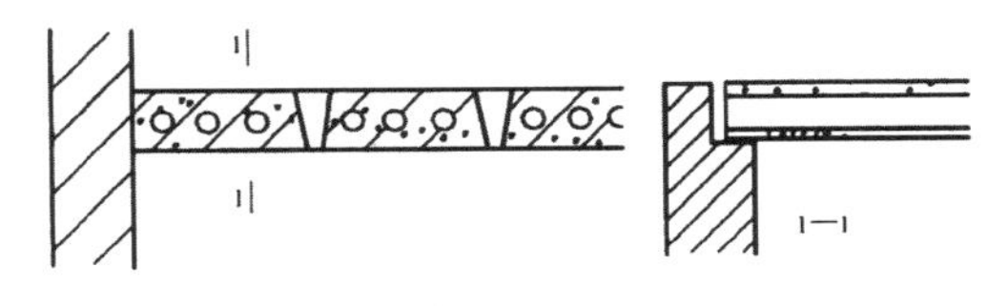

图 4-10　空心板

目前我国预应力空心板的跨度可达到 6m、6.6m、7.2m 等，板的厚度为板跨度的 1/20～1/25。空心板安装前，应在板端的圆孔内填塞 C15 混凝土短圆柱(即堵头)以避免板端被压坏。

2. 板的结构布置方式

预制板的结构布置方式根据房间的平面尺寸及房间的使用要求确定，可采用墙承重系统和框架承重系统。

在砖混结构中，横墙承重一般适用于横墙间距较密的宿舍、办公楼及住宅建筑等。当房间开间较小时，预制板可直接搁置在墙上或圈梁上；当房间比较大时，如教学楼、实验楼等开间、进深都较大的建筑物，可以把预制板搁置在梁上，或者直接搁在纵墙上，如图 4-11 所示。

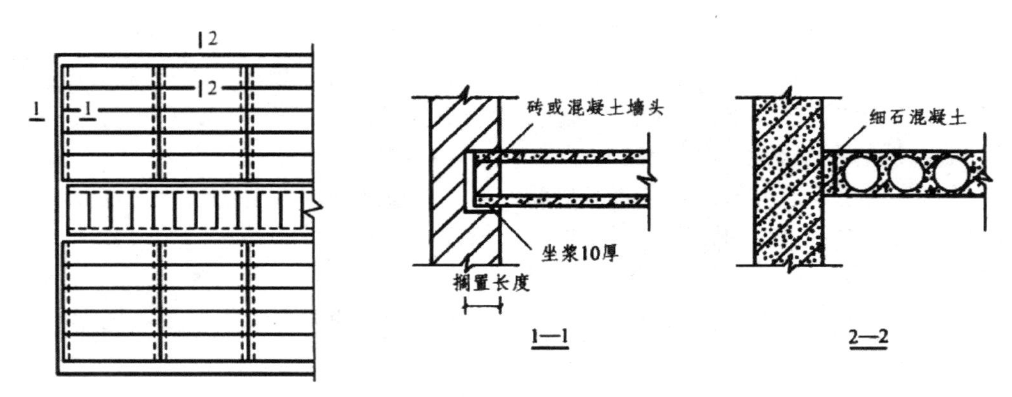

图 4-11　板搁置在墙体上(mm)

3. 预制空心板的安装

为保证楼板安放平整，且使板与墙或梁能很好地连接，首先应使板有足够的搁置长度。支撑在梁上的搁置长度应不小于 80mm；支撑于墙上的搁置长度不小于 100mm；板的侧边一般不应伸入墙内。支撑楼板的墙或梁的表面应平整，铺板前，先在墙或梁上用 10～20mm 厚 M5 的水泥砂浆找平，称为坐浆，然后再铺板，保证安装后的楼板平整，同时使墙体受力均匀。空心板两端用水泥砂浆或混凝土堵孔，避免漏浆，并避免端部被上部墙体压坏。

板搁置在梁上时，因梁的断面不同有两种情况：一种是板搁置在梁顶部，此时，梁板占用空间较大，如图 4-12(a)所示。当梁为花篮梁或十字梁时，梁的顶面与板顶面平齐，在梁高不变的情况下，梁底净高相应增加一个板厚，如图 4-12(b)所示，需注意两者的板跨不同。

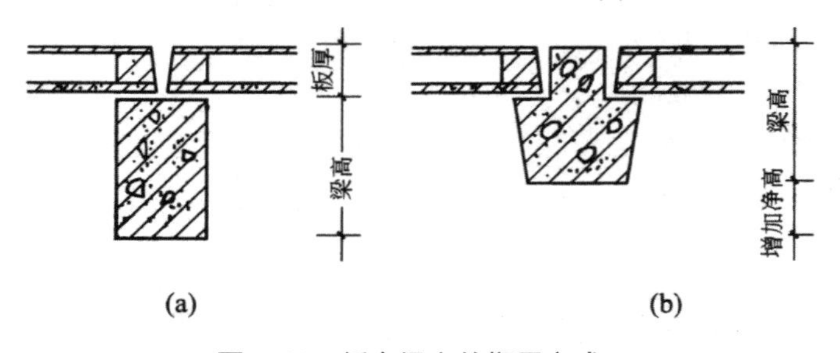

图 4-12　板在梁上的搁置方式

4. 板缝处理

在一座建筑物中，预制板的类型越少越好。为了便于板的安装，板的标志尺寸和构造尺寸之间应有 10～20mm 的差值，以形成板缝，并在板缝中填入水泥砂浆或细石混凝土(即灌缝)。三种常见的板间侧缝形式如图 4-13 所示。V 形缝制作简单，但易开裂，连接不够牢固；U 形缝上面开口较大易于灌浆，但不够牢固；凹形缝连接牢固，但灌浆捣实较困难。

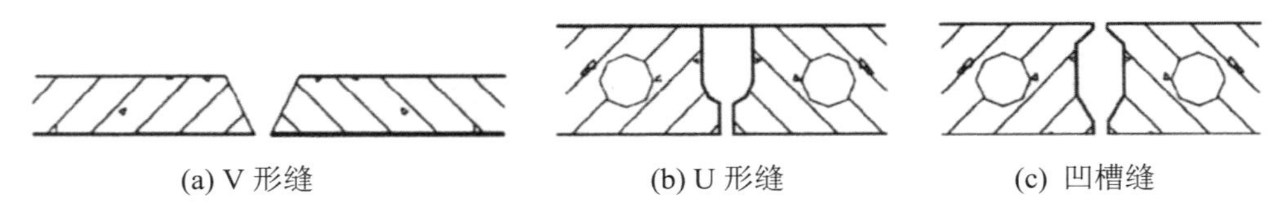

(a) V 形缝　　(b) U 形缝　　(c) 凹槽缝

图 4-13　侧缝连接方式

在排板过程中，当板的横向尺寸(板宽方向)与房间平面尺寸出现差额(此差额称为板缝差)时，可采用以下方法解决。

(1) 当缝隙宽度小于 60 mm 时，可调节板缝，如图 4-14(a)所示；

(2) 当缝隙宽度为 60～120mm 时，可在灌缝的混凝土中加配 2ϕ6 的钢筋，如图 4-14(b)所示；

(3) 当缝隙宽度为 120～200 mm 时，可设现浇钢筋混凝土板带，并将板带设在墙边或有穿管的部位，如图 4-14(c)所示；

(4) 当缝隙宽度大于 200 mm 时，可调整板的规格，如图 4-14(d)所示。

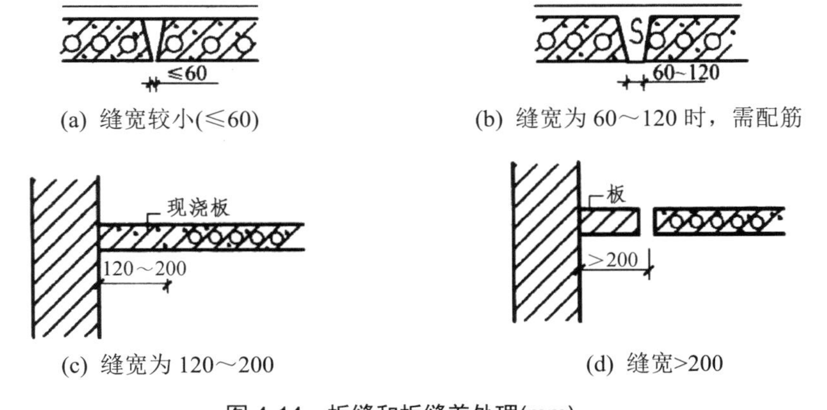

(a) 缝宽较小(≤60)　　(b) 缝宽为 60～120 时，需配筋

(c) 缝宽为 120～200　　(d) 缝宽>200

图 4-14　板缝和板缝差处理(mm)

为了加强预制楼板的整体刚度，抵抗地震的水平荷载，可在两块预制板之间、板与纵墙、板与山墙等处均增加钢筋锚固，然后在缝内填筑细石混凝土；或者在板上铺设钢筋网，然后在上面浇筑一层厚度为 30～40mm 的细石混凝土作为整浇层，如图 4-15 所示。

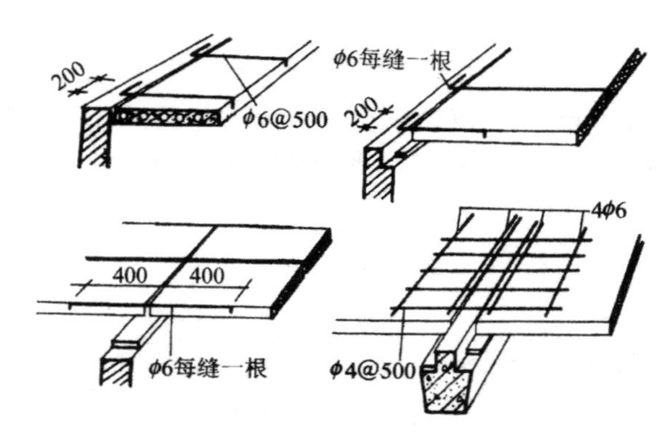

图 4-15　锚固筋的配置(mm)

4.2.3　装配整体式钢筋混凝土楼板

装配整体式楼板是指先预制部分构件，然后在现场安装，再以整体浇筑的办法将其连接成一体的楼板，兼有现浇和预制的双重优越性。

1. 密肋填充块楼板

密肋填充块楼板是指现浇(或预制)密肋小梁间安放预制空心砌块并现浇面板而制成的楼板结构。密肋填充块楼板由密肋楼板和填充块叠合而成，密肋小梁有现浇和预制两种，常用陶土空心砖、矿渣混凝土空心砖等作为密肋楼板肋间填充块，然后现浇密肋和面板。肋的间距视填充块的尺寸而定，一般为300～600mm，面板厚度一般为40～50mm，如图 4-16 所示。密肋填充块楼板板底平整，有较好的隔声、保温、隔热效果，且整体性好。但由于楼板结构厚度偏大，施工较为麻烦，密肋填充楼板的应用受到了一定的限制。

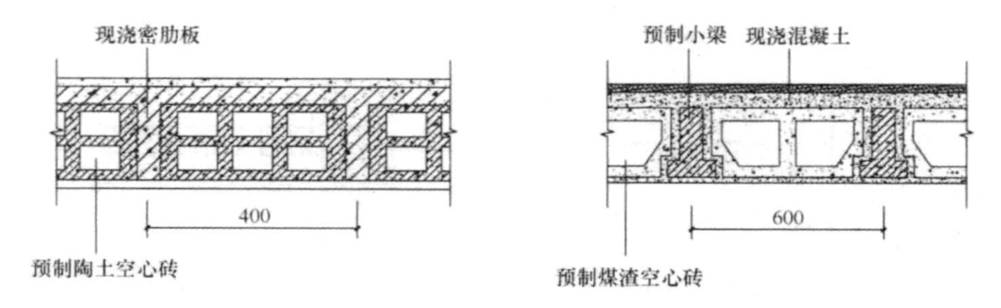

图 4-16　密肋填充块楼板(mm)

2. 预制薄板叠合楼板(叠合式楼板)

预制薄板与现浇混凝土面层叠合而成的装配整体式楼板，称为预制薄板叠合楼板(叠合式楼板)。其中的预制薄板有普通钢筋混凝土薄板和预应力混凝土薄板两种。

预制薄板既可以是整个楼板结构中的一个组成部分，又可以作为永久模板而承受施工荷载。混凝土薄板中配置普通钢筋或刻痕高强钢丝作为预应力筋，此钢筋和预应力筋作为楼板的跨中受力钢筋，薄板上面的现浇混凝土叠合层中可以埋设管线，而现浇层中只需配置少量负弯矩钢筋。预制薄板底面平整，作为顶棚可以直接喷浆或粘贴装饰壁纸。

叠合楼板跨度一般为 4～6m，最大可达 9m，通常以 5.4m 以内较为经济。预应力薄板厚 50～70mm，板宽 1.1～1.8m。为了保证预制薄板与叠合层有较好的连接，薄板的上表面需做处理，常见的有两种：一是在上表面作刻槽处理，刻槽直径 50mm，深 20mm，间距 150mm；另一种是在薄板表面露出较规则的三角形的结合钢筋，如图 4-17 所示。

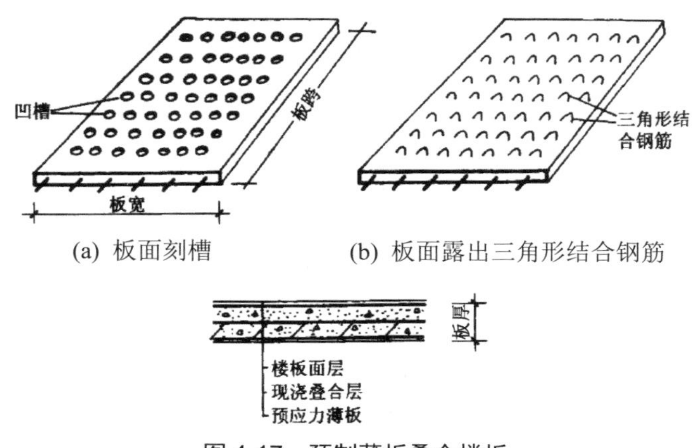

(a) 板面刻槽　　(b) 板面露出三角形结合钢筋

图 4-17　预制薄板叠合楼板

4.3　楼地层防水、隔声构造

楼板层区隔了竖向空间，在日常生活中，为了防止可能出现的积水渗漏与噪声干扰，楼板层需要满足防水与隔声的要求。

4.3.1　楼地层的防水构造

对有水侵蚀的房间，如厕所、淋浴室、盥洗室等，室内积水机会多，容易发生渗漏现象，设计时需要对这些房间的楼地面、墙身采取有效的防水防潮措施。

1. 楼地面排水

为了方便排水，楼地面要有一定的坡度，并设置地漏，排水坡度常采用 1%。为了防止室内积水外溢，用水房间的楼地面标高常比相邻房间或走道等地面低 20～30mm，也可用门槛挡水。

2. 楼地面、墙身的防水

1)　楼地面防水

有水侵蚀房间的楼板宜采用现浇钢筋混凝土楼板，对防水质量要求高的房间，可在楼板结构层与面层之间设置一道防水层，再做地面面层，防水层多采用 1.5mm 厚聚氨酯涂膜防水层(属于涂料防水)，有的也采用卷材防水或防水砂浆防水(属于刚性防水)。用水房间的地面面层常采用大理石、花岗石、预制水磨石以及陶瓷地砖等，也有的采用水泥地面、聚氨酯彩色地面。为了防止水沿房间四周侵入墙身，应将防水层沿房间四周墙边卷起 250mm，若采用聚氨酯彩色地面，应将所有竖管和地面与墙转角处刷 150mm 高的聚氨酯。

2) 对穿楼板立管根部的防水处理

一般采取两种方法，一种是在管道穿过楼板孔洞用 C20 干硬性细石混凝土填缝，要求平整处再用两布二油橡胶酸性沥青防水涂料做密封处理，否则可以参照女儿墙泛水做防水处理，如图 4-18(a)所示；另一种是对于热水管、暖气管等穿过楼板时，为了防止由于温度变化，出现胀缩变形，致使管壁周围漏水，常在管道穿楼板的位置增设一个比管道直径稍大一些的套管，以保证热水管能够自由伸缩而不会导致混凝土开裂，如图 4-18(b)所示。

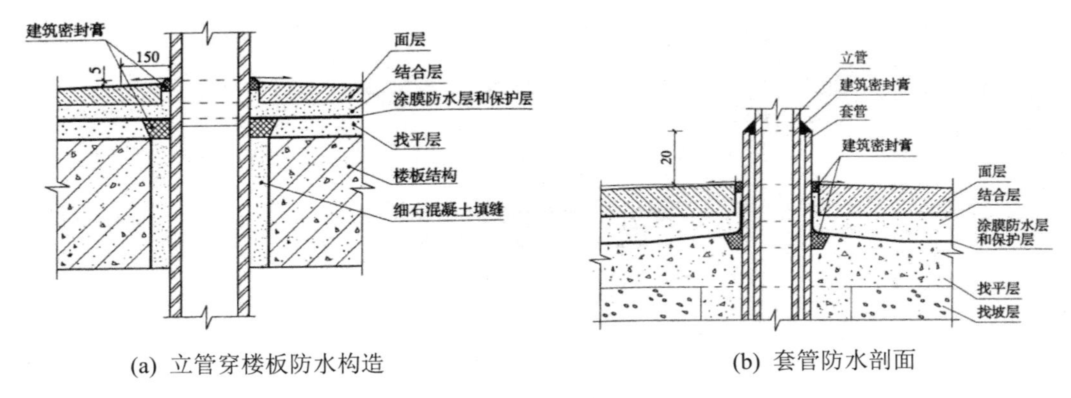

(a) 立管穿楼板防水构造　　(b) 套管防水剖面

图 4-18　穿楼板立管的防水处理(mm)

在大面积涂刷防水材料之前，应对管根、阴阳角等细部节点处先做一布二油的防水附加层，根据管根尺寸、形状裁剪纤维布或无纺布并加长 200mm，套在管根等细部，同时涂刷涂膜防水材料。管根、阴阳角等处平面防水附加层的宽度和上返高度均应大于或等于 250mm。

3) 对淋水墙面的处理

淋水墙面常包括浴室、盥洗室等有水侵蚀墙体的情况。常在墙体结构层与面层之间做防水层，防水层多采用 1.5mm 厚聚氨酯水泥基复合防水涂料防水层，有的也采用卷材防水或防水砂浆防水(属于刚性防水)。淋浴区防水层的高度应≥1800mm。

4.3.2　楼地层的隔声构造

噪声主要有两种传递途径，一种是空气传声，一种是固体传声。空气传声又有两种情况，一种是声音直接在空气中传递，称为直接传声；另一种是由于声波振动，经空气传至结构，引起结构的强迫振动，致使结构向其他空间辐射声能，称为振动传声。固体传声为由固体载声而传播的声音，直接打击或冲撞建筑构件而产生的声音称为撞击声，这种声音最后都是以空气传声而传入人耳。

空气传声的隔绝主要依靠墙体，而且构件材料密度越大、越密实，隔声效果越好；固体传声的隔绝主要依靠楼板，但与隔绝空气传声相反，构件密度越大，重量越重，对撞击声的传递越快。

楼板层和地坪层应具有一定的隔声能力，以避免上下层房间的相互影响。不同使用性质的房间对隔声的要求不同，一般楼层的隔声量为 40～50 dB(分贝)。

建筑中上层使用者的脚步声、 挪动家具、撞击物体所产生的噪声对下层房间的干扰特别严重，要降低撞击声的声级，首先应对振源进行控制，然后是改善楼板层的隔绝撞击声的性能，通常从以下三方面入手。

1. 采用弹性楼面

在楼面上铺设富有弹性的材料，如地毯、橡胶地毡、塑料地毡、软木板等，以便降低楼板本身的振动，使撞击声能减弱。

2. 采用弹性垫层

在楼板的结构层与面层之间增设一道弹性垫层，如木丝板、矿棉毡等，以降低结构的振动，如图 4-19(a)所示。这样就可以使楼面和楼板完全被隔开，使楼面形成浮筑层，这种楼板又称为浮筑板。浮筑楼板的面层材料不宜太轻，垫层材料弹性要好，才能获得较高的楼板撞击声改善值。对于有龙骨的构造，在龙骨下面必须加垫弹性材料，否则撞击声改善量不高，且易在中低频段引起负作用。构造处理需特别注意楼板的面层与结构层之间(包括面层与墙面的交接处)要完全脱离，防止产生“声桥”，如图 4-19(b)所示。

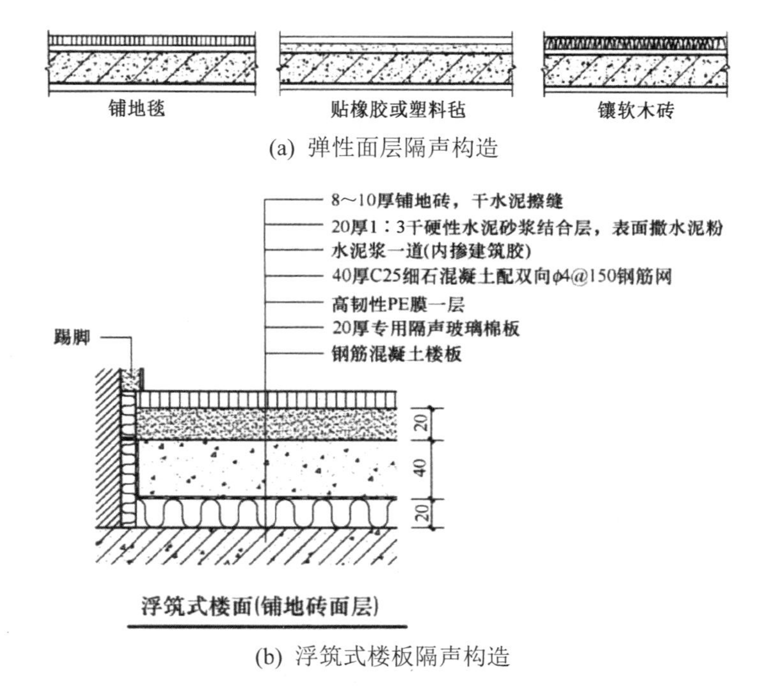

(a) 弹性面层隔声构造

(b) 浮筑式楼板隔声构造

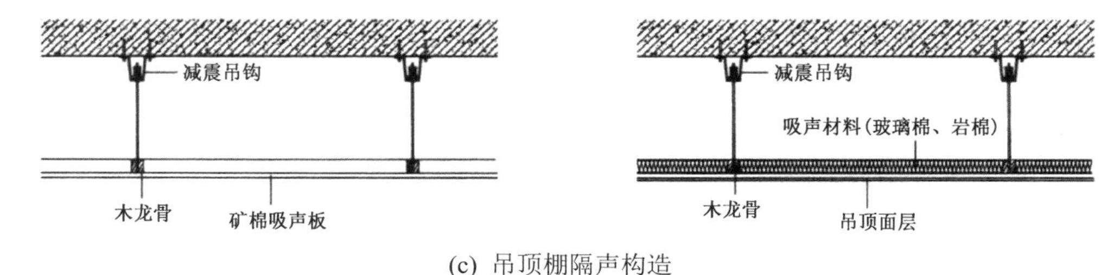

(c) 吊顶棚隔声构造

图 4-19　楼板隔绝固体传声构造(mm)

3. 采用吊顶

楼板下做吊顶，主要解决楼板层所产生的空气传声的问题。当楼板被撞击后产生撞击声时，利用隔绝空气传声的措施来降低撞击声的声能。吊顶的隔声能力取决于它的面密度，面密度越大，其隔声能力越强。同时吊顶与楼板间要有一定的距离，距离大，隔声好。还可在空气层中填放吸声材料，提高隔声量，还要注意吊顶与楼板之间的连接要采用弹性连接，以免产生“声桥”，如图 4-19(c)所示。

4.4 阳台和雨篷构造

阳台是楼房建筑中供人与室外接触的平台。人们可以在阳台上休息、眺望、晾晒衣物或从事其他活动。阳台在立面上改变了封闭外墙给人们带来的闭塞和压抑感，是建筑物外部形象的一个重要组成部分。

雨篷位于建筑物出入口的上方，用来遮挡风雨，给人们提供一个室内外的过渡空间，同时起到保护门和丰富建筑立面的作用。

4.4.1 阳台

1. 阳台的类型

阳台按其与外墙面的相对位置不同，可分为挑阳台、凹阳台、半挑半凹阳台，如图 4-20 所示；

阳台按其使用功能的不同可分为生活阳台和服务阳台，生活阳台一般靠近卧室或客厅，服务阳台一般靠近厨房。

按阳台是否封闭又可分为封闭阳台和非封闭阳台。寒冷地区居住建筑一般做成封闭阳台，封闭阳台可以阻挡冷气侵袭室内，改善阳台空间及其相邻房间的热环境，有利于建筑节能；南方炎热地区一般做成非封闭阳台，有利于通风。

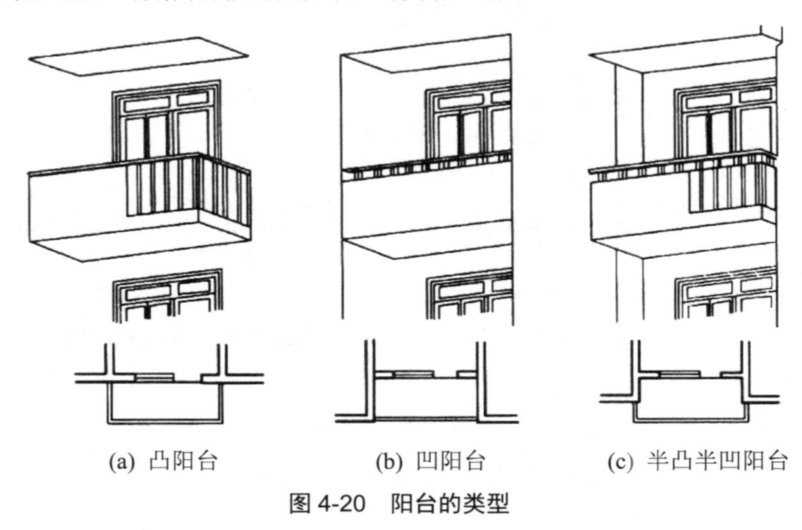

(a) 凸阳台　(b) 凹阳台　(c) 半凸半凹阳台

图 4-20　阳台的类型

2. 设计要求

1)　安全适用

悬挑阳台的挑出长度不宜过大，应保证在荷载作用下不发生倾覆现象，以 1.2～1.8m 为宜。低层、多层住宅阳台栏杆净高不低于 1. 05m，中高层住宅阳台栏杆净高不低于 1. lm，但也不大于 1. 2m。阳台栏杆形式应防坠落，垂直栏杆间净距不应大于 110mm，防攀爬，不设水平栏杆，放置花盆处也应采取防坠落措施。

2)　坚固耐久

阳台所用材料和构造措施应经久耐用，承重结构宜采用钢筋混凝土，金属构件应做防锈处理，表面装修应注意色彩的耐久性和抗污染性。

3)　排水顺畅

为防止阳台上的雨水流入室内，设计时要求将阳台地面标高低于室内地面标高 50mm 左右，并将地面抹出 5%的排水坡将水导入排水孔，使雨水能顺利排出。

4)　考虑地区气候特点

南方地区宜采用有助于空气流通的透空式栏杆，而北方寒冷地区和中高层住宅应采用实体栏杆，并满足立面美观的要求，为建筑物的形象增添风采。

3. 阳台结构布置

阳台承重结构通常是楼板的一部分，因此阳台承重结构应与楼板的结构布置统一考虑。钢筋混凝土阳台可采用现浇式、装配式或现浇式与装配式相结合的方式。

凹阳台的阳台板结构布置方式为：在墙承重结构体系中，阳台板可直接由阳台两侧的墙支承，可采用与阳台进深尺寸相同的板铺设；在框架结构体系中，阳台板直接由阳台两侧的梁支承，以整体的梁板体系来支撑荷载。

挑阳台的结构布置有以下两种。

1)　挑梁搭板

在墙承重结构体系中，在阳台两端设置挑梁，挑梁上搭板。此种方式构造简单、施工方便，阳台板与楼板规格一致，是较常采用的一种方式。在处理挑梁与板的关系上有几种方式：第一种是挑梁外露，如图 4-21(a)所示，阳台正立面上露出挑梁梁头；第二种是在挑梁梁头设置边梁，如图 4-21(b)所示，在阳台外侧边上加一边梁封住挑梁梁头，阳台底边平整，使阳台外形较简洁；第三种设置“L”形挑梁，如图 4-21(c)所示，梁上搁置卡口板，使阳台底面平整，外形简洁、轻巧、美观，但增加了构件类型。在框架结构中，主体结构的框架梁板出挑，阳台外侧为边梁，如图 4-21(d)所示。

2)　悬挑阳台板

即阳台的承重结构由楼板挑出的阳台板构成。此种方式阳台板底平整，造型简洁，但阳台的出挑长度受限制。悬挑阳台板有以下两种：一种是楼板悬挑阳台板，如采用装配式楼板，则会增加板的类型，如图 4-22(a)所示；另一种方式是墙梁悬挑阳台板，外墙不承重时阳台板靠墙梁(可加长)与梁上外墙的自重平衡，如图 4-22(b)所示；在外墙承重时，阳台板靠墙梁和梁上支承的楼板荷载平衡，如图 4-22(c)所示；在条件许可的情况下，可将阳台板与梁做成整块预制构件，吊装就位后用铁件与大型预制板焊接，如图 4-22(d)所示。在框架结构中，由框架结构中的梁直接悬挑出板，其结构简洁，整个框架结构协同受力，如图 4-22(e)所示。

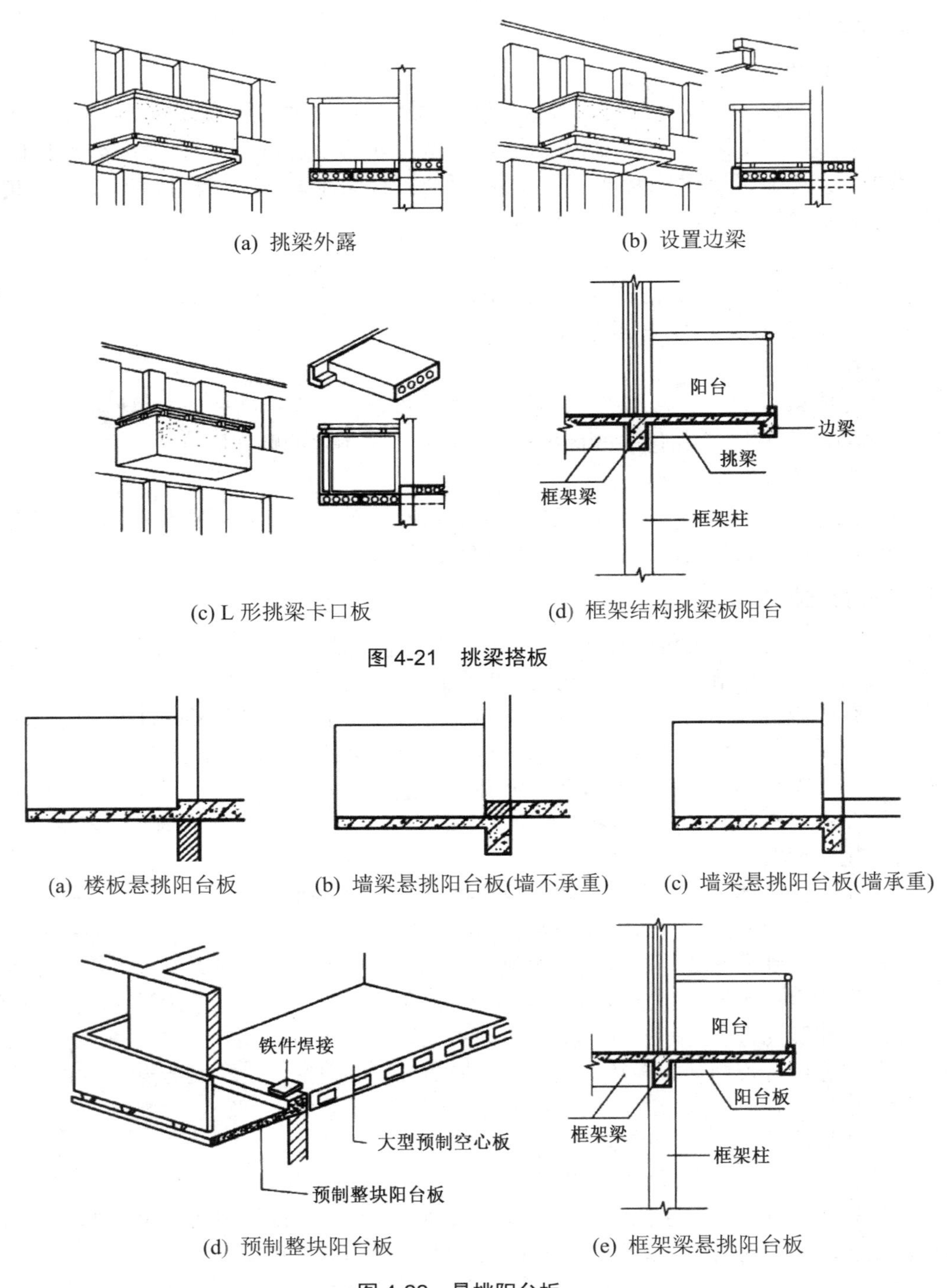

(a) 挑梁外露　　(b) 设置边梁

(c) L 形挑梁卡口板　　(d) 框架结构挑梁板阳台

图 4-21　挑梁搭板

(a) 楼板悬挑阳台板　　(b) 墙梁悬挑阳台板(墙不承重)　　(c) 墙梁悬挑阳台板(墙承重)

(d) 预制整块阳台板　　(e) 框架梁悬挑阳台板

图 4-22　悬挑阳台板

4. 阳台细部构造

1)　阳台栏杆

根据现行规范，住宅阳台栏板或栏杆净高，六层及六层以下的不应低于 1.05m，七层及七层以上的不应低于 1.1m。栏杆离阳台地面 0.1m 范围内不宜留空。有儿童活动的场所，栏杆应采用不易攀登的构造，当采用垂直杆件做栏杆时，其杆件净距不应大于 0.11m。

封闭阳台栏板或栏杆净高也应满足阳台栏板或栏杆净高要求。七层及七层以上住宅和寒冷、严寒地区住宅宜采用实体栏板。

阳台栏杆是在阳台外围设置的垂直构件，有两个作用：一是承担人们倚扶的侧向推力，以保障人身安全，二是对建筑物起装饰作用。根据阳台栏杆使用材料的不同，分为金属栏杆、钢筋混凝土栏杆、玻璃栏杆，其中还有不同材料组成的混合栏杆。金属栏杆，如采用钢栏杆易锈蚀，如为其他合金，则造价较高；砖栏杆自重大，抗震性能差，且立面显得厚重；钢筋混凝土栏杆造型丰富，可虚可实，耐久、整体性好，自重较砖栏杆轻，常做成钢筋混凝土栏板，拼装方便。

按阳台栏杆透空的情况不同，有实心栏板、空花栏杆以及部分空透的组合式栏杆。选择栏杆的类型应结合立面造型的需要、使用的要求、地区气候特点、人的心理要求、材料的供应情况等多种因素决定。

2)　细部构造

阳台细部构造主要包括栏杆与扶手的连接、栏杆与面梁或阳台板的连接、扶手与墙体的连接等。

(1)　栏杆压顶。

钢筋混凝土栏杆通常设置钢筋混凝土压顶，并根据立面装修的要求进行饰面处理。预制钢筋混凝土压顶与下部的连接可采用预埋铁件焊接，如图 4-23(a)所示，也可采用榫接坐浆的方式，即在压顶底面留槽，将栏杆插入槽内，并用 M10 水泥砂浆坐浆填实，以保证连接的牢固性，如图 4-23(b)所示。还可以在栏杆上留出钢筋，现浇压顶，如图 4-23(c)所示，这种方式整体性好、坚固，但现场施工较麻烦。另外，也可采用钢筋混凝土栏板顶部加宽的处理方式，如图 4-23(d)所示，其上可放置花盆，当采用这种方式时，需要在压顶外侧采取防护措施，以防花盆坠落。

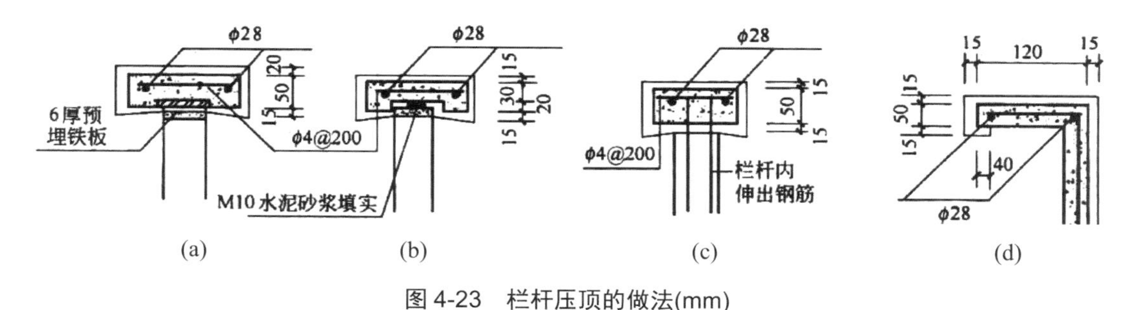

图 4-23　栏杆压顶的做法(mm)

(2)　栏杆与阳台板的连接。

为了阳台排水的需要和防止物品由阳台板边坠落，栏杆与阳台板的连接处需采用 C20 混凝土沿阳台板边现浇挡水带。栏杆与挡水带采用预埋铁件焊接，或榫接坐浆，或插筋连接，如图 4-24 所示。如采用钢筋混凝土栏板，可设置预埋件直接与阳台板预埋件焊接。

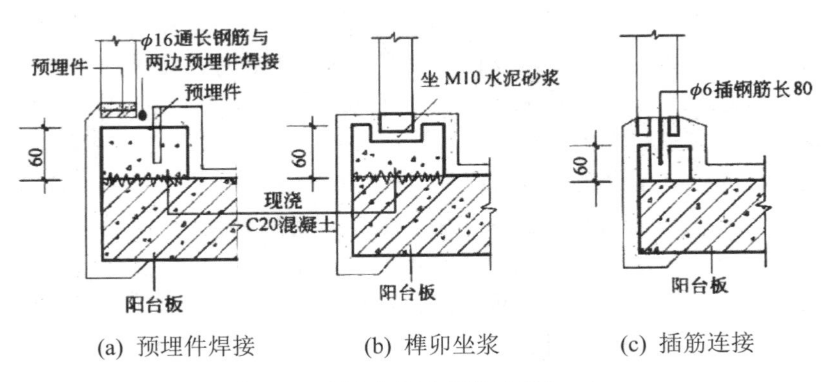

(a) 预埋件焊接　(b) 榫卯坐浆　(c) 插筋连接

图 4-24　栏杆与阳台板的连接(mm)

(3) 扶手与墙的连接。

应将扶手或扶手中的钢筋伸入外墙的预留洞中，用细石混凝土或水泥砂浆填实牢固；现浇钢筋混凝土扶手与墙连接时，应在墙体内预埋 240mm×240mm×120mm 的 C20 细石混凝土块，从中伸出 2ϕ6，长 300mm，与扶手中的钢筋绑扎后再进行现浇，如图 4-25 所示。

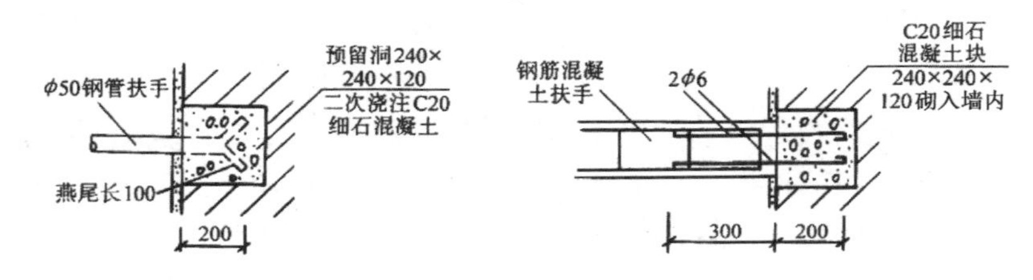

图 4-25　扶手与墙体的连接(mm)

(4) 金属及玻璃栏杆构造。

金属栏杆常采用铝合金、不锈钢或铁花。玻璃常用厚度较大、不易碎裂或碎裂后不会脱落的玻璃，如各种有机玻璃、钢化夹胶玻璃等。金属栏杆和玻璃栏杆有多种结合造型的组合方式，如图 4-26 所示。

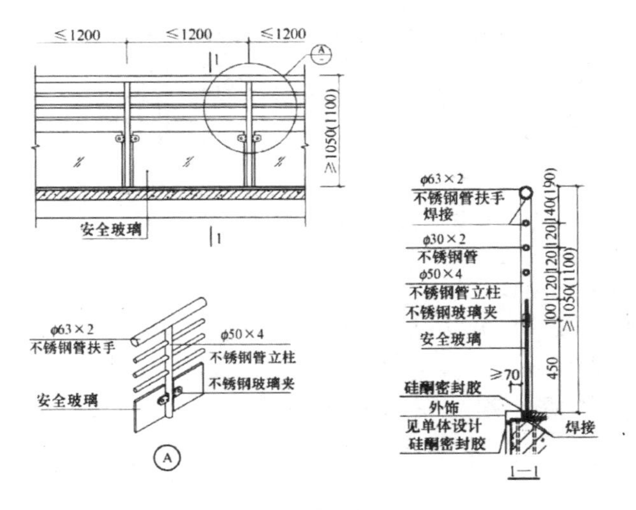

图 4-26　玻璃栏杆(mm)

(5) 阳台排水。

由于阳台外露，室外雨水可能会飘入屋内。为了防止雨水从阳台泛入室内，阳台应做有组织排水。阳台排水有外排水和内排水两种，如图 4-27 所示。外排水适用于低层，即在阳台外侧设置泄水管将水排出。内排水适用于多高层建筑和高标准建筑，即在阳台内侧设置排水立管和地漏，将雨水直接排入地下管网，保证建筑立面美观。

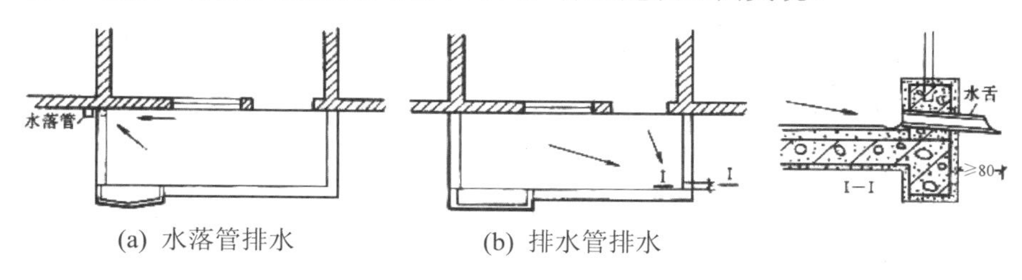

(a) 水落管排水　　(b) 排水管排水

图 4-27　阳台排水构造(mm)

4.4.2　雨篷

雨篷位于建筑物出入口处外门的上部，起遮挡风雨和太阳照射、保护大门免受雨水侵害、使入口更显眼、丰富建筑立面等作用的水平构件。雨篷的形式多种多样，一般根据建筑的风格、当地气候状况选择而定。根据材质不同有钢筋混凝土雨篷和钢结构雨篷等。

钢筋混凝土雨篷有的采用悬臂雨篷，如图 4-28(a)所示；有的采用墙柱支撑，如图 4-28(b)所示。其中悬臂雨篷又有板式和梁板式之分，悬臂雨篷的受力作用与阳台相似，为悬臂结构或悬吊结构，只承受雪荷载与自重。

(a) 悬臂雨篷

(b) 柱支撑雨篷

图 4-28　雨篷支撑形式

板式雨篷的板常做成变截面的形式，采用无组织排水，在板底周边设滴水。过梁与板面不在同一标高上，梁面必须高出板面至少一砖，以防雨水渗入室内。板面需做防水处理，并在靠墙处做泛水。板式雨篷构造，如图 4-29(a)所示。

对于出挑较多的雨篷，多做梁板式雨篷，一方面为了美观，另一方面也为了防止周边滴水常将周边梁向上翻起成反梁式，如图 4-29(b)所示，在雨篷顶部及四侧做防水砂浆抹面，并在靠墙处做泛水处理。

目前很多建筑中采用轻型材料雨篷的形式，因为这种雨篷美观轻盈，造型丰富，并能够体现出现代建筑技术的特色，如图 4-30 所示。

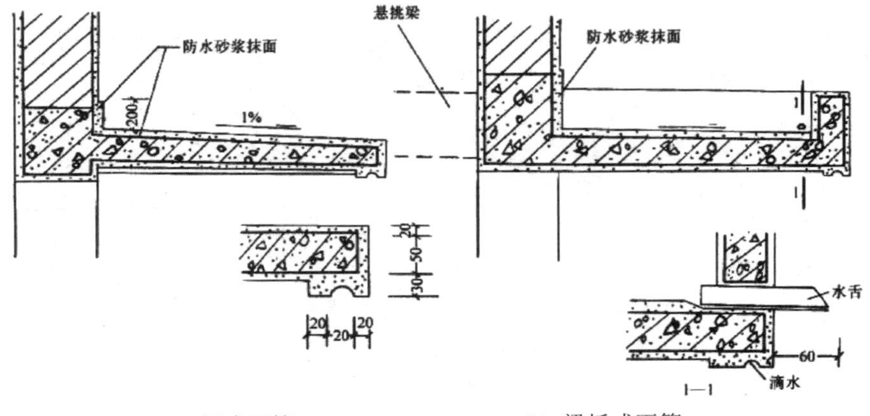

(a) 板式雨篷　　(b) 梁板式雨篷

图 4-29　雨篷构造(mm)

图 4-30　钢结构雨篷

复习思考题

一、填空题

1. 钢衬板组合楼板是由 ______________________ 组成。
2. 现浇钢筋混凝土板式楼板根据受力一般分为__________和__________。
3. 建筑楼板层由__________、___________和__________三部分组成。
4. 现浇整体式钢筋混凝土楼板因受力和传力不同分为___________、_____________和__________ 和 ____________。

5. 钢筋混凝土楼板和梁按施工方式分为__________、___________、____________。

6. 结构悬挑方式主要有挑板和挑梁两种，_________的出挑长度较长。

7. 阳台按其与外墙的相对位置不同分为___________、_______________、____________。

8. 浮筑楼板的面层材料不宜太轻，_____________要好，才能获得较高的楼板撞击声改善值。对于有龙骨的构造，在龙骨下面必须____________，否则撞击声改善量不高，且易在中低频段引起负作用。

9. 在管道穿过楼(屋)层的部位，孔沿以________________捣实修补，要求平整处可以两布二油橡胶酸性沥青防水涂料作密封处理，否则可以参照女儿墙泛水作防水处理。热力管通过时应先做___________，以防止______________。

10. 为防止房间四周墙体受水，同时也避免房间四周墙脚处楼板漏水，应将楼地面防水层沿房间四周墙体向上做至________以上

11. 悬挑阳台的挑出长度不宜过大，应保证在荷载作用下不发生倾覆现象，以__________为宜。低层、多层住宅阳台栏杆净高不低于 _________，中高层住宅阳台栏杆净高不低于 _________，阳台栏杆形式应防坠落(垂直栏杆间净距不应大于_________)。

二、判断题

1. 无梁楼板采用的柱网通常为正方形或接近正方形。　(　　)

2. 地坪层一般由面层和素土夯实层构成。　(　　)

3. 现浇梁板式楼板布置中，主梁应沿房间的短向方向布置，次梁垂直于主梁方向布置。　(　　)

4. 根据受力状况的不同，现浇肋梁楼板可分为单向板肋梁楼板、多向板肋梁楼板。　(　　)

5. 挑板式阳台可出挑深度大于挑梁式阳台。　(　　)

6. 空气传声的隔绝主要依靠墙体，而且构件材料越疏松，隔声效果越好。　(　　)

7. 无梁楼板分为有柱帽和无柱帽两种，无柱帽楼板可承担的楼面荷载更大，空间更大。　(　　)

三、名词解释题

1. 无梁楼板

2. 装配式钢筋混凝土楼板

3. 井式楼板

四、单项选择题

1. 建筑地坪层的基本组成面层、结构层、(　　)和素土夯实层。

　A. 粘贴层　　B. 构造层　　C. 垫层　　D. 中层

2. 梁板式楼板的梁板布置时以下哪些原则不符合结构要求(　　)。

　A. 主梁尽量沿支点短跨方向布置，次梁垂直主梁

　B. 承重构件宜上下对齐

　C. 主梁可以支承在门窗洞口上，板上布置较大荷载宜集中布置

　D. 考虑构件的经济尺度

3. 楼板层的基本组成楼板面层、结构层、附加层和(　　)。

A. 粘贴层　　B. 顶棚层　　C. 构造层　　D. 中层

4. 下列楼板中(　　)组板为双向板。

①板的长宽比为 1/3　②板的长宽比为 4/5

③板的长宽比为 4/3　④板的长宽比为 1/5

A. ①、②　　B. ①、③　　C. ③、④　　D. ②、③

5. 现浇肋梁楼板由(　　)现浇而成。

A. 混凝土、砂浆、钢筋　　B. 柱、次梁、主梁

C. 板、次梁、主梁　　D. 墙、次梁、主梁

6. 根据受力状况的不同，现浇肋梁楼板可分为(　　)。

A. 单向板肋梁楼板、多向板肋梁楼板 B. 单向板肋梁楼板、双向板肋梁楼板

C. 双向板肋梁楼板、三向板肋梁楼板 D. 有梁楼板、无梁楼板

7. 阳台是由(　　)组成。

A. 栏杆、扶手　　B. 挑梁、扶手

C. 栏杆、承重结构　　D. 栏杆、栏板

8. 挑阳台的结构布置可采用(　　)方式。

A. 挑梁搭板　　B. 砖墙承重　　C. 梁柱结构　　D. 框架承重

9. 由承重横墙上外伸出悬臂梁，并在悬臂梁上铺设预制板或现浇板的阳台结构形式被称为(　　)。

A. 挑梁式　　B. 排板式　　C. 压梁式　　D. 预制板

五、简述题

1. 楼板面的基本构造层次如何？各层的主要作用是什么？
2. 介绍一下楼面的排水做法。
3. 改善楼板撞击声隔声的构造形式有哪些？
4. 阳台的设计要求有哪些？
5. 楼板层的设计要求有哪些？
6. 现浇整体式钢筋混凝土楼板有哪几种类型？预制装配式钢筋混凝土楼板有哪几种类型？
7. 雨篷有哪几种类型？

思 政 模 块

【职业精神】

教学案例：装配式钢筋混凝土楼板

以“中国国际太阳能十项全能竞赛作品建造过程(动态视频)”引入，让学生了解装配式建筑的生产和建造过程，要想建成“强富美高”新中国，建筑业必须要考虑绿水青山就是金山银山，装配式建筑绿色环保，思考更适合中国未来的发展建筑模式及其构造方式。

第5章

屋 顶

【学习要点及目标】

- 了解屋顶的基本概念
- 理解屋顶设计的要求
- 熟悉屋面防排水设计原则
- 掌握平屋面构造
- 掌握坡屋面构造

第5章 屋顶
思维导图

【本章导读】

屋顶是建筑物最上层的建筑组成部分，它具有承重、保温、围护等功能作用，同时被称为建筑的“第五立面”，对建筑的形体和立面形象具有较大的影响，同时屋顶的形式将直接影响建筑物的整体形象。本章系统讲解建筑屋顶的基本概念、设计要求、排水、防水的设计原则，以及建筑屋面的不同类型，包括平屋面、坡屋面的构造设计原则与要点，并对典型建筑屋面构造设计的表达方法进行阐述，使学生对建筑屋顶的功能、建筑屋面的构造形成完整认知。从建筑屋顶的功能出发，以建筑构造设计中需要解决的功能问题逐层导入，培养学生进一步理解构造设计的逻辑，为今后的建筑构造设计打好基础。

屋顶 1

屋顶 2

屋顶 3

5.1 概　　述

建筑屋顶是建筑最上层的覆盖构件。主要有三个作用：一是承受作用于屋顶上的风荷载、雪荷载和屋顶自重等，起承重作用；二是防御自然界的风、雨、雪、太阳辐射热和冬季低温等的影响，起围护作用；三是美观。

5.1.1 屋顶的设计要求

屋顶是建筑物的重要组成部分之一，在设计时应满足的主要要求包括：使用功能、结构安全、建筑艺术等。

1. 使用功能

屋顶作为建筑物上部的围护结构，主要应满足防水排水、保温隔热等功能要求。

1) 防水排水要求

屋顶应使用不透水的防水材料并采用合理的构造处理以达到排、防水目的。排水是采用一定的坡度将屋顶的雨水尽快排除，防水是采用防水材料形成一个封闭的防水覆盖层。屋顶防水排水是一项综合性的技术问题，与建筑结构形式、防水材料、屋顶坡度、屋顶构造处理等做法有关，应将防水与排水相结合，综合各方面因素加以考虑。

屋面防水工程应根据建筑物的类别、重要程度、使用功能要求确定防水等级，并应按相应等级进行防水设计。屋面防水等级和设防要求应符合规范要求，如表 5-1 所示。

表 5-1　屋面防水等级和设防要求

防水等级	建筑类别	设防要求
I 级	重要建筑和高层建筑	两道防水设防
II 级	一般建筑	一道防水设防

2) 保温隔热要求

屋顶保温是在屋顶的构造层次中采用保温材料做保温层，避免产生结露或内部受潮，使严寒、寒冷地区保持室内正常的温度。屋顶隔热是在屋顶的构造中采用相应的构造做法，使南方地区在炎热的夏季避免由强烈的太阳辐射所引起的室内温度过高。

2. 结构安全

屋顶是建筑物上部的承重结构，支承自重和作用在屋顶上的各种活荷载，同时还对房屋上部起水平支撑作用。因此，要求屋顶结构具有足够的强度、刚度和整体空间的稳定性。

3. 建筑艺术

屋顶是建筑物外部形体的重要组成部分，屋顶的形式对建筑的特征有很大的影响。变化多样的屋顶外形，装修精美的屋顶细部，是中国传统建筑的重要特征之一。在现代建筑中，如何处理好屋顶的形式和细部也是设计中不可忽视的重要方面。

5.1.2　屋顶的类型

1. 平屋顶

平屋顶通常指排水坡度小于 5%的屋顶，常用排水坡度为 2%～3%。这是目前应用最广泛的一种屋顶形式，大量民用建筑多采用与楼板层基本类同的结构布置形式的平屋顶，如图 5-1 所示。

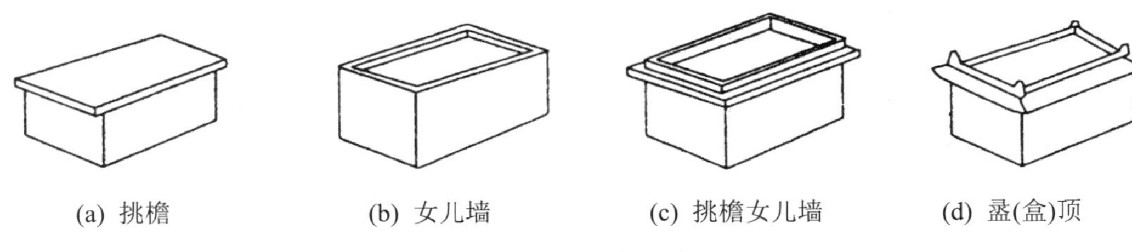

图 5-1　平屋顶的形式

2. 坡屋顶

坡屋顶通常指屋面坡度较陡的屋顶，其坡度一般大于 10%，坡屋顶是我国传统的建筑屋顶形式，其历史悠久，现代建筑考虑景观环境或建筑风格的要求也常采用坡屋顶。坡屋顶常见形式如图 5-2 所示。

3. 其他形式的屋顶

随着科学技术的发展，出现了许多新型的屋顶结构形式，如拱结构、薄壳结构、悬索结构、网架结构屋顶等。这类屋顶多用于较大跨度的公共建筑，如图 5-3 所示。

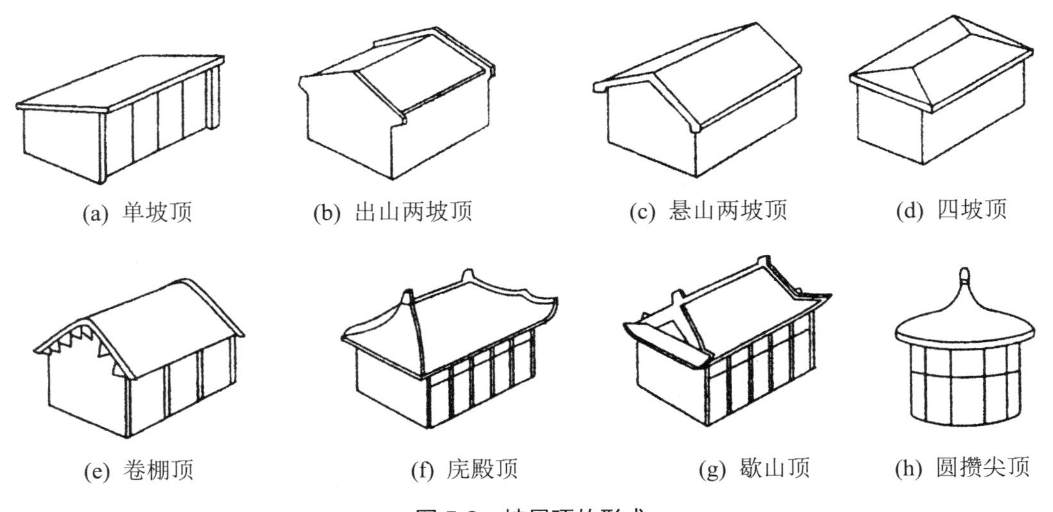

图 5-2　坡屋顶的形式

(i) 实例

图 5-2　坡屋顶的形式(续)

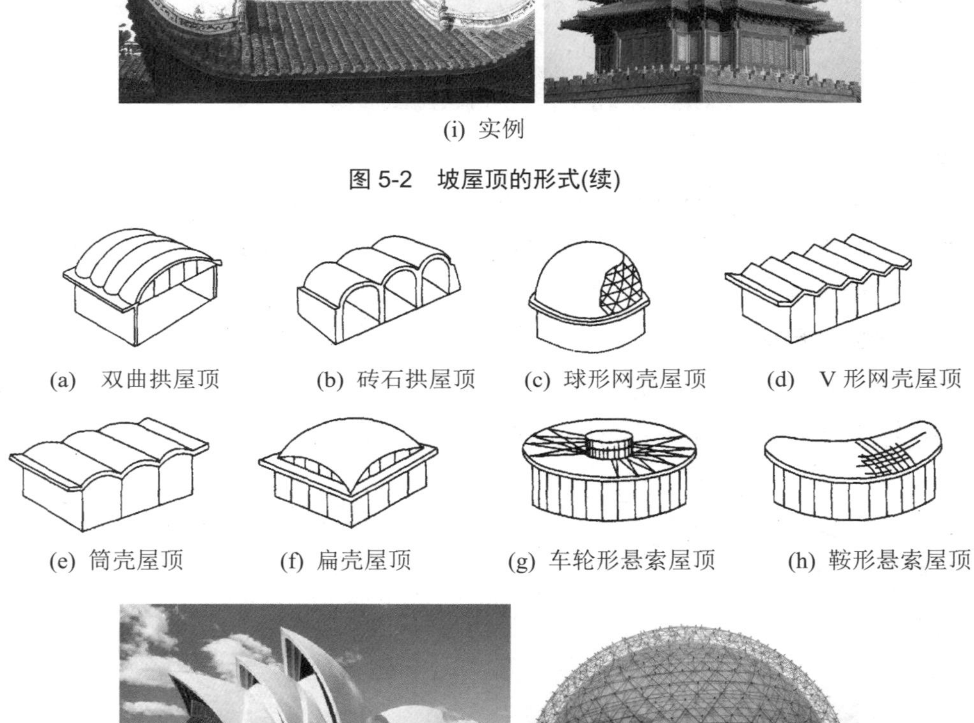

(a)　双曲拱屋顶　(b) 砖石拱屋顶　(c) 球形网壳屋顶　(d)　V 形网壳屋顶

(e) 筒壳屋顶　(f) 扁壳屋顶　(g) 车轮形悬索屋顶　(h) 鞍形悬索屋顶

(i) 实例

图 5-3　其他形式的屋顶

5.1.3　屋面防水的“导”与“堵”

屋面防水应选用合理的屋面防水材料和与之相应的排水坡度，经过构造设计和精心施工，可以从“导”和“堵”两方面概括。

导——按照防水材料的不同要求，设置合理的排水坡度，使得降于屋面的雨水，因势利导地排离屋面，以达到防水的目的。

堵——利用屋面防水盖料在上下左右的相互搭接，形成一个封闭的防水覆盖层，以达到防水的目的。

屋面防水构造设计“导”与“堵”是相辅相成、相互关联的。平屋顶以大面积的覆盖达到“堵”的要求，为了屋面雨水的迅速排除，还需要有一定的排水坡度，即采取以“堵”为主，以“导”为辅的处理方式；对于坡度较大的屋顶，屋面的排水坡度体现了“导”的概念，防水盖料之间的相互搭接体现了“堵”的概念，采取了以“导”为主，以“堵”为辅的处理方式。

5.1.4　屋顶排水设计

为了迅速排除屋顶雨水，保证水流畅通，首先要选择合理的屋顶坡度、恰当的排水方式，再进行周密的排水设计。

1. 屋顶坡度选择

1)　屋顶坡度表示方法

常见屋顶坡度表示方法有斜率比、百分比和角度三种，如表 5-2 所示。斜率比法是用屋顶高度与坡面的水平投影之比表示；百分比法是用屋顶高度与坡面的水平投影长度的百分比表示；角度法是用坡面与水平面所构成的夹角表示。斜率比法多用于坡屋顶，百分比法多用于平屋顶；角度法在实际工程中较少采用。

表 5-2　屋顶坡度的表示方法

名称	表示方法	图例
斜率比法	H/L	H, L
百分比法	$H/L\times100\%$	
角度法	$\arctan\theta$	θ

2) 影响屋顶坡度的因素

(1) 防水材料。防水材料的性能越好，屋面排水坡度就可以适当减小。防水材料的尺寸越小，接缝漏水的可能性就越大，因而排水坡度应该适当增大，以便迅速排除雨水，减少渗漏的机会。卷材屋顶和混凝土防水屋顶，材料防水性能好，基本可以形成整体的防水层，因此屋顶坡度可以适当减小。

(2) 地区降水量大小。建筑所在地区降水量越大，漏水的可能性就越大，屋面排水坡度应该适当增加。我国南方地区年降水量和每小时最大降水量都高于北方地区，因此即使采用同样的屋顶防水材料，一般南方地区的屋顶坡度都要大于北方地区。

对于一般民用建筑而言，屋顶坡度的确定主要受以上两个因素的影响。与此同时，屋顶结构形式、建筑造型要求以及经济条件等因素也在一定程度上制约了屋顶坡度的确定。因此，实际工程中屋顶坡度的确定应综合考虑以上因素。

3) 屋顶坡度的形成方法

(1) 材料找坡。材料找坡指屋面板水平搁置，利用轻质材料垫置坡度，故又称为垫置坡度。常用找坡材料有水泥粉煤灰页岩陶粒、水泥炉渣等，垫置时找坡材料最薄处厚度以不小于 30mm 为宜。此做法可获得平整的室内顶棚，空间完整，但找坡材料增加了屋顶荷载，且多费材料和人力。当屋顶坡度不大或需设保温层时广泛采用这种做法，如图 5-4 所示。

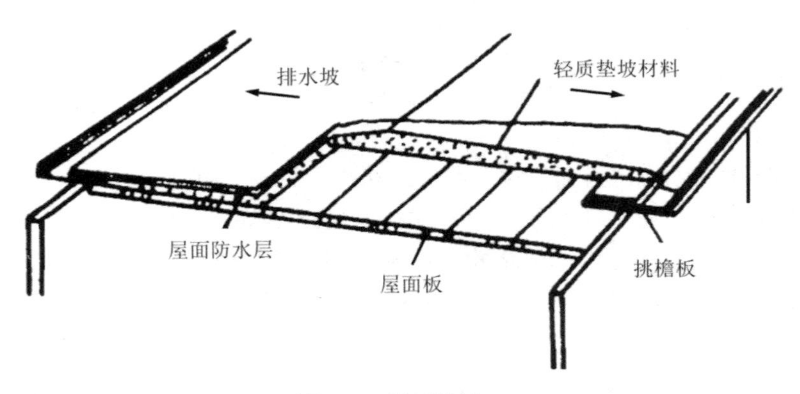

图 5-4 材料找坡

(2) 结构找坡。结构找坡如图 5-5 所示，指将屋面板倾斜搁置在下部墙体或屋顶梁及屋架上的一种做法，结构找坡又称搁置坡度。这种做法不需要在屋顶上另加找坡层，其具有构造简单、施工方便、节省人工和材料、减轻屋顶自重的优点，但室内顶棚面倾斜，空间不够完整。因此结构找坡常用于设有吊顶棚或室内美观要求不高的建筑工程中。

2. 屋顶排水方式

1) 无组织排水

无组织排水指屋面雨水直接从檐口滴落至室外地面的排水方式，屋顶构造中不用天沟、雨水管等导流雨水，又称自由落水。这种做法构造简单、经济，但雨水通常会溅湿勒脚，有风时雨水还可能冲刷墙面，所以主要适用于少雨地区或一般低层建筑，不宜用于临街建筑和较高的建筑。

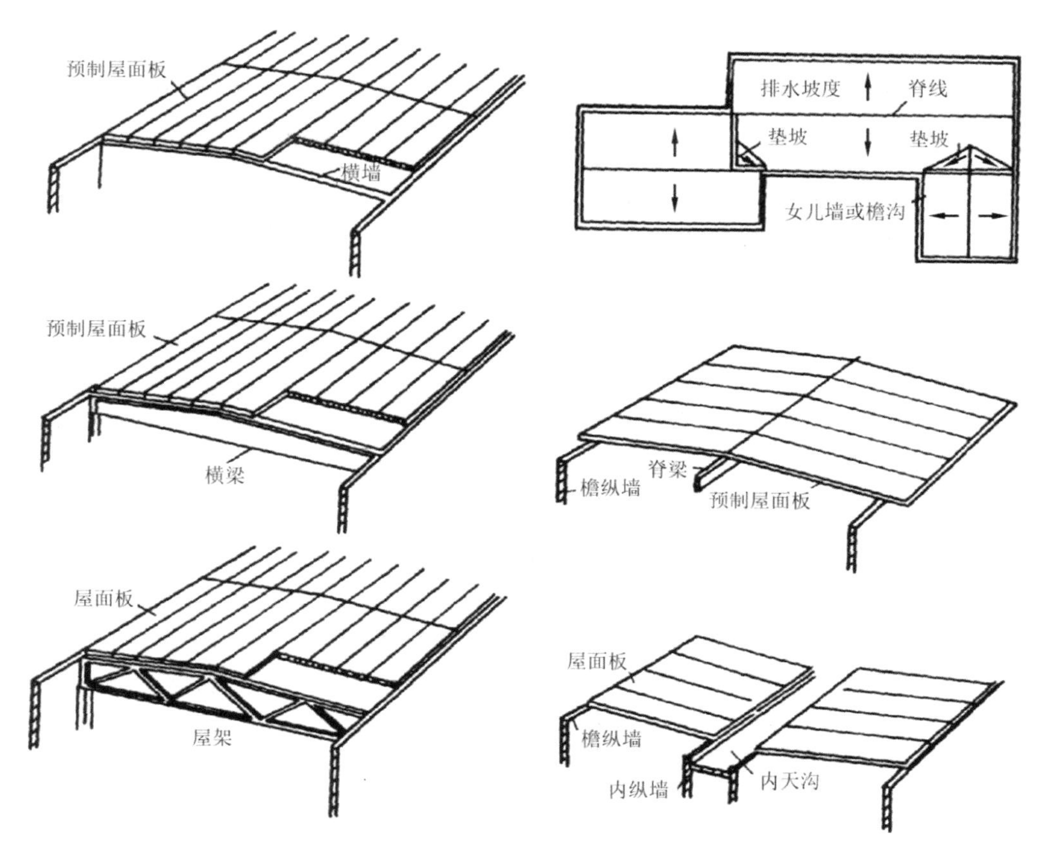

图 5-5　结构找坡

2)　有组织排水

有组织排水是将屋面雨水通过天沟、水落口、雨水管等构件有组织地排至地面或地下城市排水系统中的排水方式，可进一步分为外排水和内排水。这种排水方式虽然构造较复杂，造价相对较高，但是减少了雨水对建筑物的不利影响，因而在建筑工程中得到广泛应用。

(1)　外排水。

外排水是指将雨水管装在建筑物外墙外侧的一种排水方案。其优点是雨水管不妨碍室内空间使用和美观，并减少了渗漏，构造简单。外排水方案可归纳为以下几种。

①　外檐沟排水。在屋面设置排水檐沟，雨水从屋面排至檐沟，沟内垫出不小于 0.5%的纵坡，将雨水顺着檐沟的纵坡引向水落口，再经雨水管排至地面或地下城市排水系统中，如图 5-6(a)所示。

②　女儿墙内檐排水。设有女儿墙的屋顶，可在女儿墙里面设置内檐沟或近外檐处垫坡排水，屋面雨水直接从檐口落至室外地面，如图 5-6(b)所示。

③　女儿墙外檐排水。上人屋顶通常采用这种排水方案，屋顶檐口部位既设有女儿墙，又设挑檐沟，利用女儿墙作为围护，利用挑檐沟汇集雨水，如图 5-6(c)所示。

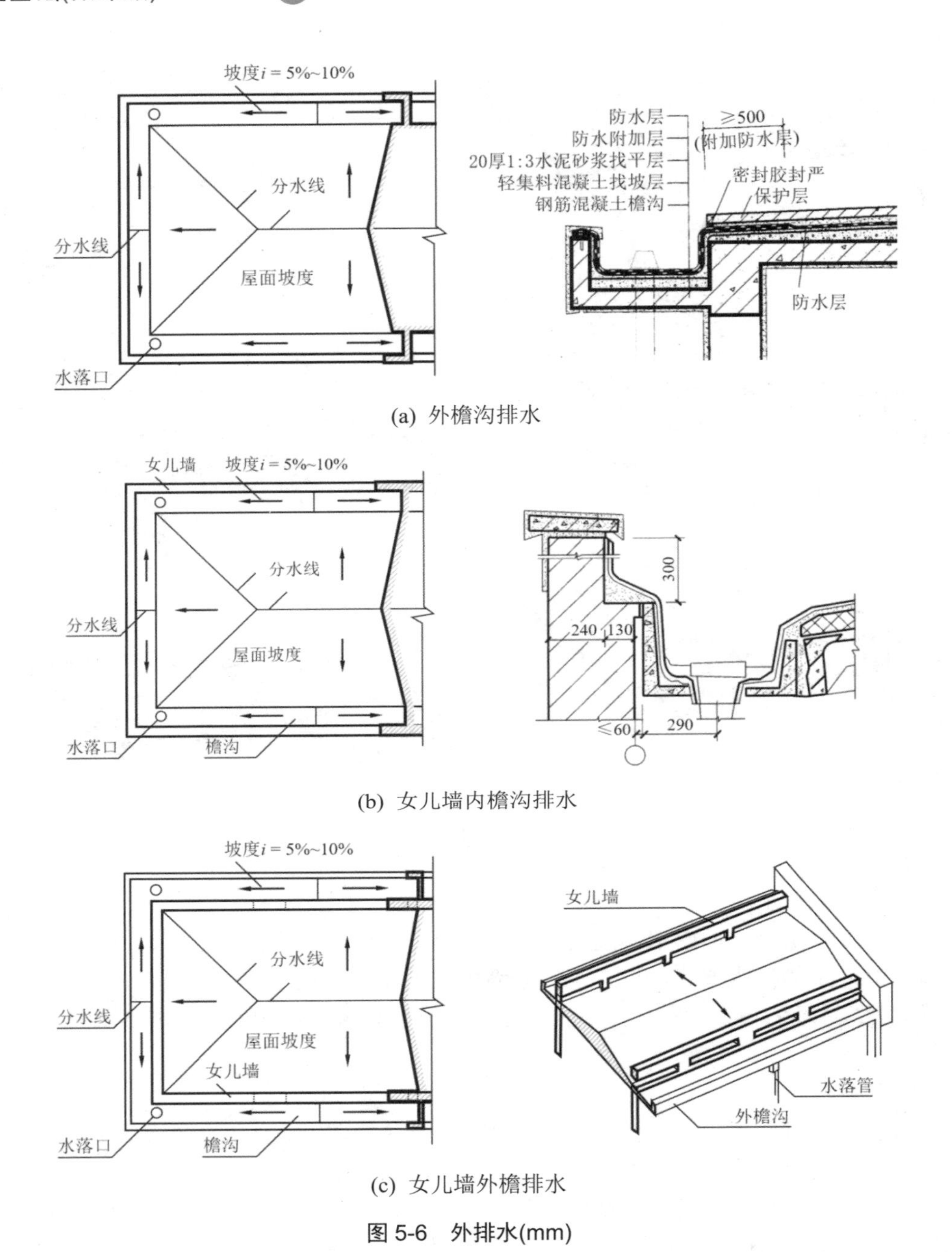

(a) 外檐沟排水

(b) 女儿墙内檐沟排水

(c) 女儿墙外檐排水

图 5-6　外排水(mm)

④　暗管外排水。在一些重要的公共建筑立面设计中，为避免明装的雨水管有损于建筑立面效果，常采取雨水管暗装的方式，把雨水管隐藏在假柱或空心墙中。假柱可以处理建筑立面上的竖线条，增加立面表现力。

(2)　内排水。

建筑屋面有时采用外排水并不恰当。例如，高层建筑中维修室外雨水管既不方便，更不安全；在严寒地区也不适宜采用外排水，有时候室外的雨水管可能因雨水而结冻。再如，某些屋顶面积较大的建筑无法完全依靠外排水排除屋顶雨水，因此需采用内排水方案。

内排水是指雨水通过水落口流入室内雨水管，再由地下管道把雨水排到室外排水系统，如图 5-7 所示。

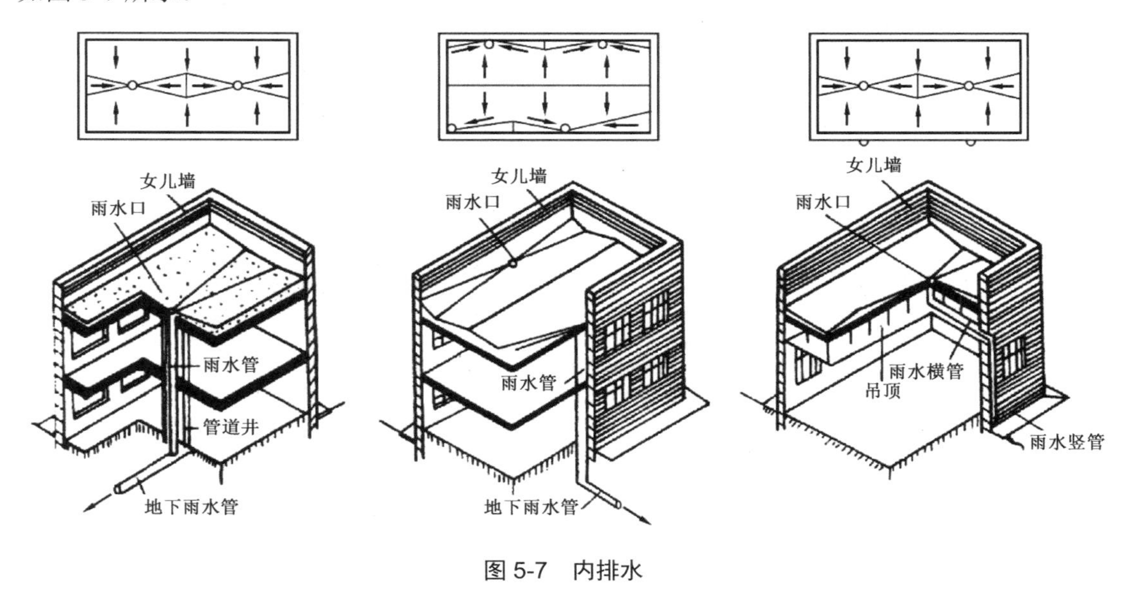

图 5-7 内排水

3. 屋顶排水组织设计

屋顶排水组织设计是指把屋顶划分成若干排水区，将各区的雨水分别引向各雨水管，使排水线路短捷，各雨水管负荷均匀，排水顺畅，避免屋顶因积水而引起渗漏。所以屋顶必须有适当的排水坡度，设置必要的天沟、雨水管和水落口，并合理地确定这些排水装置的规格、数量和位置，最后将它们按比例标绘在屋顶平面图上。这一系列工作就是屋顶排水组织设计，一般按下列步骤进行。

1) 确定排水坡面的数目(分坡)

一般情况下，临街建筑或平屋顶屋面宽度不超过 12m 时，可采用单坡排水。当其宽度大于 12m 时，为了不使水流的路线过长，宜采用双坡排水。坡屋顶则应结合建筑造型要求选择单坡、双坡或四坡排水。

2) 划分排水区域

划分排水区域的目的在于合理地布置雨水管，一般按每一根雨水管负担 $200m^2$ 屋顶面积的雨水考虑。屋顶面积按照水平投影面积计算。

3) 确定天沟断面大小和天沟纵坡的坡度值

天沟即屋面上的排水沟，位于檐口部位时又称檐沟。设置天沟的目的主要是汇集屋面雨水，并将屋面雨水有组织地迅速排除，故其断面大小应恰当。沟底沿长度方向应设纵向排水坡，简称天沟纵坡，天沟纵坡的坡度通常为 0.5%～1%。平屋顶多采用钢筋混凝土天沟，坡屋顶除了采用钢筋混凝土天沟外也可采用镀锌铁皮天沟。天沟的净断面尺寸应根据降水量和汇水面积的大小确定。一般建筑屋顶的天沟净宽≥200mm，天沟上口至分水线的距离≥120mm。平屋顶挑檐沟外排水的平面和剖面图中应表明天沟的断面尺寸和纵坡坡度，如图 5-8 所示。

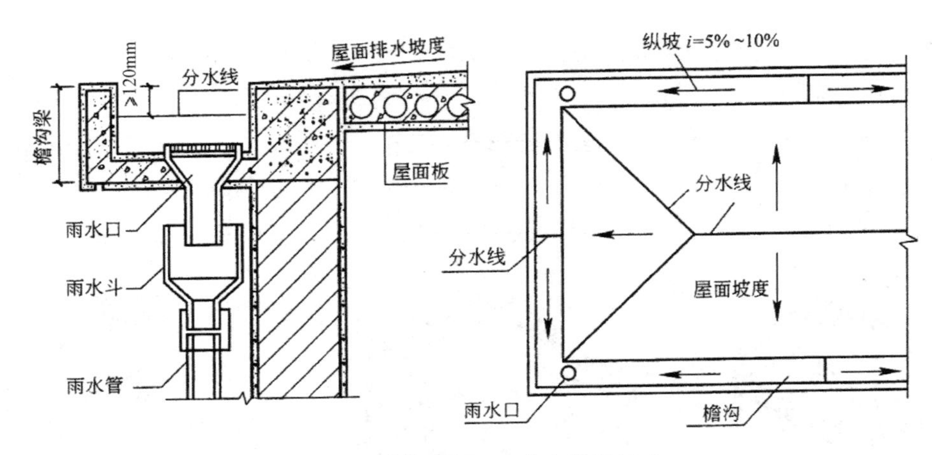

图 5-8　挑檐沟断面大小和纵坡坡度

4)　确定雨水管的间距和直径

雨水管根据材料不同有铸铁、塑料、镀锌铁皮、石棉水泥以及 PVC 和陶土等多种，应根据建筑物的耐久等级加以选择。目前多采用塑料雨水管，其管径有 50mm、75mm、100mm、125mm、150mm、200mm 等几种规格。一般民用建筑常用 75～100mm 的雨水管，面积小于 $25m^2$ 的露台和阳台，可选用直径 50mm 的雨水管。雨水管的数量与水落口相等，雨水管的最大间距应予以控制，一般情况下水落口间距为 18m，最大间距不宜超过 24m。因为间距过大会导致天沟纵坡过长，沟内垫坡材料加厚，造成天沟容积减少，大雨时雨水易溢向屋顶，会引起渗漏或从檐沟外侧涌出。

综合考虑上述各因素，即可绘制屋顶平面图。女儿墙近檐处垫坡排水的平面、剖面图中表明了雨水管的布置，如图 5-9 所示。

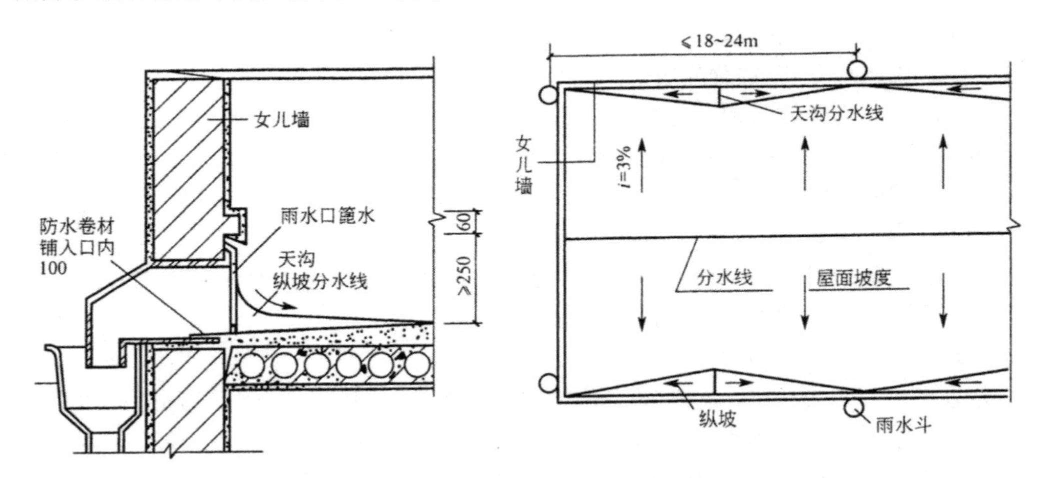

图 5-9　女儿墙近檐处垫坡排水的雨水管布置(mm)

5.2　平屋面构造

按照平屋面防水材料的不同可分为卷材防水屋面、涂膜防水屋面等。

5.2.1 卷材防水屋面

卷材防水屋顶是利用防水卷材与粘结剂结合，形成连续致密的构造层来防水的一种屋面。由于其防水层具有一定的延伸性和适应变形的能力，所以也被称作柔性防水屋面。其优点是较能适应温度、振动、不均匀沉陷等因素的变化作用，整体性好，不易渗漏，但施工操作较为复杂，技术要求较高。

1. 卷材防水屋面的防水材料

柔性防水屋面所用卷材有沥青类卷材、合成高分子类卷材、高聚物改性沥青类防水卷材。

1) 沥青类防水卷材

这类防水卷材是用原纸、纤维织物、纤维毡等胎体材料浸涂沥青，表面撒布粉状、粒状或片状材料后制成的可卷曲片状材料，传统上用得最多的是纸胎石油沥青油毡。纸胎油毡是将纸胎在热沥青中渗透浸泡两次后制成。沥青油毡防水屋顶的防水层容易产生起鼓、沥青流淌、油毡开裂等问题，从而导致防水质量下降和使用寿命缩短，近年来在实际工程中已较少采用。

2) 高聚物改性沥青类防水卷材

高聚物改性沥青类防水卷材是以合成高分子聚合物改性沥青为涂盖层，纤维织物或纤维毡为胎体，采用粉状、粒状、片状或薄膜材料为覆面材料制成的可卷曲片状防水材料。常用的有弹性体改性沥青防水卷材(SBS)、塑性体改性沥青防水卷材(APP)、改性沥青聚乙烯胎防水卷材(PEE)。

高聚物改性沥青类防水卷材的配套材料有氯丁橡胶沥青胶粘剂(由氯丁胶加入沥青及溶剂等配置而成，为黑色液体)，橡胶沥青嵌缝膏，石片、各色保护涂料等保护层料，90 号汽油，二甲苯(用于清洗受污染部位)。

3) 合成高分子类防水卷材

合成高分子类防水卷材是以各种合成橡胶、合成树脂或两者的共混体为基料，再加入适量的化学辅助剂和填充料，经不同的工序加工而成的卷曲片状防水材料，或者将上述材料与合成纤维等复合形成两层以上可卷曲的片状防水材料。常用的合成高分子防水卷材有三元乙丙橡胶防水卷材、氯化聚乙烯防水卷材。

三元乙丙橡胶防水卷材的配套材料品种较多，有用于基层处理剂的聚氨酯底胶；用于基层与卷材之间黏结的氯丁系列胶粘剂(CX-404 胶)；用于卷材接缝胶粘剂的丁基胶粘剂；用于表面着色的表面着色剂；用于接缝增补密封剂的聚氨酯密封膏。

氯化聚乙烯—橡胶共混防水卷材的配套材料有用于基层处理剂的聚氨酯底胶；用于基层与卷材之间黏结的氯丁系列胶粘剂(CX-409 胶)；用于卷材接缝胶粘剂的 CX-401 胶；用于接缝密封、嵌缝的聚氨酯密封膏；用于保护层装饰涂料的 LY-T102、104 涂料。LYX-603 氯化聚乙烯防水卷材的配套材料有用于卷材表面着色的 LYX-603 1 号胶；用于卷材与卷材之间黏结的 LYX-603 2 号胶；用于卷材与基层黏结的 LYX-603 3 号胶。

2. 卷材防水屋面的基本构造

卷材防水屋面由多层材料叠合而成，如表 5-3 所示。其基本构造层次按其作用为结构层、保温层、找坡层、找平层、防水层和保护层组成时，如图 5-10 所示。

表 5-3　卷材、涂膜屋面的基本构造层次

屋面类型	基本构造层次(自下而上)
普通屋面	结构层、找坡层、找平层、保温层、找平层、防水层、隔离层、保护层
	结构层、找坡层、找平层、防水层、保温层、保护层
种植屋面	结构层、找坡层、找平层、保温层、找平层、防水层、耐根穿刺防水层、保护层、种植隔热层
架空屋面	结构层、找坡层、找平层、保温层、找平层、防水层、架空隔热层
蓄水屋面	结构层、找坡层、找平层、保温层、找平层、防水层、隔离层、蓄水隔热层

注：1. 表中结构层包括混凝土基层和木基层；保护层包括块体材料、水泥砂浆、细石混凝土保护层；

2. 有隔汽要求的屋面，应在保温层与结构层之间设置隔汽层。

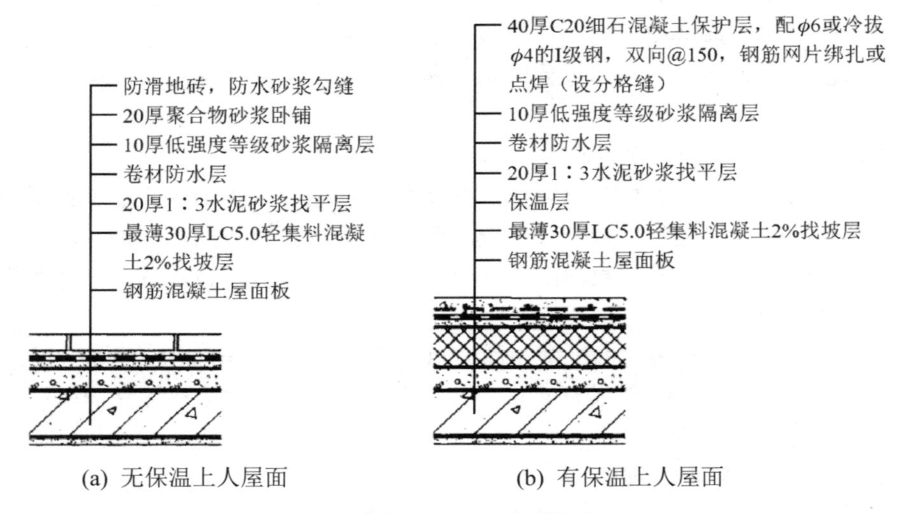

(a) 无保温上人屋面　　(b) 有保温上人屋面

图 5-10　卷材防水屋面基本构造(mm)

1) 结构层

通常为预制或现浇钢筋混凝土屋面板，要求具有足够的强度和刚度。

2) 找坡层

为确保防水性，减少雨水在屋顶的滞留时间，结构层水平搁置时可采用材料找坡，形成所需屋顶排水坡度。当采用材料找坡时，可以采用质量轻、吸水率低和有一定强度的材料，坡度宜为 2%；混凝土结构层宜采用结构找坡，坡度不应小于 3%。

3) 找平层

卷材防水层要求铺贴在坚固而平整的基层上，以防止卷材凹陷或断裂，需注意在松软材料及预制屋顶板上铺设卷材以前，须先做找平层，做法如表 5-4 所示。

为防止找平层变形开裂而使卷材防水层破坏，在找平层中留设分格缝。分格缝的宽度一般为 20 mm，纵横间距≤6 m，屋顶板为预制装配式时，分格缝应设在预制板的端缝处。分格缝上应覆盖一层 200～300 mm 宽的附加卷材，用粘结剂单边点贴，使分格缝处的卷材有较大的伸缩余地，避免开裂。找平层分格缝构造如图 5-11 所示。保温层上的找平层应留

设分隔缝，缝宽一般为5～20 mm，纵横缝的间距不宜大于6 m。

表5-4　找平层厚度和技术要求

找平层分类	适用的基层	厚度/mm	技术要求
水泥砂浆	整体现浇混凝土板	15～20	1∶2.5水泥砂浆
	整体材料保温层	20～25	
细石混凝土	装配式混凝土板	30～35	C20混凝土，宜加钢筋网片
	板状材料保温板		C20混凝土

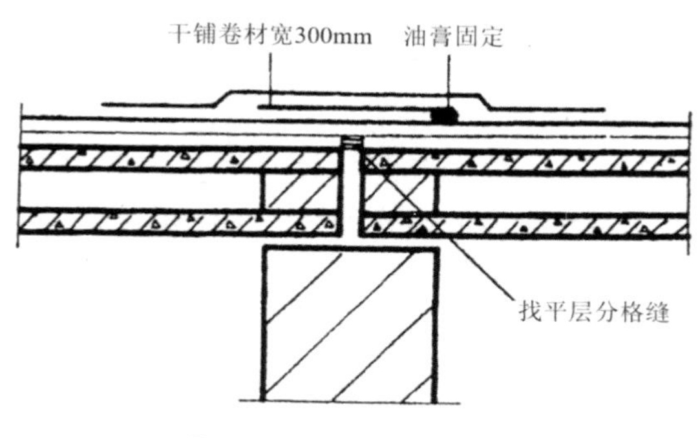

图5-11　找平层分格缝

4)　结合层

结合层的作用是让卷材防水层与基层黏结牢固。结合层所用材料应根据卷材防水层材料的不同进行选择。沥青类卷材通常用冷底子油(一般的重量配合比为40%的石油沥青及60%的煤油或轻柴油，或者30%的石油沥青及70%的汽油)做结合层，高分子卷材则多用配套基层处理剂，高聚物改性沥青类防水卷材用氯丁橡胶沥青胶粘剂加入工业汽油稀释并搅拌均匀后做结合层。

5)　防水层

高聚物改性沥青防水卷材应采用热熔法施工，即用火焰加热器将卷材均匀加热至表面光亮发黑，然后立即滚铺卷材使之平展并辊压牢实。合成高分子防水卷材采用冷粘法施工。

铺贴防水卷材前基层必须干净、干燥。干燥程度的简易检验方法，是将1m^{2}卷材平坦地干铺在找平层上，静置3～4h后掀开检查，找平层覆盖部位与卷材上未见水印即可铺设。大面积铺贴防水卷材前，要在女儿墙、落水口、管根、檐口以及阴阳角等部位铺贴卷材附加层。

(1)　卷材铺贴方向应符合下列规定。

①　屋面坡度小于3%时，卷材宜平行屋脊铺贴；

②　屋面坡度在3%～15%时，卷材可平行或垂直屋脊铺贴；

③　屋面坡度大于15%或屋面受震动时，沥青防水卷材应垂直屋脊铺贴，高聚物改性沥青防水卷材和合成高分子防水卷材可平行或垂直屋脊铺贴；

④　上下层卷材不得相互垂直铺贴。

(2)　卷材铺贴厚度要求。卷材的铺贴厚度应满足表5-5的要求。

表 5-5　每道卷材防水层最小厚度

单位：mm

防水等级	合成高分子防水卷材	高聚物改性沥青防水卷材		
		聚酯胎、玻纤胎、聚乙烯胎	自粘聚酯胎	自粘无胎
Ⅰ级	1.2	3.0	2.0	1.5
Ⅱ级	1.5	4.0	3.0	2.0

(3)　附加防水层做法

檐沟、天沟与屋面交接处、屋面平面与立面交接处，以及水落口、伸出屋面管道根部等部位，应设置卷材或涂膜附加层；屋面找平层分格缝等部位，宜设置卷材空铺附加层，其空铺宽度不能小于 100mm。卷材或涂膜防水屋面檐沟，防水层下应增设附加层，附加层伸入屋面的宽度不应小于 250mm；女儿墙泛水处的防水层下应增设附加层，山墙泛水处的防水层下应该增设附加层，变形缝泛水处的防水层下也要增设附加层，管道泛水处的防水层下应增设附加层，烟囱泛水处的防水层或防水垫层下应增设附加层，屋面垂直出入口泛水处应增设附加层，屋面水平出入口泛水处应增设附加层和护墙，其附加层在平面和立面的宽度均不应小于 250mm。总之，防水附加层是为了防止雨水透过防水层而在拐角或是容易发生渗水的重点部位加固的防水层处理，即防水施工之前对节点、缝隙等重点部位进行加固防水或预处理的防水层。

6)　保护层

设置保护层的目的是保护防水层，使卷材不致因光照和气候等的作用而迅速老化，防止沥青类卷材的沥青过热流淌或受到暴雨的冲刷。保护层的构造做法视屋顶的利用情况而定。混凝土面层的上人屋顶和不上人屋顶的构造做法如图 5-12(a)所示，屋顶既是保护层又是楼面面层。要求保护层平整耐磨，每 2m 左右设一分格缝，保护层分格缝应尽量与找平层分格缝错开，缝内用防水油膏嵌封。同时保护层也可用水泥砂浆、块材等材料做防水保护层，保护层与防水层之间应设置隔离层。刚性保护层与女儿墙、山墙之间应预留宽度为 30mm 的缝隙，并用密封材料嵌填密实，如图 5-12(b)所示。

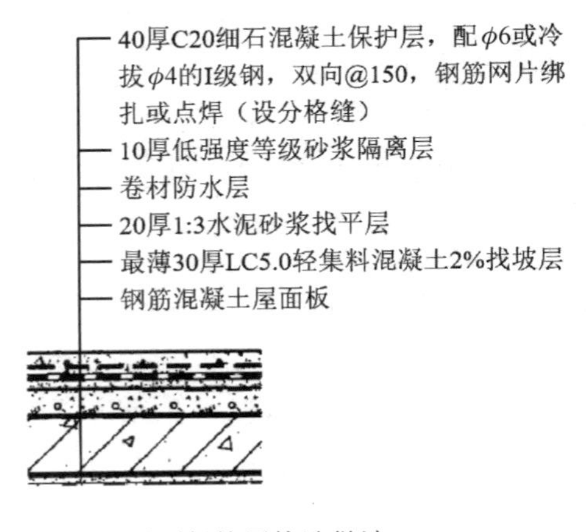

(a) 屋面保护层构造做法

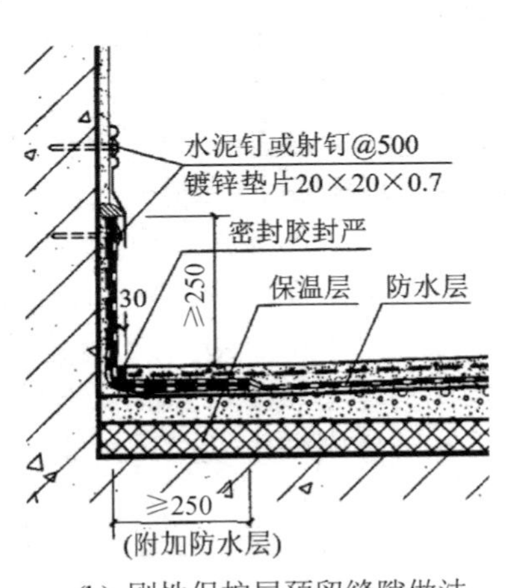

(b) 刚性保护层预留缝隙做法

图 5-12　防水保护层(mm)

(1) 保护层材料。上人屋面保护层可采用块体材料、细石混凝土等材料，不上人屋面保护层可采用浅色涂料、铝箔、矿物颗粒以及水泥砂浆等材料。保护层材料的使用范围和技术要求如表 5-6 所示。

表 5-6　保护层材料适用范围及技术要求

保护层材料	适用范围	技术要求
浅色涂料	不上人屋面	丙烯酸系反射涂料
铝箔		0.05 mm 厚铝箔反射膜
矿物颗粒		不透明的矿物颗粒
水泥砂浆		20 mm 厚 1∶2.5 或 M15 水泥砂浆
块体材料	上人屋面	地砖或 30 mm 厚 C20 细石混凝土预制块
细石混凝土		40 mm 厚 C20 细石混凝土或 50 mm 厚 C20 细石混凝土内配ϕ4@100 双向钢筋网片

(2) 隔离层材料。块体材料、水泥砂浆、细石混凝土保护层与卷材、涂膜防水之间，应设置隔离层。隔离层材料的使用范围和技术要求如表 5-7 所示。

表 5-7　隔离层材料适用范围及技术要求

保护层材料	适用范围	技术要求
塑料膜	块体材料、水泥砂浆保护层	0.4 mm 厚聚乙烯膜或 3 mm 厚发泡聚乙烯膜
土工布		200 g/m^2 聚酯无纺布
卷材		石油沥青卷材一层
低强度等级砂浆	细石混凝土保护层	10 mm 厚黏土砂浆，石灰膏∶砂∶黏土=1∶2.4∶3.6
		10 mm 厚石灰砂浆，石灰膏∶砂=1∶4
		5 mm 厚掺有纤维的石灰砂浆

(3) 辅助构造层。辅助构造层是为了满足房屋的使用要求，或为了提高屋顶的性能而补充设置的构造层，如为防止冬季室内过冷而设置的保温层，为防止室内过热而设置的隔热层，为防止潮气侵入屋顶保温层而设置的隔汽层等。

3. 卷材防水屋面细部构造

为保证柔性防水屋面的防水性能，对可能造成的防水薄弱环节，均要采取加强措施，主要包括屋顶上的泛水、檐口、水落口、变形缝以及屋面出入口等处的细部构造。

1) 泛水

一般须用砂浆在转角处做圆弧形(R=50～100 mm)或 45° 斜面。防水卷材粘贴至垂直面的高度一般不得小于 250 mm，为了加强节点的防水作用，必须加设卷材附加层，垂直面也用水泥砂浆抹光，并设置结合层将卷材粘贴在垂直面上。为了防止卷材在垂直墙面上下滑动而渗水，必须做好泛水上口的卷材收头固定，可在垂直墙中预留凹槽或凿出通长凹槽，将卷材的收头压入槽内，用防水压条钉压后再用密封材料嵌填封严，外抹水泥砂浆保护，凹槽上部的墙体则用防水砂浆抹面。卷材防水屋面泛水构造如图 5-13 所示。

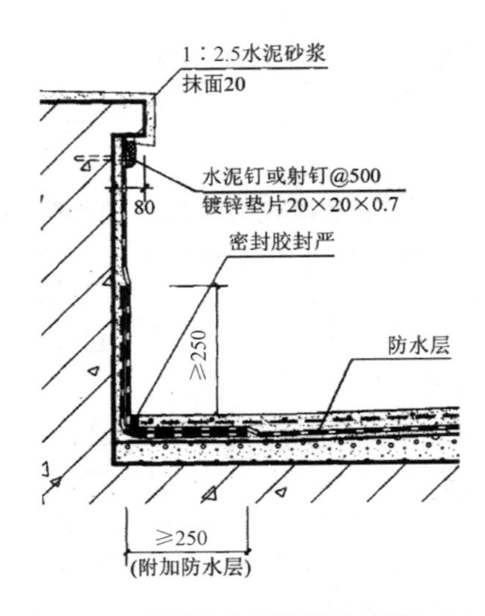

图 5-13 卷材防水屋面泛水构造(mm)

2) 檐口

挑檐口构造分为自由落水挑檐口和挑檐沟外排水檐口两种做法。

自由落水挑檐口采用与圈梁整浇的混凝土挑板，不适合直接采用屋顶楼板外悬挑，因其温度变形大，易使檐口抹灰砂浆开裂。自由落水挑檐口的卷材收头极易开裂渗水，目前一般的处理方法是在檐口 800 mm 范围内的卷材采取满贴法，为防止卷材收头处粘贴不牢固而出现“张口”漏水，在混凝土檐口上用细石混凝土或水泥砂浆先做一凹槽，然后将卷材贴在槽内，将卷材收头用水泥钉钉牢，上面用防水油膏嵌填，挑檐口构造如图 5-14(a)所示。

挑檐沟外排水的现浇钢筋混凝土檐沟板可与圈梁连成整体，如图 5-14(c)所示，沟内转角部位的找平层应做成圆弧形或 45°斜面，檐沟加铺 1～2 层附加卷材。为了防止檐沟壁面上的卷材下滑，应做好收头处理。各地采取的措施不同，一般有嵌油膏、插铁卡住等，其中以嵌密封油膏者较为合理，如图 5-14(b)所示。

女儿墙檐口顶部通常做混凝土压顶，并设有坡度坡向屋面，压顶的水泥砂浆抹面做滴水，如图 5-14(d)所示。

3) 水落口

挑檐沟外排水和内排水的水落口均采用直管式水落口，女儿墙外排水采用弯管式水落口。在水落口处应尽可能比屋顶或檐沟面低一些，有垫坡层或保温层的屋顶，可在水落口直径 500 mm 范围内坡度不应小于 5%，形成漏斗形，使之排水通畅、避免积水，防水层下应增设涂膜附加层。水落口可采用塑料或金属制品，其金属配件均应做防锈处理。

直管式水落口有多种型号，根据降雨量和汇水面积加以选择。民用建筑常用的水落口由套管、环形筒、顶盖底座和顶盖几部分组成，如图 5-15(a)所示，套管呈漏斗形，安装在天沟底板或屋顶板上，用水泥砂浆埋嵌牢固，各层卷材(包括附加卷材)均粘贴在套管内壁上，再用环形筒嵌入套管，将卷材压紧，嵌入的深度至少为 100 mm。环形筒与底座及防水保护层的接缝等薄弱环节须用油膏嵌封。顶盖底座有隔栅，其作用为遮挡杂物。对汇水面积不大的一般民用建筑可选用较简单的铁丝罩水落口。上人屋顶可选择铁篦水落口，各层卷材(包括附加层)也要粘贴在水斗内壁上，上人屋顶的面层与铸铁篦之间要用油膏嵌封，如图 5-15(b)

所示。水落口防水构造，如图 5-16 所示。

弯管式水落口由弯曲套管和铁篦两部分组成，如图 5-17 所示。弯曲套管置于女儿墙预留孔洞中，屋顶防水层及泛水的各层卷材，也包括附加卷材，应铺贴到套管内壁四周，铺入深度不少于 100 mm，套管口要用铸铁篦遮盖，以防污物堵塞水口。

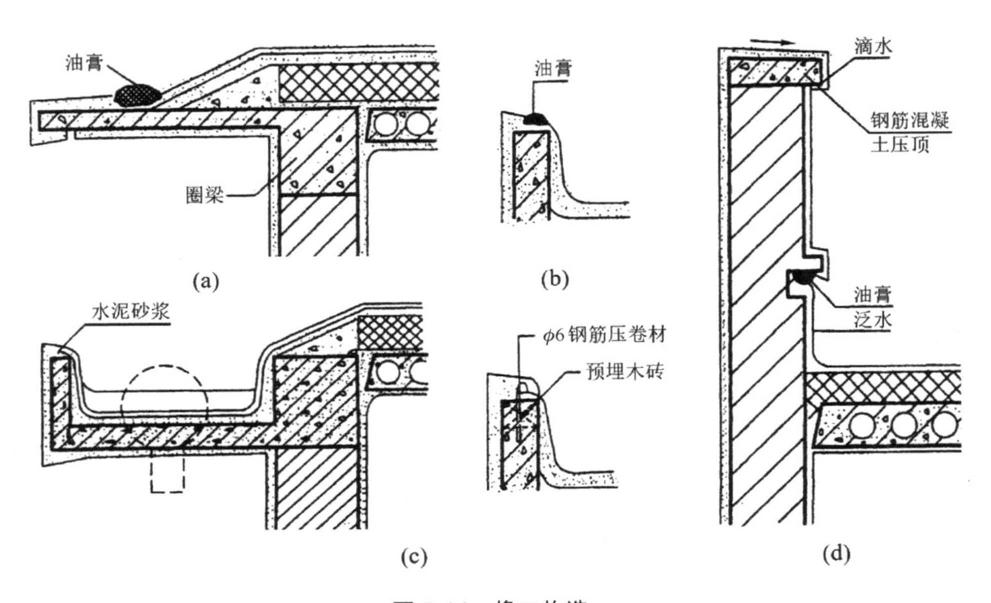

图 5-14　檐口构造

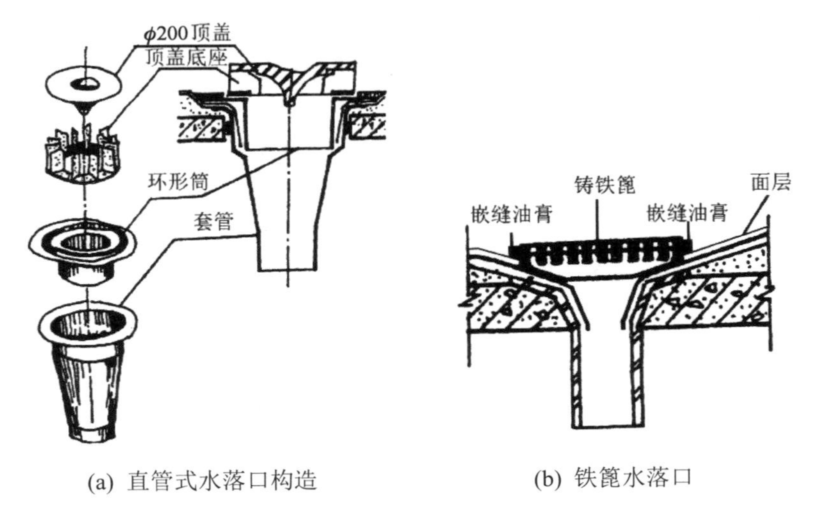

图 5-15　直管式水落口

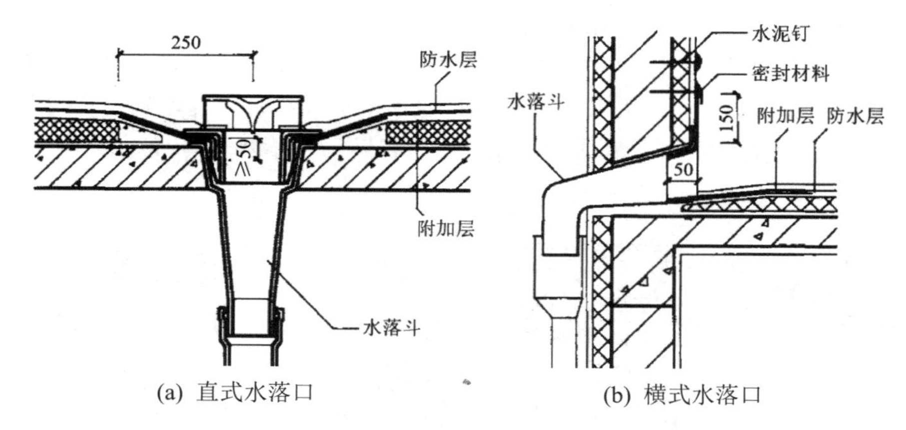

(a) 直式水落口　　(b) 横式水落口

图 5-16　水落口防水构造(mm)

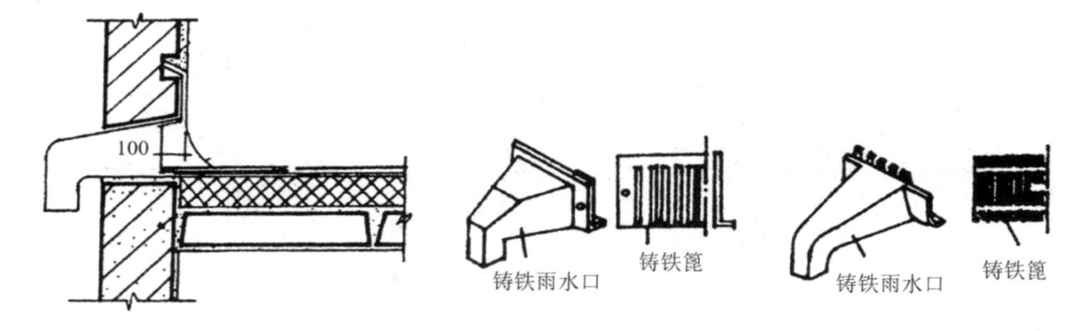

图 5-17　弯管式水落口(mm)

4)　变形缝

屋面变形缝的构造处理原则：既不能影响屋面的变形，又要防止雨水从变形缝渗入室内。变形缝有等高屋面变形缝和高低屋面变形缝两种情况，两种情况的变形缝处理方法不同。

等高屋面变形缝的做法是在缝两边的屋面板上砌筑矮墙，以挡住屋顶雨水。矮墙的高度不小于 250 mm。屋面卷材防水层与矮墙面的连接处理类似于泛水构造，缝内预填不燃烧的保温材料，上部应采用防水卷材封盖，并放置衬垫材料，然后再在其上干铺一层卷材。等高变形缝顶部适合加扣混凝土或金属盖板，如图 5-18(a)所示，也可铺一层卷材后用混凝土盖板压顶。

高低屋面变形缝则是在低侧屋面板上砌筑矮墙。当变形缝宽度较小时，可用镀锌铁皮盖缝并固定在高侧墙上，如图 5-18(b)所示，也可以从高侧墙上悬挑钢筋混凝土板盖缝。

5)　屋顶出入口

屋面垂直出入口四周的侧墙可用砖立砌，在现浇屋顶板时可用混凝土上翻制成。注意在垂直出入口泛水处应增设附加层，附加层在平面和立面的宽度均不应小于 250 mm；垂直出入口防水层收头应在混凝土压顶下，如图 5-19(a)所示。

直达屋顶的楼梯间，室内应高于屋顶，当不满足时应设置门槛，屋顶与门槛交接处的构造也可参考泛水构造。屋面水平出入口泛水处应增设附加层和护墙，附加层在平面和立面的宽度均不应小于 250mm；水平出入口防水层收头应压在混凝土踏步下，如图 5-19(b)所示。

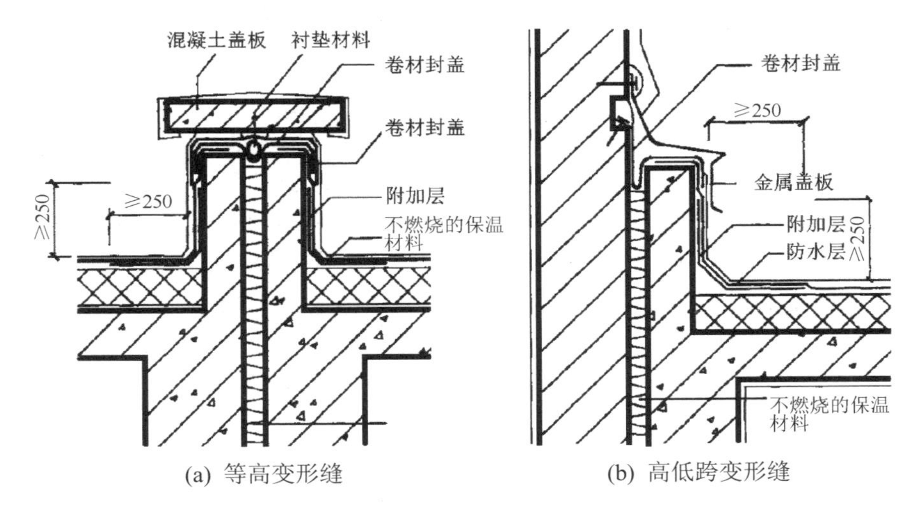

(a) 等高变形缝　　(b) 高低跨变形缝

图 5-18　屋面变形缝(mm)

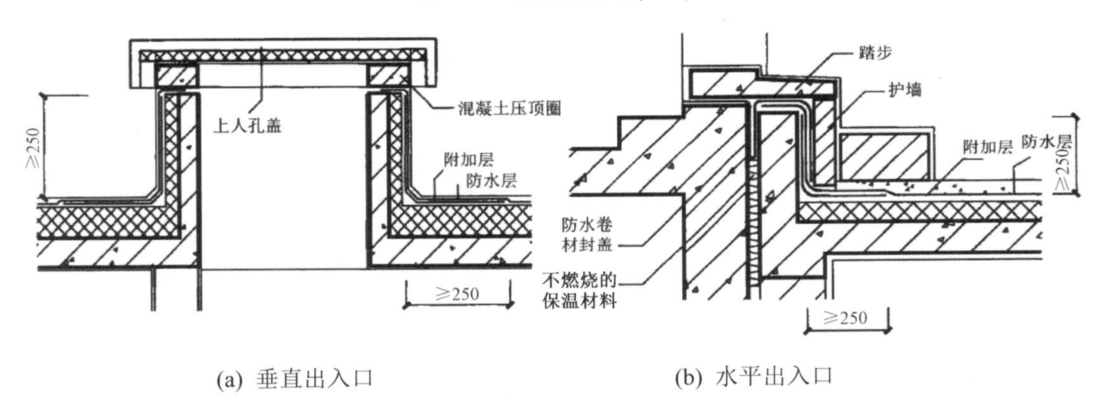

(a) 垂直出入口　　(b) 水平出入口

图 5-19　屋面出入口构造(mm)

4. 卷材防水层施工

1)　卷材铺贴搭接

卷材防水层施工时，应先进行细部构造处理，然后由屋面最低标高向上铺贴。檐沟、天沟卷材施工时，宜顺檐沟、天沟方向铺贴，搭接缝应顺流水方向。卷材宜平行屋脊铺贴，上下层卷材不得相互垂直铺贴，以避免由于材料接缝造成渗漏。卷材搭接缝同一层相邻两幅卷材短边错开不应小于 500 mm；上下层卷材长边搭接缝应错开，且不应小于幅宽 1/3，不应大于幅宽 1/2。立面或大坡面铺贴卷材时，应采用满粘法，并宜减少卷材短边搭接。

2)　卷材铺贴方法

卷材铺贴的常用方法包括冷粘法、热粘法、热熔法、自粘法、焊接法、机械固定法，采用时应符合下列要求。

(1) 冷粘法：铺贴卷材时胶粘剂涂刷要均匀，不得露底、堆积；空铺、点粘、条粘时应按照规定的位置和面积涂刷；搭接缝口应该选用材料相容的密封材料封严。该方法不宜用于温度低于 5℃的施工环境，故也称冷施工、冷粘贴。

(2) 热粘法：溶化热熔型改性沥青胶结料时，宜采用专用导热油炉加热；粘贴卷材的热熔型改性沥青胶结料厚度宜为 1.0～1.5 mm。该方法不宜用于温度低于 5℃的施工环境。

(3) 热熔法：搭接缝部位宜以溢出热熔的改性沥青胶结料为度，溢出的改性沥青胶结料宽度宜为 8 mm，并宜均匀顺直。该方法不宜用于温度低于-10℃的施工环境。

(4) 自粘法：铺粘卷材前，基层表面应均匀涂刷基层处理剂，干燥后应及时铺贴卷材。搭接缝口应采用材性相容的密封材料封严。该方法不宜用于温度低于 10℃的施工环境。

(5) 焊接法：对热塑性卷材的搭接缝可采用单缝焊或双缝焊，焊接时要做到严密。施工时应先焊长边搭接缝，后焊短边搭接缝。该方法不宜用于温度低于-10℃的施工环境。

(6) 机械固定法：固定件应与结构层连接牢固。卷材防水层周边 800 mm 范围内应满粘，卷材收头应采用金属压条钉压固定和密封处理。该方法包括钉压法和压埋法。

5.2.2 涂膜防水屋面

涂膜防水屋面又称涂料防水屋面，是指用可塑性和粘结力较强的防水涂料，直接涂刷在屋面基层上，经过固化后形成一层不透水的薄膜层，以达到防水的目的。防水涂料主要有合成高分子防水涂料、聚合物水泥防水涂料、高聚物改性沥青防水涂料三大类。按照硬化的不同可分为两大类，一类是用水或溶剂溶解后在基层上涂刷，通过水或溶剂蒸发而干燥硬化；另一类是通过材料的化学反应而硬化。成膜后要加以保护，以防被杂物碰坏。

1. 涂膜材料选择

涂膜防水层具有防水性好、粘结力强、延伸性大、耐腐蚀、不易老化、无毒、施工方便、容易维修等优点，因此近年来应用较为广泛。涂料选择时应根据当地历年最高气温、最低气温、屋面坡度和使用条件等因素来选择耐热性、低温柔性相适应的涂料；也可根据屋面涂膜的暴露程度，选择耐紫外线、耐老化相适应的涂料；当屋面坡度大于 25%时，应选择成膜时间较短的涂料。

2. 涂膜防水层厚度

涂膜的基层为混凝土或水泥砂浆，基层应干燥平整，空鼓、缺陷、表面裂缝处应用聚合物砂浆修补，在找平层上设分格缝，分格缝宽 20 mm，其纵横间距不大于 6 m，缝内嵌填油膏。每道涂膜防水层最小厚度应符合下列要求(见表 5-8)。

表 5-8　每道涂膜防水层最小厚度

单位：mm

防水等级	合成高分子防水涂膜	聚合物水泥防水涂膜	高聚物改性沥青防水涂膜
I 级	1.5	1.5	2.0
II 级	2.0	2.0	3.0

涂膜防水层施工时，首先将稀释的防水涂料均匀涂布于找平层上作为底涂层，干燥后再刷 2～3 遍涂料。中间层为增加胎体增强材料的涂层，要加铺玻璃纤维网格布，若采取二层胎体增强材料，上下层不得互相垂直铺设，搭接缝应错开，其间距不应小于幅宽的 1/3。在转角、水落口周围、接缝等处要增加一层胎体增强材料。

3. 涂膜防水屋面细部构造

卷材防水屋面中涉及的隔离层、泛水等构造措施在涂膜防水屋面中均适用。为保证涂膜防水屋面的防水性能，对防水薄弱环节同样需采取加强措施。

涂膜防水屋面檐口的涂膜收头，应用防水涂料多遍涂刷。檐口下端应做鹰嘴和滴水槽。檐口构造如图 5-20 所示。檐沟和天沟的防水层下应增设附加层，附加层深入屋面的宽度不应小于 250 mm；檐沟防水层和附加层应由沟底翻上至外侧顶部，涂膜收头应用防水涂料多遍涂刷，构造做法如图 5-21 所示。

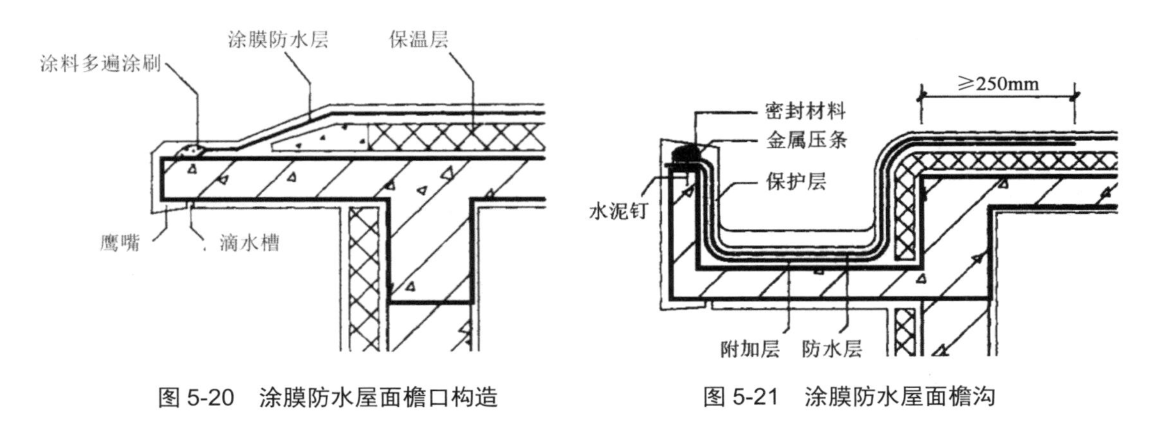

图 5-20　涂膜防水屋面檐口构造　　图 5-21　涂膜防水屋面檐沟

4. 涂膜防水层施工

涂膜防水层的基层应坚实、平整、干净，应无孔隙、起砂和裂缝，保证涂膜防水层与基层有较好的粘结强度。基层的干燥程度应根据所选用的防水涂料特性确定；当采用溶剂型、热熔型和反应固化型防水涂料时，基层应干燥。施工时，涂膜间加铺胎体增强材料时，宜边涂布边铺胎体。在胎体上涂布涂料时，应使涂料浸透胎体，并应覆盖完全，不得有胎体外露现象。最上面的涂膜厚度不应小于 1.0 mm。

涂膜防水层的施工环境应符合：水乳型及反应型涂料、聚合物水泥涂料宜为 5～35℃；溶剂型涂料宜为-5～35℃；热熔型涂料不宜低于-10℃。

5.2.3　保温与隔热

1. 保温

冬季室内采暖时，气温较室外高，热量通过围护结构向外散失。为了防止室内热量散失过多、过快，须在围护结构中设置保温层，以提高屋顶的热阻，使室内有一个舒适的环境。保温层的材料和构造方案是根据使用要求、气候条件、屋顶的结构形式、防水处理方法、材料种类、施工条件以及经济指标等因素，经综合考虑后确定的。

1)　保温材料

保温材料应具有吸水率低、导热系数较小并具有一定强度的性能。屋顶保温材料一般为轻质多孔材料，分为板状材料、纤维材料、整体材料三大类，如表 5-9 所示。

表 5-9　保温层及其保温材料

保温层	保温材料
板状材料保温层	聚苯乙烯泡沫塑料，硬质聚氨酯泡沫塑料，膨胀珍珠岩制品，泡沫玻璃制品，加气混凝土砌块，泡沫混凝土砌块
纤维材料保温层	玻璃棉制品，岩棉、矿渣棉制品
整体材料保温层	喷涂硬泡聚氨酯，现浇泡沫混凝土

2)　屋顶保温层的设置

平屋顶因屋面坡度平缓，适合将保温层放在屋面结构层上。

(1)　保温层设在防水层下(正置式屋面)

保温层设在防水层下被称为正置式屋面，是目前广泛采用的形式，如图 5-22 所示。当严寒及寒冷地区屋面结构冷凝界面内侧实际具有的蒸汽渗透阻小于所需值，或其他地区室内湿气有可能透过屋面结构层进入保温层时，应设置隔汽层。隔汽层应设置在结构层上、保温层下，选用气密性、水密性好的材料。隔汽层铺设时应沿周边墙面向上连续铺设，高出保温层上表面不得小于 150 mm。隔汽层可采用防水卷材或涂料，并宜选择其蒸汽渗透阻较大者。

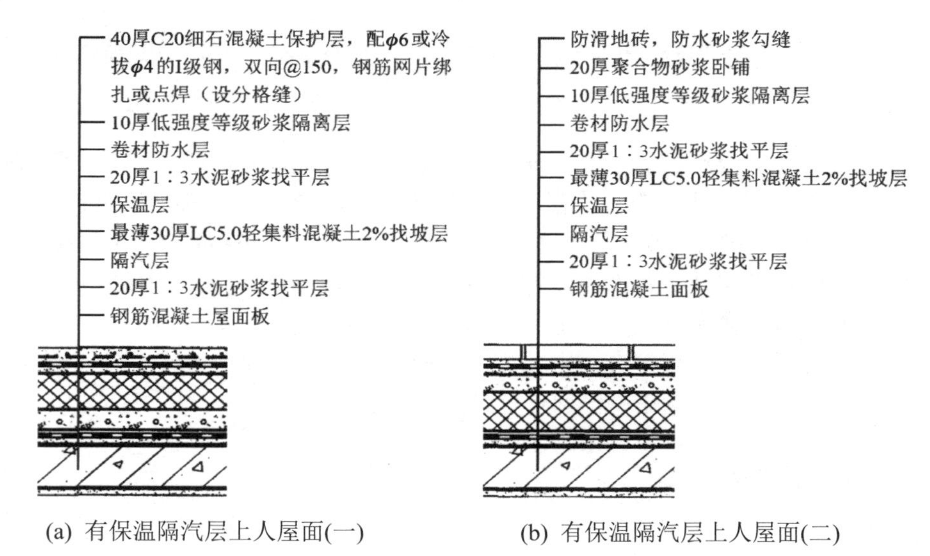

(a) 有保温隔汽层上人屋面(一)　　(b) 有保温隔汽层上人屋面(二)

图 5-22　有保温隔汽层上人屋面构造(mm)

(2)　保温层设在防水层上(倒置式屋面)

保温层设在防水层的上面，也称倒置式屋面，是保温隔热屋面的类型之一，如图 5-23 所示。倒置式屋面工程的防水等级应为 I 级，同时要选用耐腐蚀、耐霉烂、适应基层变形能力的防水材料。优点是防水层受到保温层的保护，保护防水层不受阳光和室外气候以及自然界的各种因素的直接影响，从而使其耐久性增强。而对保温层则有一定的要求，应选用吸湿性小和耐气候性强的材料，如聚苯乙烯泡沫塑料板、聚氨酯泡沫塑料板等，加气混凝土板和泡沫混凝土板因吸湿性强，故不宜选用。保温层需加强保护，应选择有一定荷载的大粒径石子或混凝土做保护层，保证保温层不因下雨而“漂浮”。

保温隔热材料宜选用板状制品，其性能除应具有必备的密度、耐压缩性能和导热系数外，还必须具有良好的憎水性或高抗湿性，体积吸水率不应大于 3%，设计厚度应按计算厚度增加 25%取值，且最小厚度不得小于 25 mm。

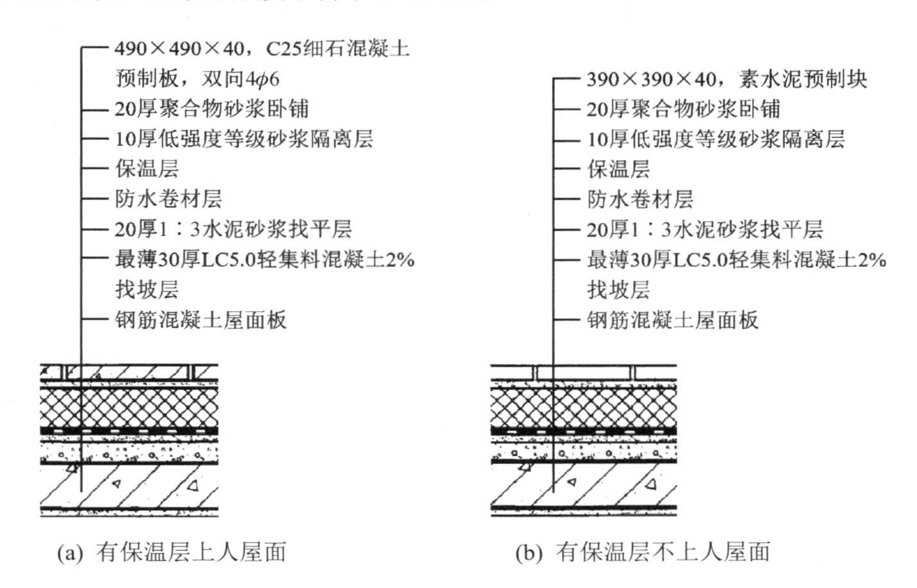

(a) 有保温层上人屋面　　(b) 有保温层不上人屋面

图 5-23　有保温层倒置式屋面构造(mm)

(3)　保温层与结构层融为一体

加气钢筋混凝土屋顶板，既能承载又能保温，构造简单，施工方便，造价降低，使保温与结构融为一体，但承载力小，耐久性差，可适用于标准较低的不上人屋顶中。

2. 隔热

对于我国夏季南方炎热地区，在太阳辐射和室外气温的综合作用下，大量热量从屋顶传入室内，影响室内的温度环境。为了给人们创造舒适的室内生活和工作条件，应采取适当的构造措施解决屋顶的降温和隔热问题。

屋面隔热降温主要是通过减少热量对屋顶表面的直接作用来实现的。屋面隔热层设计应根据地域、气候、屋面形式、建筑环境、使用功能等条件，可以通过反射隔热降温实现，也可以采用架空、蓄水和种植等隔热措施。

1)　反射隔热降温屋面

利用表面材料的颜色和光洁度对热辐射的反射作用，对平屋顶的隔热降温有一定的效果，图 5-24(a)所示为表面不同材料对热辐射的反射程度。例如，屋顶采用淡色砾石铺面或用石灰水刷白对反射降温都有一定的效果。如果在通风屋顶中的基层加一层铝箔，则可利用其第二次反射作用，对屋顶的隔热效果将有进一步的改善，图 5-24(b)所示为铝箔的反射作用。

2)　间层通风隔热降温屋面

间层通风隔热降温就是在屋顶设置架空通风间层，使其上层表面遮挡阳光辐射，同时利用风压和热压作用把间层中的热空气不断带走，使通过屋顶传入室内的热量减少，从而达到隔热降温的目的。通风间层的设置通常有两种方式：一种是在屋顶上做架空通风隔热间层，另一种是利用吊顶棚内的空间做通风间层。

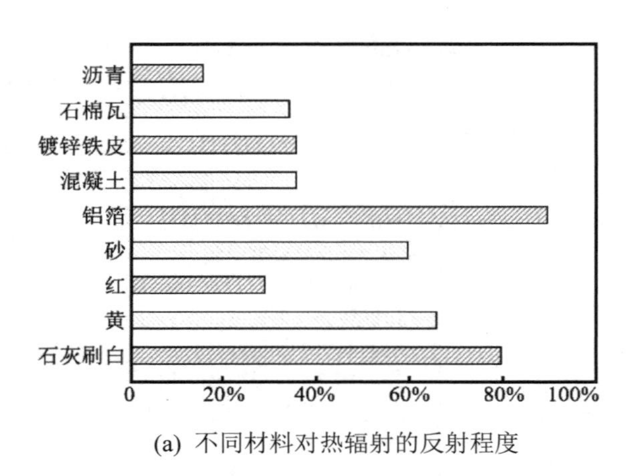

(a) 不同材料对热辐射的反射程度

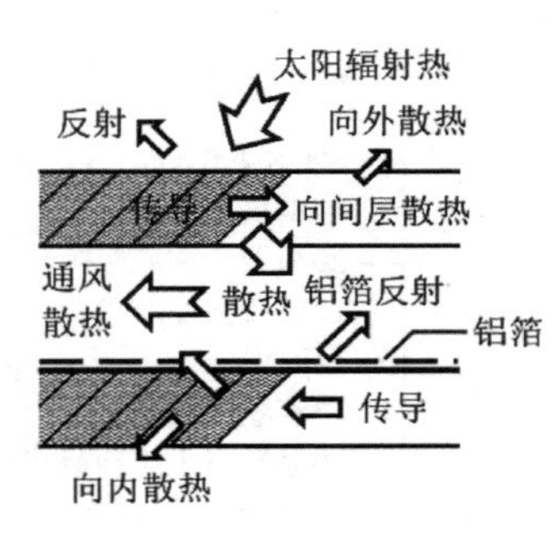

(b) 铝箔的反射作用

图 5-24　反射降温屋顶

(1) 架空通风隔热降温间层。架空屋面是采用防止太阳直接照射屋面上表面的隔热措施的一种平屋面。架空通风隔热降温间层设于屋顶防水层上，同时也起到了保护防水层的作用。架空层一方面利用架空的面层遮挡直射阳光，另一方面架空层内被加热的空气与室外冷空气产生对流，将间层内的热量源源不断地排走，从而达到降低室内温度的目的。

架空通风层通常用砖、瓦、混凝土等材料及制品制作架空构件，架空层的支承方式可以做成墙式，也可以做成柱墩式。其面板形式一种是混凝土平面形式或预制的大阶砖，另一种是水泥砂浆嵌固的弧形大瓦。基本构造如图 5-25 所示。架空通风隔热层设计应满足以下要求：架空层的层间高度一般为 180～300 mm，架空板与女儿墙的距离不应小于 250 mm。当屋面宽度大于 10 m 时，架空隔热层中部应设置通风屋脊，如图 5-26 所示。架空板与女儿墙之间应留出不小于架空层高度的空隙，一般不小于 250 mm。

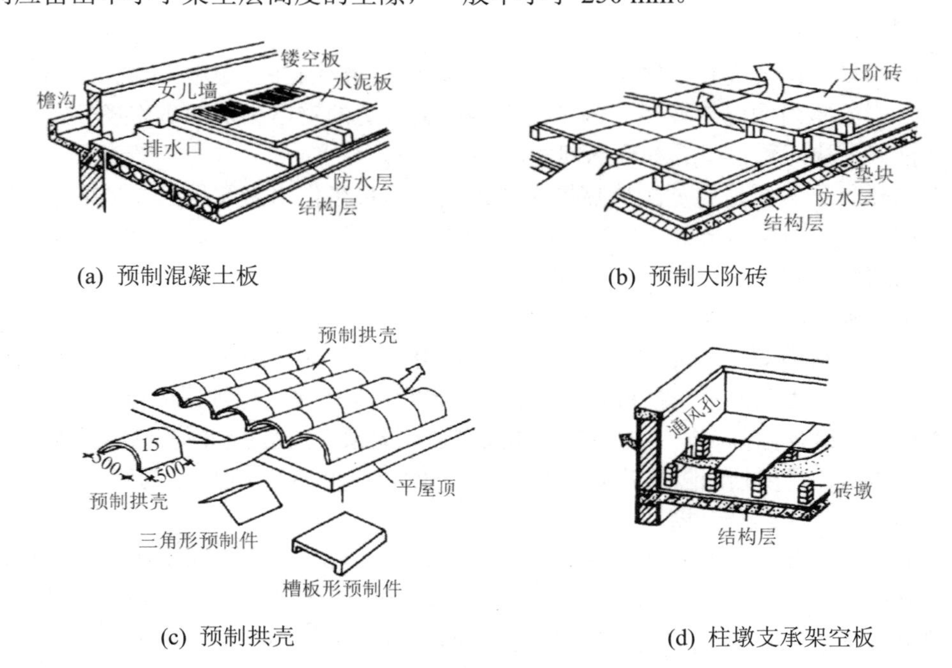

(a) 预制混凝土板　(b) 预制大阶砖

(c) 预制拱壳　(d) 柱墩支承架空板

图 5-25　屋顶架空通风隔热构造(mm)

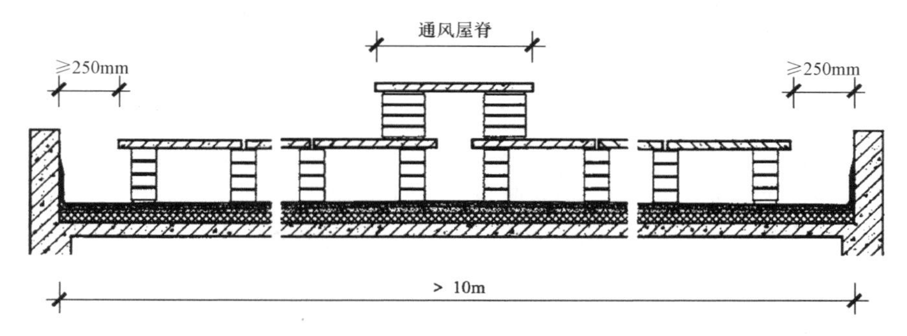

图 5-26　架空屋面剖面示意图

(2)　顶棚通风隔热降温间层。利用顶棚与屋顶之间的空间做通风隔热层可以起到与架空通风层同样的作用。顶棚通风隔热层设计应满足以下要求：顶棚通风层应有足够的净空高度，一般为 500 mm 左右，通常根据通风孔自身需要的高度确定；为确保顶棚内的空气能迅速对流，需设置一定数量的通风孔，平屋顶的通风孔通常开设在外墙；通风孔应考虑防飘雨措施。

3)　蓄水隔热降温屋面

蓄水隔热降温屋顶利用平屋顶所蓄积的水层来达到屋顶隔热降温的目的。蓄水层的水面能反射阳光，从而减少阳光辐射对屋顶的热作用；蓄水层能吸收大量的热，部分水由液体蒸发为气体，从而将热量散发到空气中，减少了屋顶吸收的热能，起到隔热降温的作用。若在水层中养殖水生植物(如水浮莲)，利用植被吸收阳光进行光合作用和植物叶片遮蔽阳光的特点，则其隔热降温的效果将会更加理想。蓄水屋面适用于炎热地区的一般民用建筑，不宜在寒冷地区、抗震设防地区和震动较大的建筑物上采用。

为了便于分区检修和避免水层产生过大的风浪，蓄水隔热层应划分成若干蓄水区，每区的边长不宜超过 10 m，过水孔应设在分区墙的底部。在变形缝的两侧应分成两个互不连通的蓄水区。当蓄水屋顶的长度超过 40 m 时应分仓设置，同时应做横向伸缩缝一道，分仓隔墙可采用现浇混凝土或砌体。蓄水池应设溢水口、排水管和给水管，排水管应与排水出口连通，蓄水深度宜为 150～200 mm，且不应小于 150 mm，同时为了保证屋面蓄水深度的均匀，蓄水屋面的坡度不宜大于 0.5%。溢水口距分仓墙顶面的高度不得小于 100 mm。蓄水屋面构造如图 5-27 所示。

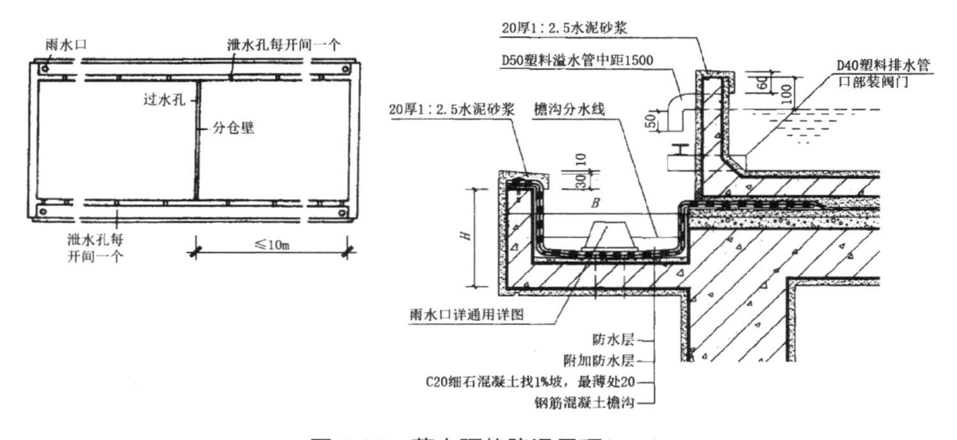

图 5-27　蓄水隔热降温屋顶(mm)

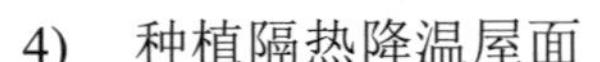

4) 种植隔热降温屋面

种植隔热降温屋面在平屋顶上种植植物，利用植被的蒸腾和光合作用，吸收太阳辐射热及遮挡阳光的作用，从而达到降温隔热的目的。种植屋顶不但在隔热降温的效果方面有优越性，而且在净化空气、美化环境、改善城市生态、提高建筑物综合利用效益等方面都具有极为重要的作用，是具有一定发展前景的屋顶形式。

种植屋面分为花园式种植屋面、简单式种植屋面两大类。其中，简单式种植屋面又分为种植屋面和草毯种植屋面。

(1) 普通种植屋面。一般种植隔热降温屋顶是在屋顶上用床埂分为若干的种植床，直接铺填种植介质，栽培各种植物。其基本构造包括：植被层、种植土、过滤层、排(蓄)水层、保护层、耐根穿刺防水层、防水层、找平层、找坡层、保温层和结构层，如图 5-28 所示。

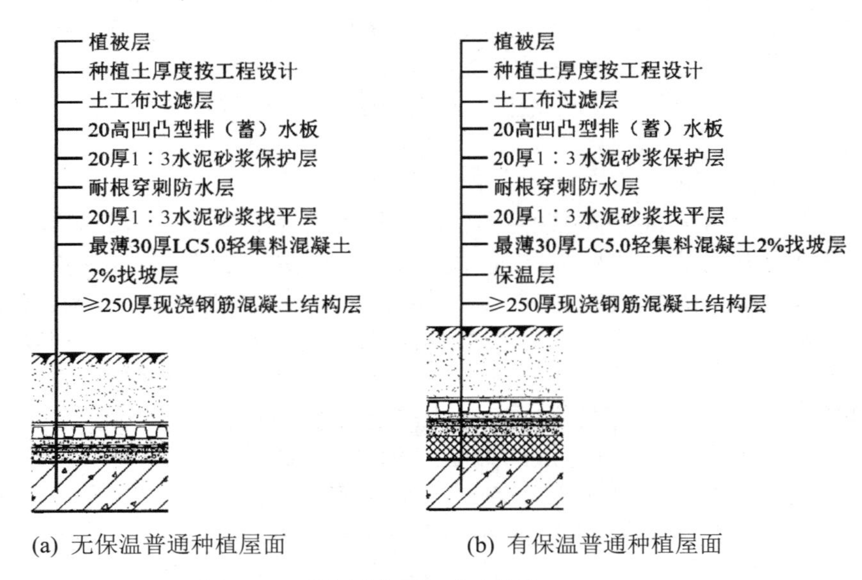

(a) 无保温普通种植屋面　　(b) 有保温普通种植屋面

图 5-28　普通种植屋面基本构造(mm)

种植隔热层所选用材料及植物等应与当地气候条件相适应，并符合环境保护要求。种植土厚度一般不宜小于 100 mm。种植屋面的女儿墙周边泛水和屋面檐口部位，均设置直径为 20～50 mm 的卵石隔离带，宽度为 300～500 mm，如图 5-29 所示。

种植屋面应做两道防水，其中必须有一道耐根穿刺防水层，普通防水层在下，耐根穿刺防水层在上。防水层做法应满足 I 级防水设防要求。耐根穿刺层选用材料根据材料种类不同各异。防水层的泛水高出种植土 150 mm。隔热层应根据植物种类及环境布局的需要进行分区布置，分区布置应设置挡墙或挡板，其下部应设泄水孔，并应考虑特大暴雨时的应急排水措施。种植隔热层屋面坡度大于 20%时，其排水层、种植土应采取防滑措施。

(2) 草毯种植屋面。草毯种植屋面是利用带有草籽和营养土的草毯覆盖在屋面上形成生态植被的一种种植屋面，构造如图 5-30 所示。草毯是以稻、麦秸、椰纤维以及棕榈纤维为原料制成的循环经济产品，用于屋面绿化。其具有重量轻，蓄水力强，可降解，施工方便等特点。构造做法中，一种是将草毯直接铺放在排(蓄)水层上；另一种是将草毯铺放在种植土上。

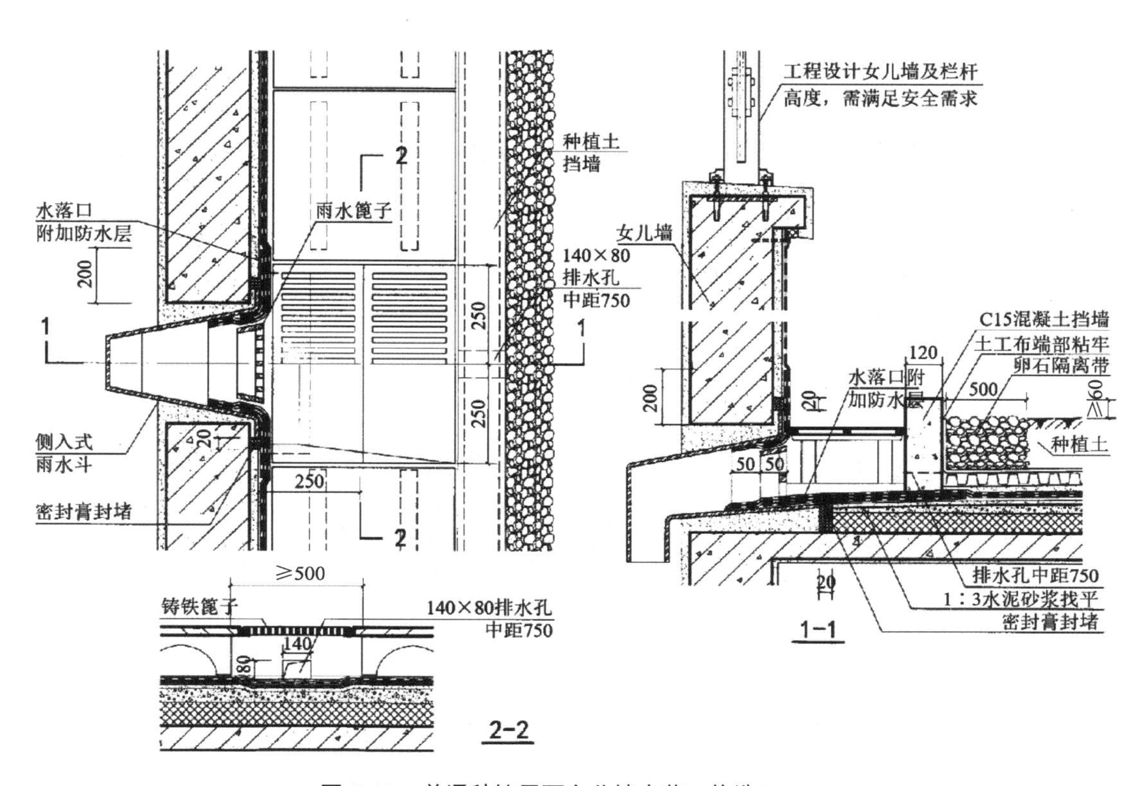

图 5-29　普通种植屋面女儿墙水落口构造(mm)

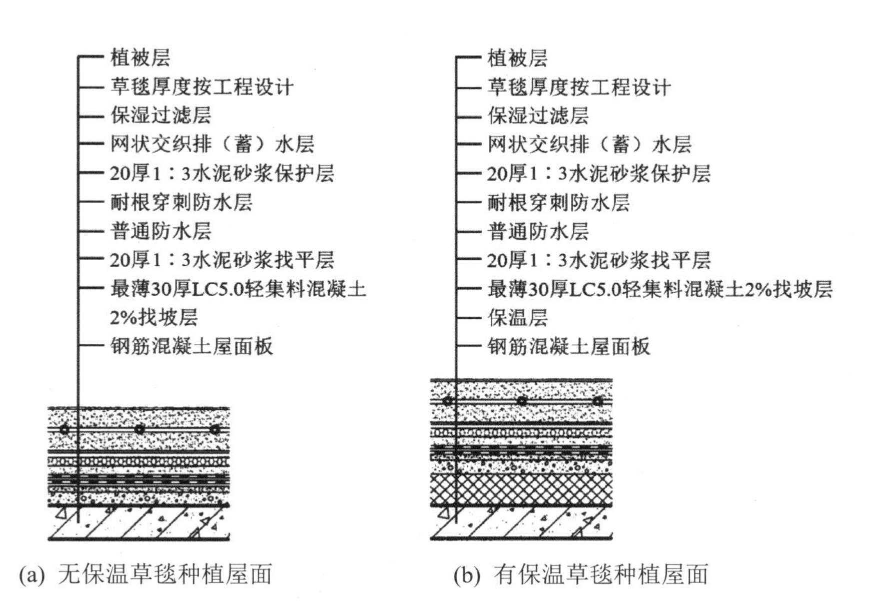

(a) 无保温草毯种植屋面　　(b) 有保温草毯种植屋面

图 5-30　草毯种植屋面基本构造(mm)

5.3 坡屋面构造

坡屋顶根据承重部分不同，主要有传统的木构架屋顶、钢筋混凝土屋架屋顶、钢结构屋架屋顶以及近年来发展起来的膜结构屋顶。

5.3.1 坡屋顶的承重结构

1. 承重结构类型

坡屋顶中常用的承重结构类型有山墙承重、屋架承重和梁架承重，如图 5-31 所示。

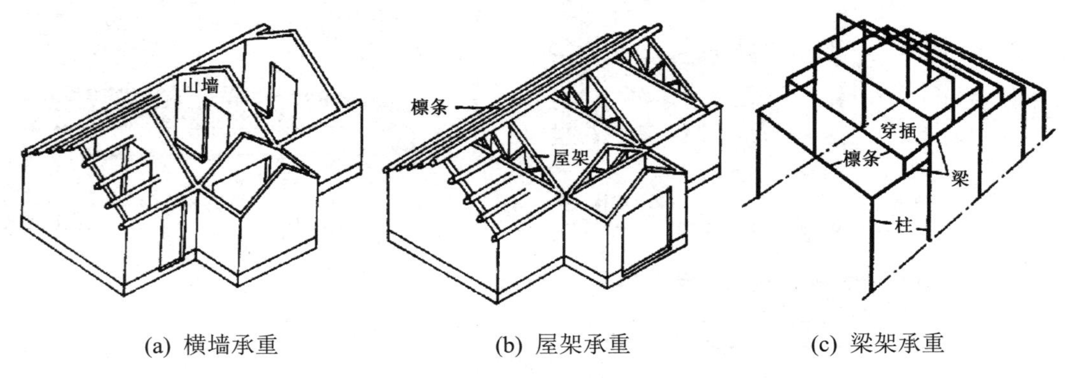

(a) 横墙承重　(b) 屋架承重　(c) 梁架承重

图 5-31 坡屋顶的承重结构类型

1) 山墙承重

山墙指房屋两端的横墙，利用山墙砌成尖顶形状直接搁置檩条以承载屋顶重量，这种结构形式为“山墙承重”或“硬山搁檩”。

山墙到顶直接搁置的优点为做法简单、经济，适合于多数相同开间并列的房屋，如宿舍、办公室等。

2) 屋架承重

一般建筑常采用三角形屋架，用来架设檩条以支承屋面荷载，屋架一般搁置在房屋的纵向外墙或柱墩上，使建筑有一较大的使用空间，多用于要求有较大空间的建筑，如食堂、教学楼等。

为了防止屋架倾斜并加强其稳定性，应在屋架之间设置剪刀撑，常用方木、角钢用螺栓固定在屋架上下弦或中柱上，如图 5-32 所示。

3) 梁架承重

以柱和梁形成梁架来支承檩条，每隔 2～3 根檩条设立一根柱子。梁、柱、檩条把整个房屋形成一个整体骨架，墙只起到围护和分隔作用，不承重，因此这种结构形式有“墙倒屋不塌”之称。

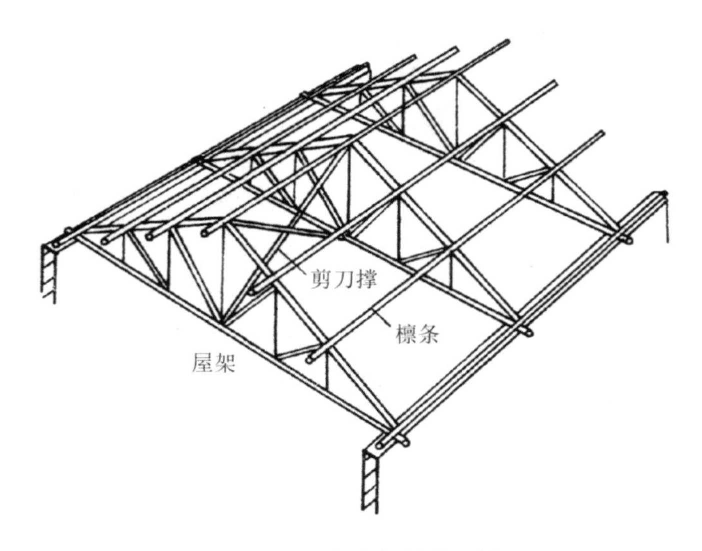

图 5-32 屋架之间的剪刀撑

2. 承重结构构件

1) 屋架

屋架形式常为三角形，由上弦、下弦及腹杆组成，根据材料不同分为木屋架、钢屋架及钢筋混凝土屋架等，如图 5-33 所示。木屋架一般用于跨度不超过 12 m 的建筑，将木屋架中受拉力的下弦及直腹杆件用钢筋或型钢代替，这种屋架称为钢木屋架。钢木组合屋架一般用于跨度不超过 18 m 的建筑；当跨度更大时需采用预应力钢筋混凝土屋架或钢屋架。

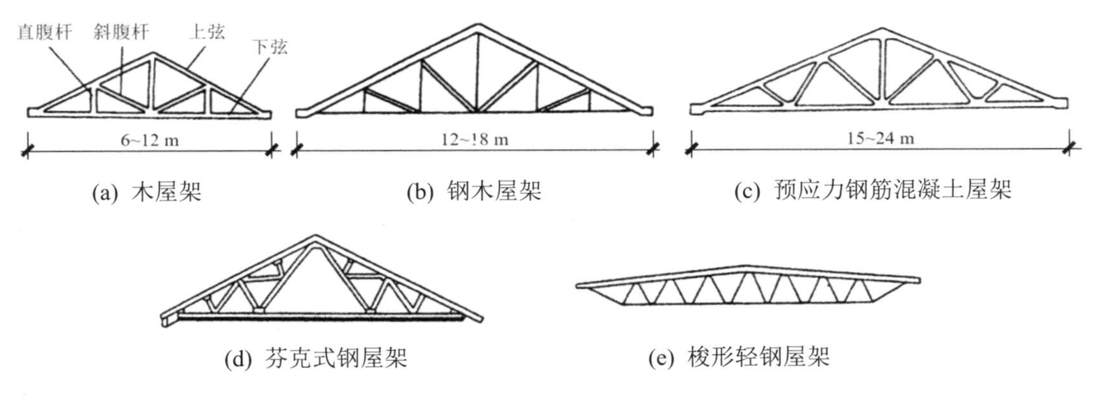

(a) 木屋架　(b) 钢木屋架　(c) 预应力钢筋混凝土屋架

(d) 芬克式钢屋架　(e) 梭形轻钢屋架

图 5-33 屋架形式

2) 檩条

檩条一般用圆木或方木，为了节约木材，也可采用钢筋混凝土或轻钢檩条，檩条的形式如图 5-34 所示。檩条材料的选用一般与屋架所用材料相同，使两者的耐久性接近。

采用木檩条要注意搁置处的防腐处理，一般是在端头涂沥青，同时在搁置点下设混凝土垫块，以便荷载的分布；预制钢筋混凝土檩条的形状有矩形、L 形、T 形等，为了在檩条上钉屋面板，常在上面设置木条，木条断面呈梯形。钢屋架多采用轻钢檩条，形式为冷轧薄壁型钢或是小型角钢与钢筋焊接的平面或空间的桁架式檩条。

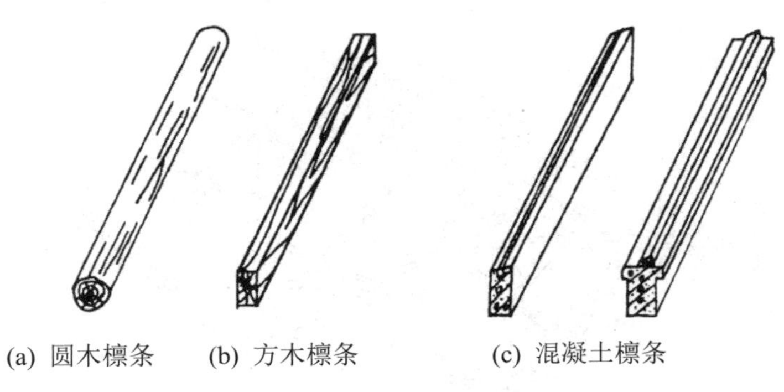

图 5-34 檩条

3. 承重结构布置

房屋平面呈垂直相交处的屋顶结构布置，主要有两种做法：一种是把插入屋顶的檩条搁在原来房屋的檩条上，适用于插入房屋的跨度不大的情况，如图 5-35(a)所示；另一种做法是用斜梁或半屋架，一端搁在转角的墙上，另一端，当中间有墙或柱做支点时可搁置在墙或柱上，无墙或柱可搁时，则支承在中间的屋架上，如图 5-35(b)所示；其他转角与四坡顶端部的屋架布置也按照上述布置原则，如图 5-35(c)、图 5-35(d)所示。总之，坡屋顶承重结构布置主要是指屋架和檩条的布置，其布置方式视屋顶形式而定。

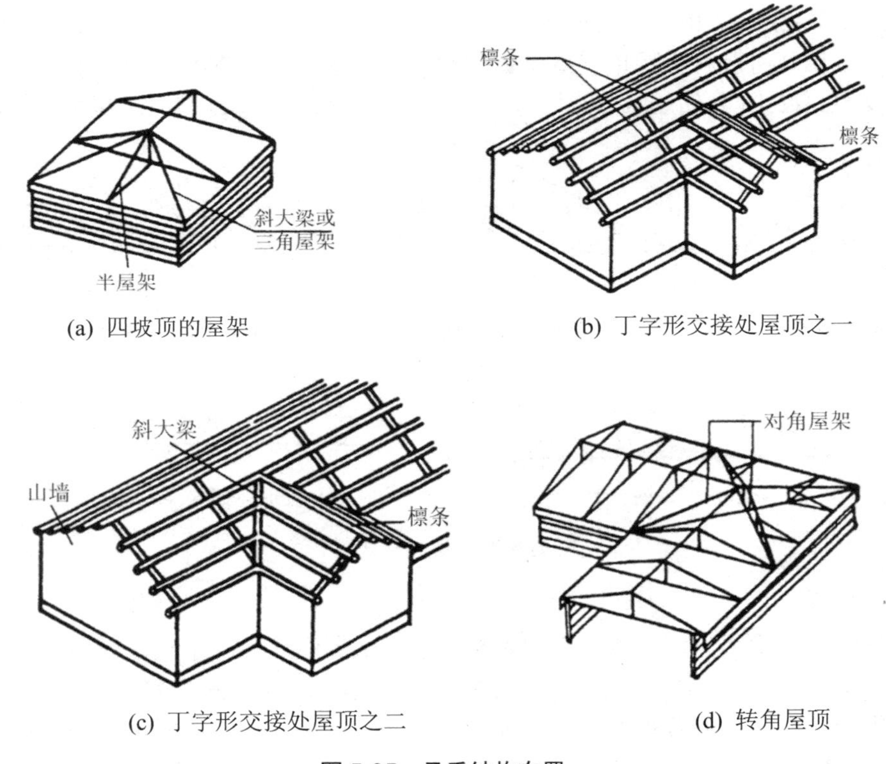

图 5-35 承重结构布置

5.3.2 坡屋面构造

坡屋顶是在承重结构上设置保温、防水等构造层，一般是利用各种瓦材，如平瓦、波形瓦、小青瓦等作为屋面防水材料，近些年来还有不少采用金属瓦屋面、彩色压型钢板屋面等。

1. 平瓦屋面

平瓦外形是根据排水要求而设计的，瓦的规格尺寸为(380～420)mm×(230～250)mm×(20～25)mm，如图 5-36(a)所示，瓦下装有挂钩，可以挂在挂瓦条上，防止下滑，中间有突出物穿有小孔，风大的地区可以用铁丝扎在挂瓦条上。屋脊部位需采用专用的脊瓦盖缝，如图 5-36(b)所示。

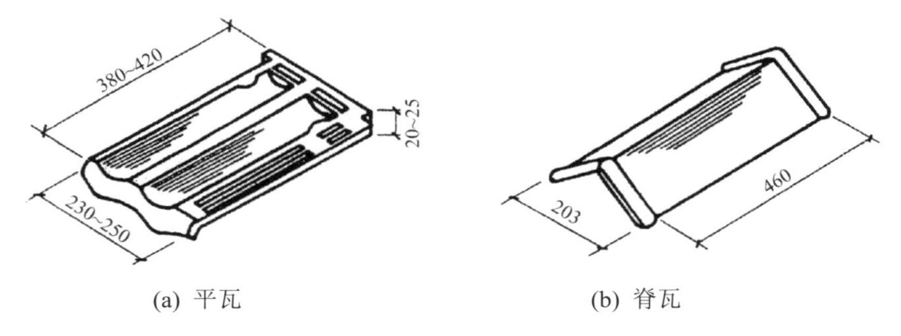

图 5-36 平瓦与脊瓦(mm)

1) 平瓦屋面基本构造

(1) 屋面基本类型。平瓦屋顶根据基层的不同有冷摊瓦屋面、木望板瓦屋面和钢筋混凝土板瓦屋面三种做法。

① 冷摊瓦屋面。平瓦屋面最简单的做法，俗称冷摊瓦屋面，即在檩条上钉椽条，然后在椽条上钉挂瓦条并直接挂瓦，不设置屋面板，如图 5-37 所示。挂瓦条的尺寸视椽子间距而定，椽子间距越大，挂瓦条的尺寸就越大。这种做法构造简单，但雨雪易从瓦缝中飘入室内，通常用于南方地区质量要求不高的建筑。

② 木望板瓦屋面。木望板瓦屋面如图 5-38 所示，它是在檩条上铺钉 15～20 mm 厚的木望板(也称屋面板)，木望板可采取密铺法(不留缝)或稀铺法(望板间留 20mm 左右宽的缝)，在木望板上铺设保温材料，在平行于屋脊方向铺卷材(平铺一层油毡)，在油毡上顺着屋面水流方向钉截面尺寸为 10mm×30mm、中距为 500 mm 的顺水条，然后在顺水条上面设挂瓦条并挂瓦，挂瓦条的断面与冷摊屋面相同。木望板瓦屋面的防水、保温隔热效果较好，但耗用木材多、造价高，多用于质量要求较高的建筑中。

③ 钢筋混凝土板瓦屋面。钢筋混凝土板瓦屋面如图 5-39 所示，主要是为了满足防火或造型等的需要，其做法是在预制钢筋混凝土空心板或现浇平板上面盖瓦。盖瓦的方式有两种：一种是在找平层上铺油毡一层，将压毡条(也称顺水条)钉在嵌在板缝内的木楔上，再钉挂瓦条挂瓦；另一种是在屋面板上直接粉刷防水水泥砂浆并贴瓦。在仿古建筑中也常常采用钢筋混凝土板瓦屋面。

除木条挂瓦外，还可以利用钢筋混凝土板自身实现挂瓦作用。钢筋混凝土挂瓦板为预应力或非预应力混凝土构件，是将檩条、望板、挂瓦条三个构件的功能结合为一体。钢筋混凝土挂瓦板基本截面形式有单 T 形、双 T 形、F 形，在肋根部留泄水孔，以便排除由瓦面渗漏下的雨水，如图 5-40 所示。挂瓦板与山墙或屋架的构造连接，用水泥砂浆坐浆，预埋钢筋套接。

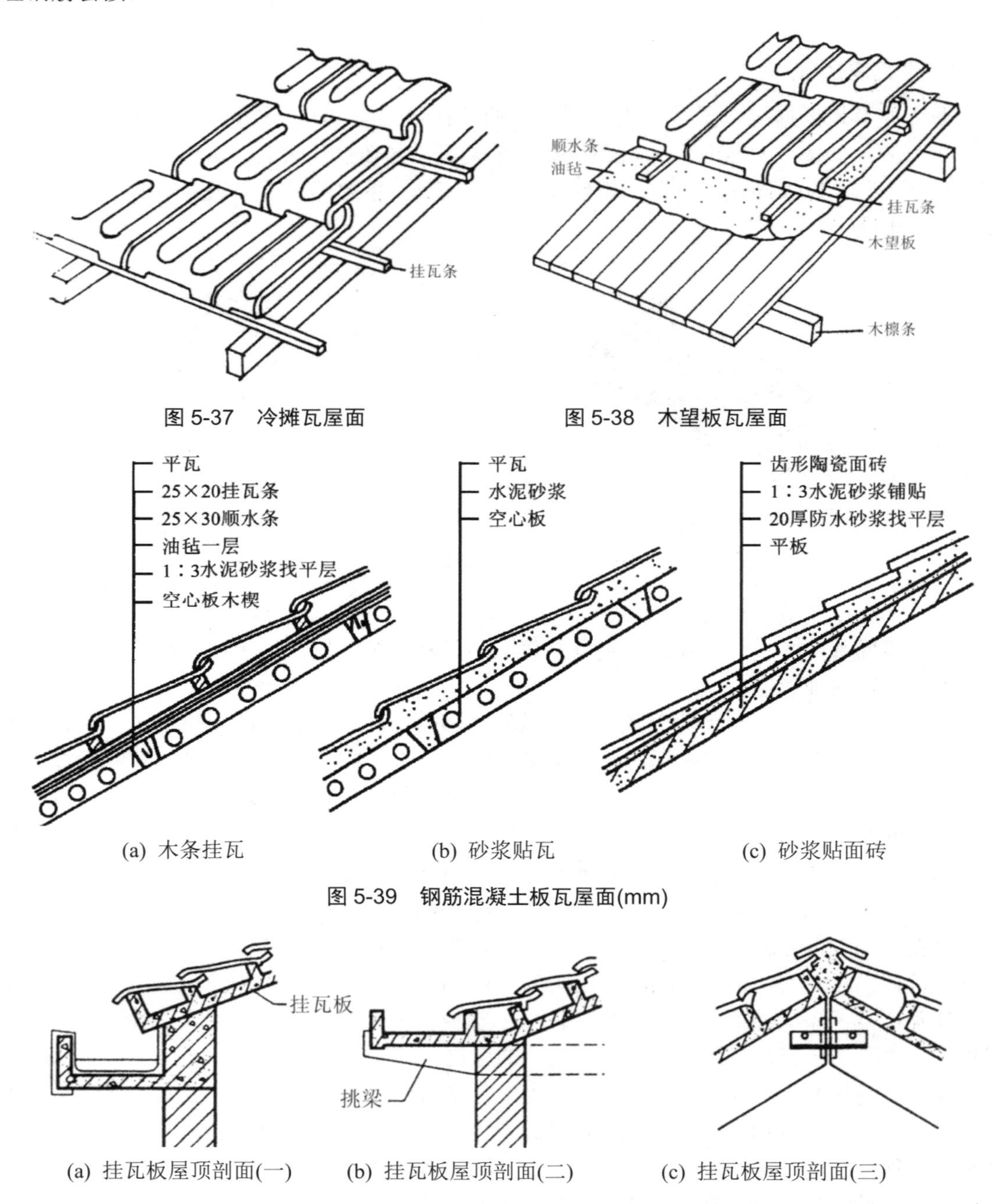

图 5-37　冷摊瓦屋面

图 5-38　木望板瓦屋面

(a) 木条挂瓦　(b) 砂浆贴瓦　(c) 砂浆贴面砖

图 5-39　钢筋混凝土板瓦屋面(mm)

(a) 挂瓦板屋顶剖面(一)　(b) 挂瓦板屋顶剖面(二)　(c) 挂瓦板屋顶剖面(三)

图 5-40　钢筋混凝土挂瓦板屋顶剖面及挂瓦板截面形式

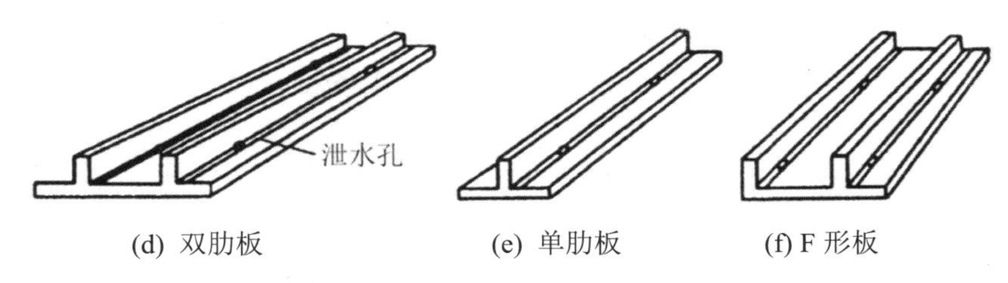

(d) 双肋板　(e) 单肋板　(f) F 形板

图 5-40　钢筋混凝土挂瓦板屋顶剖面及挂瓦板截面形式(续)

(2) 防水层及防水垫层。平瓦包括混凝土瓦、S 瓦、J 瓦、石板瓦等。瓦屋面防水等级和防水做法应符合规范要求，如表 5-10 所示。

表 5-10　瓦屋面防水等级和防水做法

防水等级	防水做法	设计使用年限
I 级	瓦 + 防水层	≥20 年
II 级	瓦 + 防水垫层	≥10 年

屋面搭接的瓦材作为屋面的一道防水设防，起到防水的作用。防水层需要满足相应材料的厚度要求。防水垫层是设置在瓦材或金属板材下面的防水材料，是起防水、防潮作用的构造层。防水垫层表面应具有防滑性能或采取防滑措施，应采用沥青类防水垫层、高分子类防水垫层、防水卷材和防水涂料，宜采用自粘聚合物沥青防水垫层、聚合物改性沥青防水垫层。为满足防水要求其最小厚度和搭接宽度应符合规范要求，如表 5-11 所示。

表 5-11　防水垫层的最小厚度和搭接宽度

单位：mm

防水垫层品种	最小厚度	搭接宽度
自粘聚合物沥青防水垫层	1.0	80
聚合物改性沥青防水垫层	2.0	100

防水垫层铺设在瓦材和屋面板之间时，屋面应为内保温隔热构造，如图 5-41(a)所示；铺设在持钉层和保温隔热层之间时，应在防水垫层上铺设配筋细石混凝土持钉层，如图 5-41(b)所示；铺设在保温隔热层和屋面板之间时，瓦材应固定在配筋细石混凝土持钉层上，如图 5-41(c)所示。

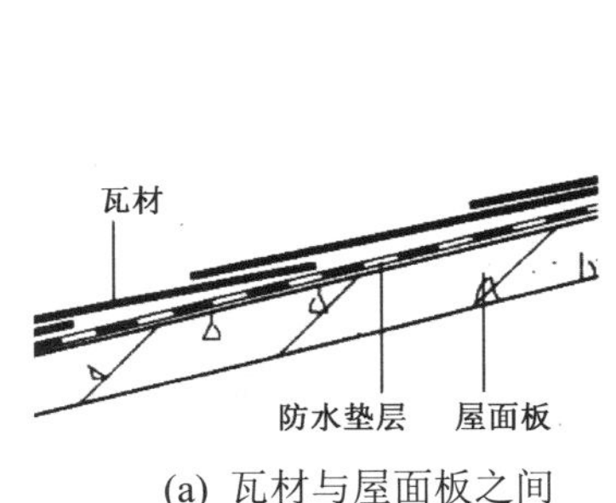

(a) 瓦材与屋面板之间

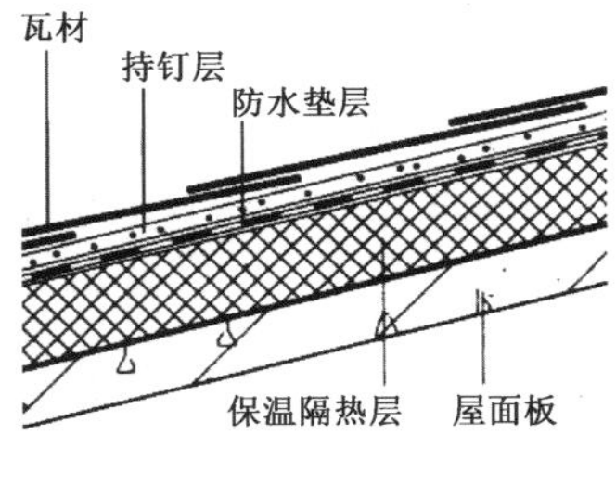

(b) 持钉层与保温隔热层之间

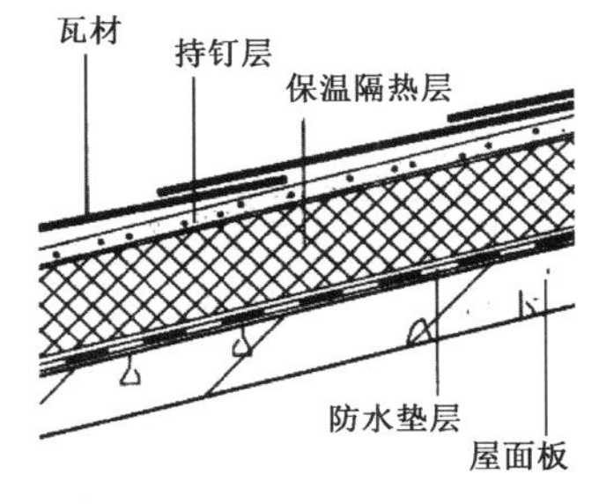

(c) 保温隔热层与屋面板之间

图 5-41　防水垫层位置

铺设在木望板上的防水卷材应垂直屋脊铺设。垂直于屋脊的卷材搭接缝应顺年最大频率风向搭接。铺设在木望板上的防水垫层一般先用顺水条将卷材钉压在木望板上，木顺水条间距 500 mm；当有挂瓦条时，挂瓦条应铺钉平整、牢固。位于大风区域檐口部位的防水垫层应采用自粘沥青防水垫层加强，宽度不应小于 1000 mm。

(3) 持钉层。持钉层是瓦屋面中能够握裹固定钉子的构造层次，如细石混凝土层和屋面板等。持钉层根据材料不同，厚度应满足规范要求，如表 5-12 所示。

表 5-12　持钉层最小厚度

单位：mm

持钉层材料	木板	胶合板或定向刨花板	结构用胶合板	细石混凝土
最小厚度	20	11	9.5	35

挂瓦条、顺水条与钢筋混凝土基层固定时，挂瓦条固定在顺水条(30 mm×30 mm)上，顺水条钉牢在持钉层上。当支承垫板不设顺水条时，可以将挂瓦条和支承垫板直接钉在 40 mm 厚配筋细石混凝土找平层上。

2)　平瓦屋面细部构造

平瓦屋面要满足防水的需要，应做好檐口、檐沟和天沟、山墙和女儿墙等部位细部处理。

(1) 檐口。檐口根据造型要求，一般做成挑檐或包檐。

①　挑檐。挑檐是屋面出挑部分，对外墙起保护作用。一般南方雨水较多，出挑较大，北方雨水较少，出挑可以小一些。若出挑较小，可以用纵墙的砖做挑檐，如图 5-42(a)所示，每次两皮砖高约 120mm 出挑 60mm，一般出挑长度不大于 1/2 墙厚。出挑较大者可以采用木料挑檐，通常分为以下几种情况：用屋面板出挑檐口，由于屋面板较薄(一般为 15～20mm)，出挑长度不宜大于 300mm，如图 5-42(b)所示；若能在横墙中砌入的挑檐木(或利用屋架托木)，挑檐木的端头与屋面板和封檐板结合，则挑檐可较硬朗，出挑长度可适当加大，挑檐木要注意防腐，压入墙内要大于出挑长度的两倍，如图 5-42(c)所示；在檐墙外面的檐口下加一檩条，利用屋架下弦的托木或在横墙中加一挑檐木(或钢筋混凝土挑梁)作为檐檩的支托，檐檩与檐墙上的游檐木之间的距离要大于其他檩条之间的距离，如图 5-42(d)所示；利用已有椽子出挑，出挑尺寸视椽子尺寸计算确定，如图 5-42(e)所示；在采用檩条承重的屋顶檐边另加椽子挑出作为檐口的支托，出挑尺寸视椽子尺寸计算确定，如图 5-42(f)所示。

屋面檐口部位应增设防水垫层附加层。严寒地区或大风区域，由于对屋面影响较大，应采用自粘聚合物沥青防水垫层加强，下翻宽度不应小于 100 mm，屋面铺设宽度不应小于 900 mm。金属泛水板应铺设在防水垫层的附加层上，并深入檐口内，其上应铺设防水垫层如图 5-43 所示。

②　包檐。女儿墙包檐口构造如图 5-44 所示，在屋架与女儿墙相接处必须设天沟。天沟最好采用混凝土槽形天沟板，沟内铺油毡防水层，并将油毡一直铺到女儿墙上形成泛水。

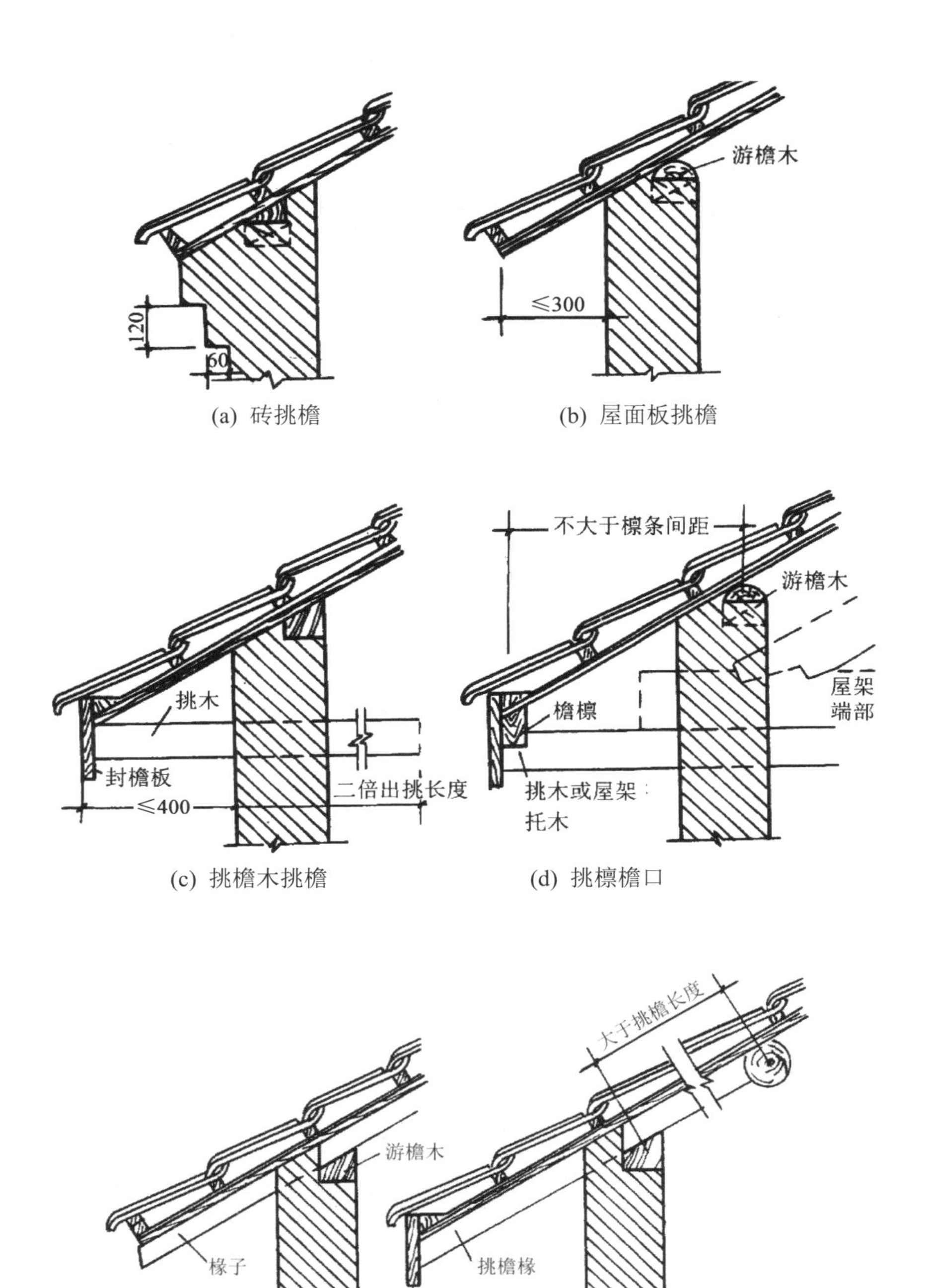

(a) 砖挑檐　(b) 屋面板挑檐

(c) 挑檐木挑檐　(d) 挑檩檐口

(e) 挑椽檐口　(f) 檩式屋顶加挑椽檐口

图 5-42　平瓦屋顶挑檐

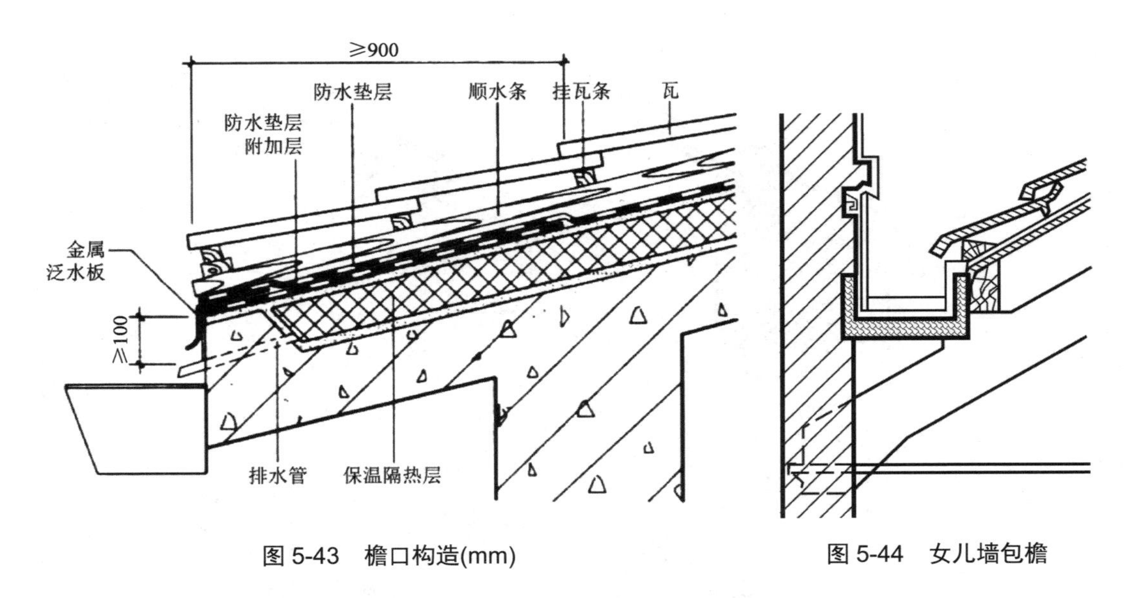

图 5-43　檐口构造(mm)　　　　图 5-44　女儿墙包檐

(2) 檐沟和天沟。

① 檐沟。瓦屋顶的排水设计原则与平屋顶基本相同，所不同的是挑檐有组织排水时的檐沟多采用轻质并耐水的材料，如镀锌铁皮等。排水檐沟可以利用封檐板做支承，平瓦在檐口处应挑出封檐板约 40～60 mm，防水卷材要绕过三角木搭入檐沟内，如图 5-45 所示。

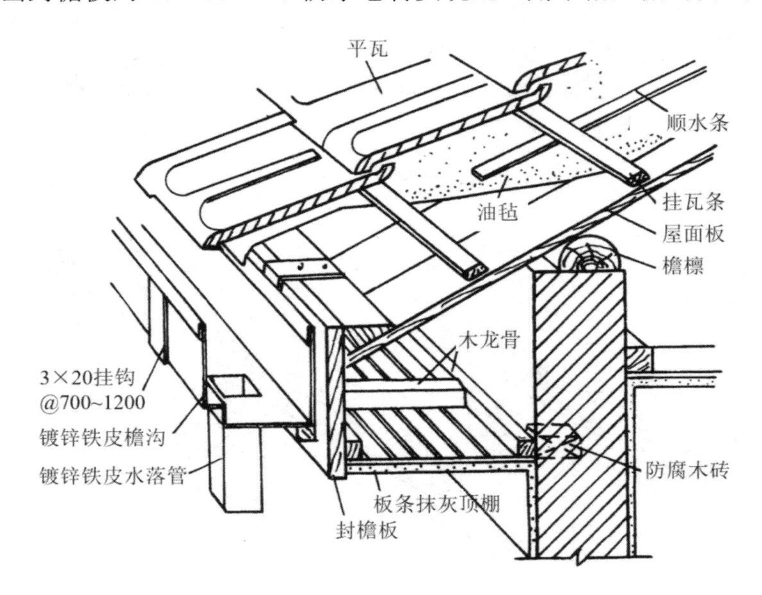

图 5-45　檐沟构造(mm)

烧结瓦、混凝土瓦屋面檐沟和天沟防水层下应增设附加层，附加层伸入屋面的宽度不应小于 500 mm；防水层伸入瓦内的宽度不应小于 150 mm，并应与屋面防水层或防水垫层顺流水方向搭接；烧结瓦、混凝土瓦伸入檐沟、天沟内的长度宜为 50～70 mm，如图 5-46 所示。

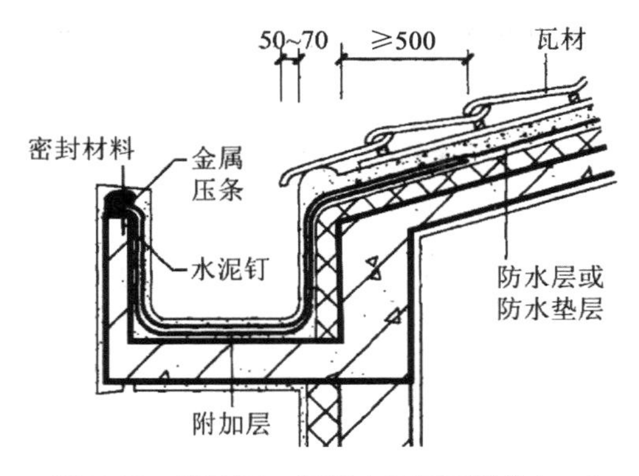

图 5-46 烧结瓦、混凝土瓦屋面檐沟(mm)

② 天沟和斜沟。在等高跨或高低跨相交处，常常出现天沟，而两个相互垂直的屋面相交处则形成斜沟。沟应有足够的断面积，上口宽度不宜小于 300～500mm，一般用镀锌铁皮铺于木基层上，镀锌铁皮伸入瓦片下面至少 150mm。高低跨和包檐天沟若采用镀锌铁皮防水层时，应从天沟内延伸至立墙(女儿墙)上形成泛水。天沟及斜沟构造如图 5-47 所示。

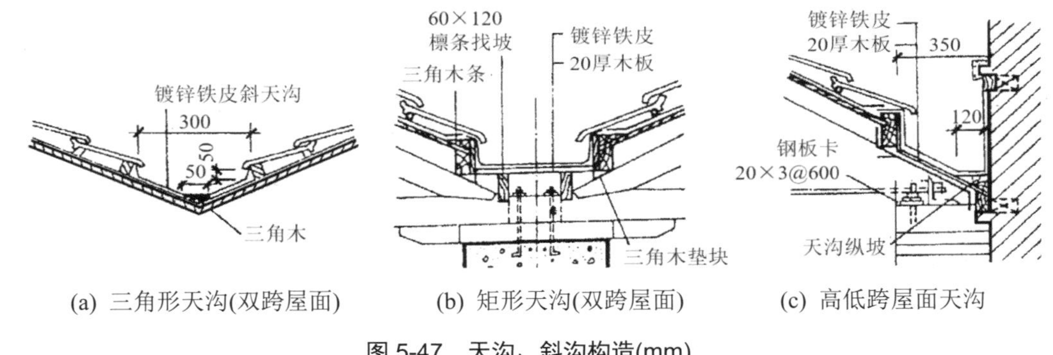

(a) 三角形天沟(双跨屋面)　(b) 矩形天沟(双跨屋面)　(c) 高低跨屋面天沟

图 5-47 天沟、斜沟构造(mm)

天沟部位构造设计时应沿天沟中心线增设防水垫层附加层，宽度不应小于 1000 mm；铺设防水垫层和瓦材应顺流水方向进行，如图 5-48 所示。

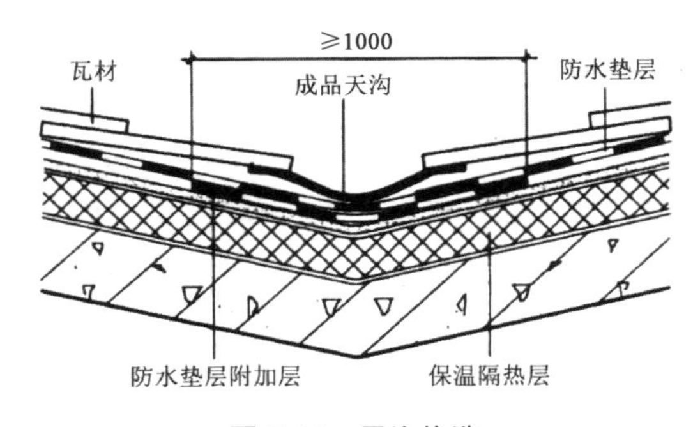

图 5-48 天沟构造

(3) 山墙和女儿墙。山墙檐口按屋顶形式分为挑檐和封檐两种。

① 山墙挑檐也称悬山，一般用檩条出挑，檩条端部钉木封檐板(又称博风板)，用水泥

砂浆做出披水线，将瓦封固。山墙挑檐构造如图 5-49 所示。

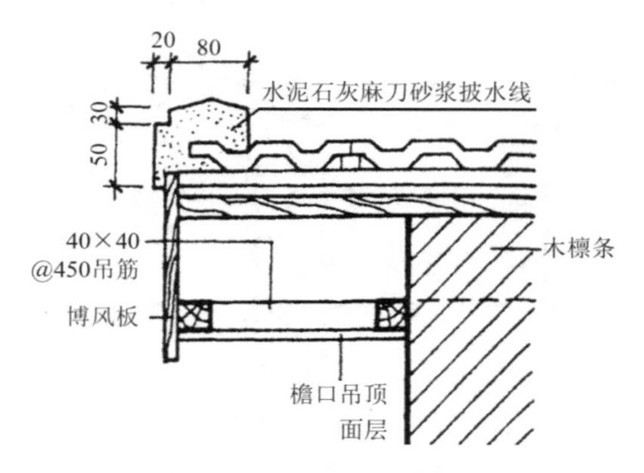

图 5-49　山墙挑檐构造(mm)

② 山墙封檐包括硬山、出山两种情况，出山是指将山墙高出屋面包住檐口，女儿墙与屋面交接处应做泛水处理。女儿墙顶应做压顶，以保护泛水。出山封檐构造如图 5-50 所示；硬山做法为山墙与屋面平齐，或挑出一二皮砖，用水泥砂浆抹压边瓦出线，硬山封檐构造如图 5-51 所示。

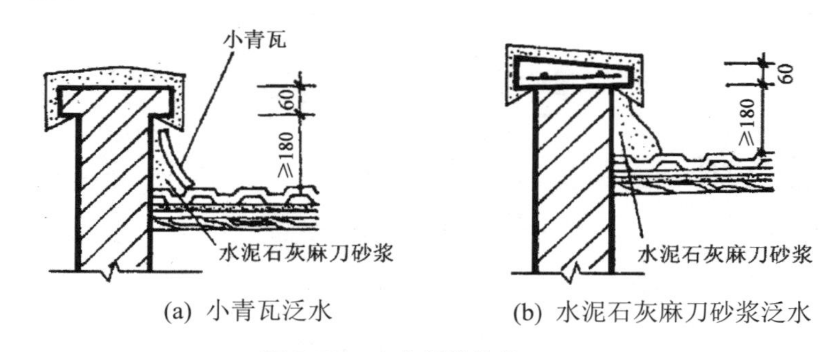

(a) 小青瓦泛水　　(b) 水泥石灰麻刀砂浆泛水

图 5-50　出山封檐构造(mm)

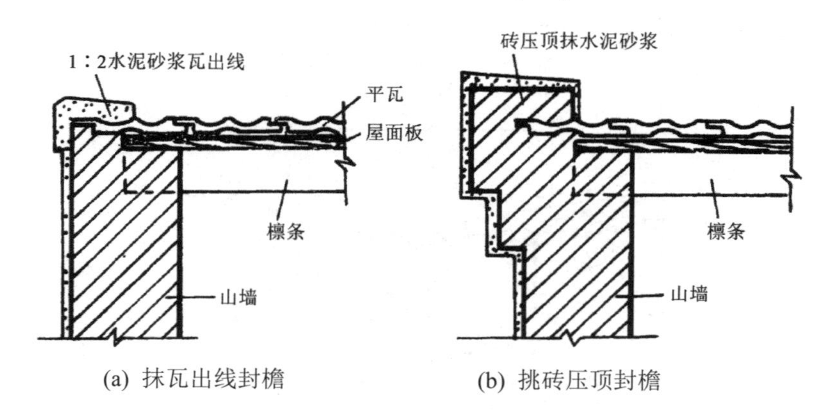

(a) 抹瓦出线封檐　　(b) 挑砖压顶封檐

图 5-51　硬山封檐构造

山墙压顶可以采用混凝土或金属制品。压顶应当向内排水，坡度不应小于 5%，压顶内侧下端应作滴水处理。山墙泛水处的防水层下应增设附加层，其在平面和立面的宽度均不应小于 250 mm。烧结瓦、混凝土挖屋面山墙泛水应采用聚合物水泥砂浆抹成，侧面瓦伸入泛水的宽度应不小于 50 mm，如图 5-52 所示。

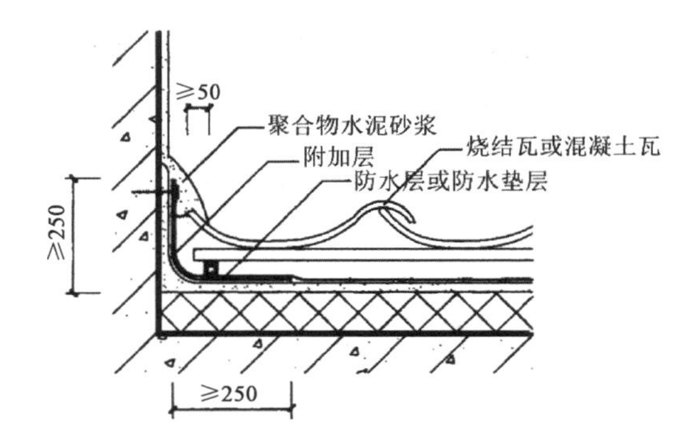

图 5-52 烧结瓦、混凝土瓦屋面山墙构造

③ 女儿墙。女儿墙防水构造类似山墙部分出山封檐构造做法。女儿墙压顶可采用混凝土或金属制品。压顶向内排水坡度不应小于 5%，压顶内侧下端应作滴水处理。女儿墙泛水处的防水层下应增设附加层，附加层在平面和里面的宽度均应不小于 250 mm，阴角部位应增设防水垫层附加层。低女儿墙泛水处的防水层可以直接铺贴或涂刷至压顶下，卷材手头应用金属压条钉压固定，并应用密封材料封严，涂膜收头应用防水涂料多遍涂刷，如图 5-53(a)所示。高女儿墙泛水处的防水层泛水高度不应小于 250 mm，泛水上部的墙体应作防水处理，如图 5-53(b)所示。女儿墙泛水处的防水层表面，宜采用涂刷浅色涂料或浇注细石混凝土保护。

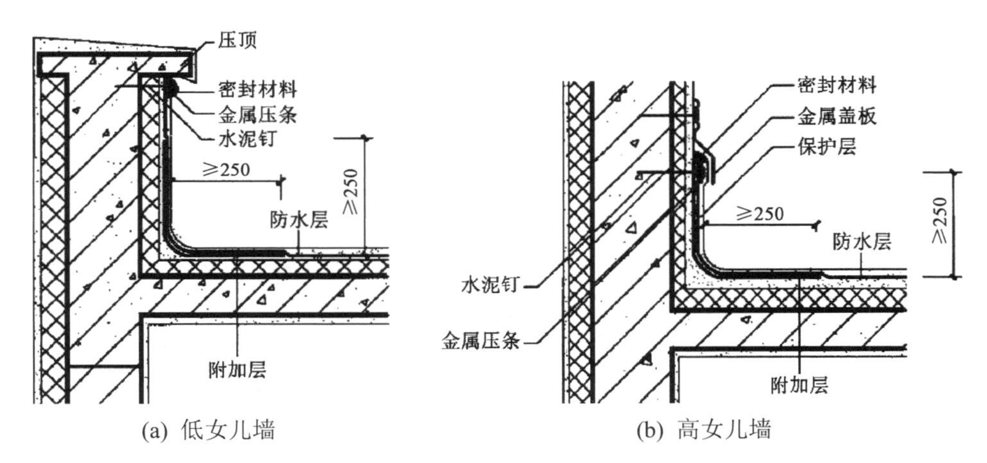

图 5-53 女儿墙构造

2. 金属板屋面

金属屋面是指采用金属板材作为屋盖材料，将结构层和防水层合二为一的屋盖形式，屋面坡度不应小于 5%。金属板屋面的板材主要包括压型金属板和金属面绝热夹芯板。压型金属板屋面适用于防水等级为 I 级和 II 级的坡屋面。金属面绝热夹芯板屋面适用于防水等级为 II 级的坡屋面。

压型金属板材的种类很多，有镀层钢板、涂层钢板、铝合金板、不锈钢板和钛锌板等，厚度一般为 0.4～1.5mm，板的表面一般进行涂装处理。根据材质及涂层质量的不同，有板材的寿命可达 50 年以上。有涂层的金属板其正面图层不应低于两层，反面涂层应为一层或两层。与屋面金属板直接连接的附件、配件的材质不得对金属板及其涂层造成腐蚀。

1) 金属板屋面防水

金属板屋面防水等级和防水做法需符合规范要求(见表 5-13)。

表 5-13 金属板屋面防水等级和防水做法

防水等级	防水做法
I 级	压型金属板 ＋ 防水垫层
II 级	压型金属板、金属面绝热夹芯板

注：① 当防水等级为 I 级时，压型铝合金板基板厚度不应小于 0.9 mm；压型钢板基板厚度不应小于 0.6 mm；

② 当防水等级为 I 级时，压型金属板应采用 360° 咬口锁边连接方式；

③ 在 I 级屋面防水做法中，仅作压型金属板时，应符合《金属压型板应用技术规范》等相关技术规定。

引自：《屋面工程技术规范》(GB 50345—2012)。

2) 彩色压型钢板屋面

彩色压型钢板屋面简称彩板屋面，是近十多年来在大跨度建筑中广泛采用的高效能屋面，不仅自重轻、强度高，而且安装方便。彩板的连接主要采用螺栓连接，不受季节气候的影响。彩板色彩绚丽，质感好，大大增强了建筑的艺术效果。彩板除用于平直坡面的屋顶外，还可根据造型与结构的形式需要，在曲面屋顶上使用。根据彩色压型钢板的功能构造分为单层彩色压型钢板和保温夹心彩色压型钢板。

(1) 单层彩色压型钢板屋面。

单层彩色压型钢板(单彩板)只有一层薄钢板，用它做屋面时必须在室内一侧另设保温层。单彩板根据断面形式不同，分为波形板、梯形板、带肋梯形板。波形板和梯形板的力学性能不够理想，在梯形板的上下翼和腹板上增加纵向凹凸槽形成纵向肋，起加劲肋的作用，同时再增加横向肋，在纵横两个方向都有加劲肋，提高了彩板的强度和刚度。

单彩板屋面是将彩色压型钢板直接支承于檩条上，檩条一般为槽钢、工字钢或轻钢檩条。檩条间距视屋顶板型号而定，一般为 1.5～3.0 m。屋顶板的坡度大小与降雨量、板型、拼缝方式有关，一般不小于 3° 。

屋面板与檩条的连接采用各种螺钉、螺栓等紧固件，把单彩板固定在檩条上。螺钉一般在单彩板的波峰上。当单彩板波高超过 35 mm 时，单彩板先应连接在铁架上，铁架再与檩条相连接，单彩板屋面构造，如图 5-54 所示。采用不锈钢连接螺钉不易被腐蚀，钉帽均要用带橡胶垫的不锈钢垫圈，防止钉孔处渗水。

压型钢板的连接方式是用连接件或紧固件固定在檩条或墙梁上，如图 5-55 所示。纵向搭接应位于檩条或墙梁处，两块板均应伸至支承构件上。搭接长度高波屋面板为 350 mm；屋面坡度≤10%的低波屋面板为 250 mm，屋面坡度＞10%的低波屋面板为 200 mm。横向搭接方向宜与主导风向一致，搭接不小于一个波。搭接部位设通畅密封胶带。

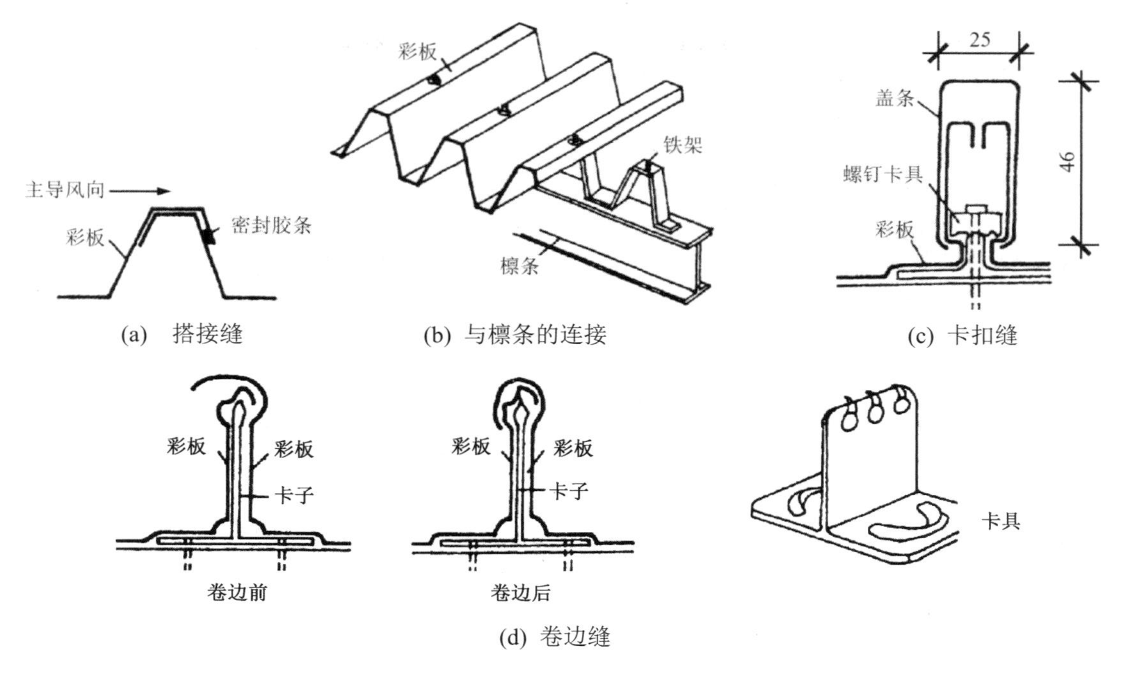

(a) 搭接缝　(b) 与檩条的连接　(c) 卡扣缝

(d) 卷边缝

图 5-54　单彩板屋面构件

(2) 彩色夹芯板屋面。

彩钢夹芯板是由两层彩色涂层钢板为表层，硬质阻燃自熄型聚氨酯泡沫(或聚苯乙烯泡沫等)为芯材，通过加压加热固化制成的夹芯板，是具有保温、体轻、防水、装饰、承力等多种功能的高效结构材料，主要适用于公共建筑、工业厂房的屋顶。

保温夹芯板屋面坡度为 1/6～1/20，在腐蚀环境中屋面坡度应≥1/12。在运输、吊装许可的条件下，应采用较长尺寸的夹芯板，以减少接缝，防止渗漏和提高保温性能，但一般不宜大于 12 m。檩条与保温夹芯板的连接，在一般情况下，应使每块板至少有三个支承檩条，以保证屋面板不发生翘曲。

有骨架的轻型钢结构房屋采用紧固件或连接件将夹芯板固定在檩条或墙梁上；无骨架的小型房屋可通过连接件将夹芯板组合成型，成为板自重的盒子式组合房屋。夹芯板屋面的纵向搭接应位于檩条处，两块板均应伸至支承构件上，每块板制作长度不小于 50 mm，因此搭接处应改用双檩或檩条一侧加焊通长角钢，如图 5-56 所示。对于纵向搭接，当彩色夹芯板屋面坡度≥10%时，搭接长度为 200 mm，屋面坡度＜10%时为 250 mm。夹芯板屋面的横向连接为搭接，其搭接方向宜与主导风向一致，顺应流水方向。

彩色夹芯板屋面在构造设计中应做好屋脊、檐口和檐沟、山墙和女儿墙等细部处理。

① 屋脊：首先，沿屋脊线在相邻两檩条上铺托脊板，在托脊板上放置屋面板，将屋面板、托脊板、檩条用螺栓固定；其次，向两坡屋面板沿屋脊形成的凹型空间内填塞聚氨酯泡沫，再在两坡屋面板端头粘好聚乙烯泡沫堵头；最后再用拉铆钉将屋脊盖板、挡水板固定，并加通长胶带，如图 5-57(a)所示。

② 檐口和檐沟：沿夹芯板端头，铺设封檐板并固定，如图 5-57(b)所示。屋面板在檐沟端头设檐口堵头板，并在与墙体衔接的部位通过通长密封条封堵，如图 5-57(c)所示。

③ 山墙和女儿墙：屋面板与山墙相接处沿墙采用通长轻质聚氨酯泡沫或现浇聚氨酯发泡密封，屋面板外侧与山墙顶部用包角板统一封包，包角板顶部向屋面一侧设 2%坡度，构造如图 5-57(d)所示。

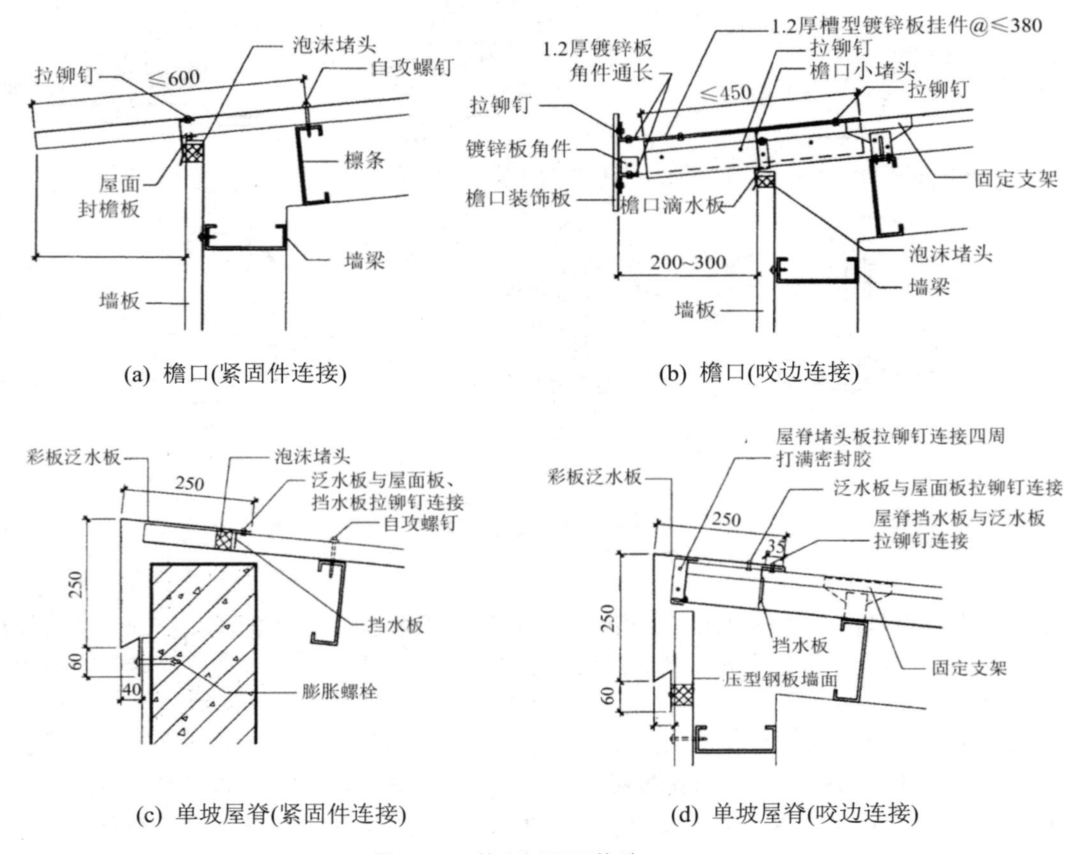

图 5-55 单彩板屋面构造(mm)

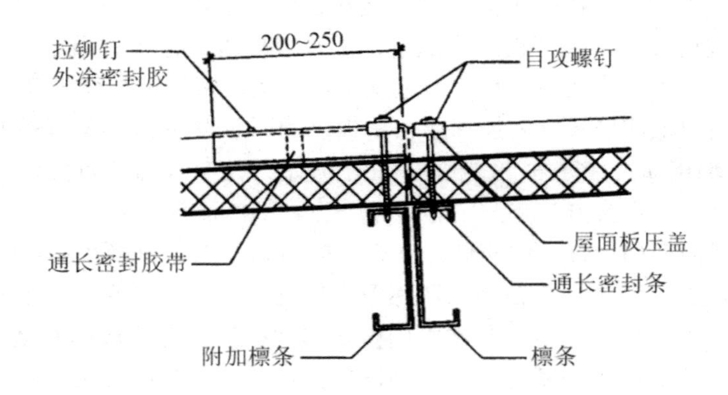

图 5-56 彩色夹芯板屋面纵向连接构造(mm)

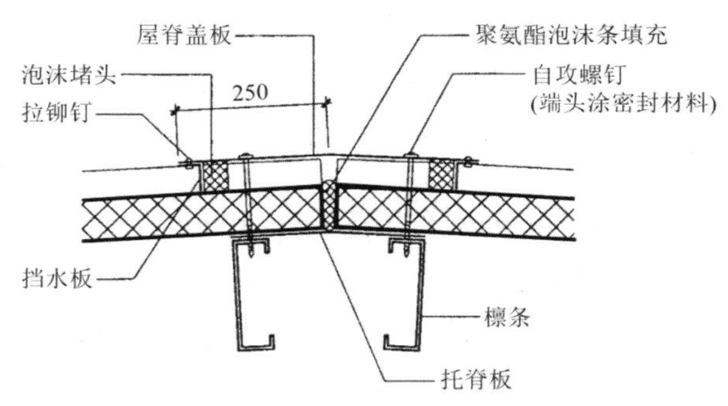

(a) 屋脊构造

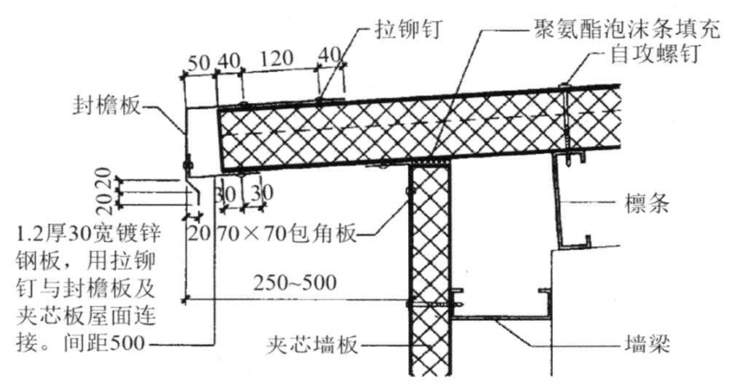

(b) 檐口构造

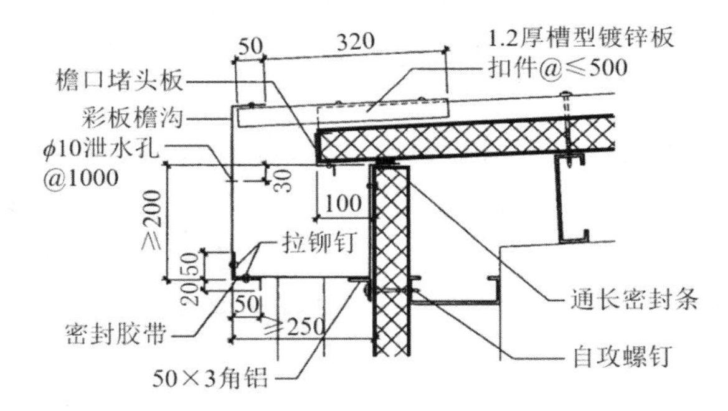

(c) 檐沟构造

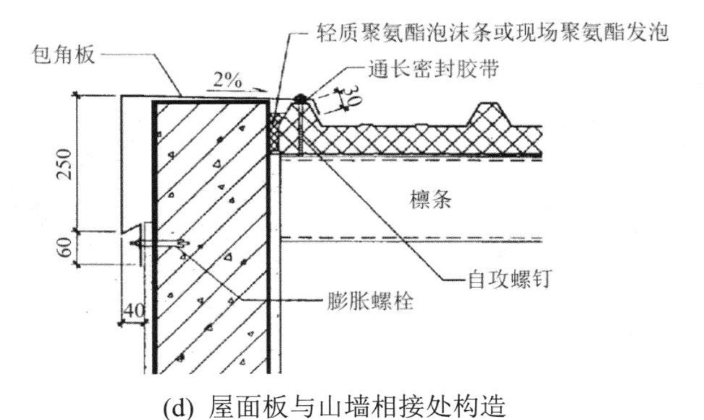

(d) 屋面板与山墙相接处构造

图 5-57 彩色夹芯板屋面构造(mm)

(3) 金属瓦屋面

金属屋面是由金属面板与支承体系组成，不分担主体结构所受作用且与水平方向夹角小于 75° 的建筑围护结构。金属屋面具有功能性强、结构轻巧简洁、施工灵活、安装周期短、经济性较好等特点。

金属瓦是一种以金属为基础材料制作而成的材料，以金属代替传统的琉璃瓦、陶土瓦、水泥瓦、树脂瓦以及沥青瓦等，是一种新型的建筑外部装饰材料。金属瓦材质主要是以防腐性能优异的镀铝锌钢板为基板，以耐候性极强的丙烯酸树脂为粘合剂，以彩色天然砂砾为面层的新型环保高级屋面材料。其防火阻燃、自重轻、稳定性高、施工简便、可回收利用，包括镀铝锌瓦、不锈钢瓦、铝镁锌瓦、钛锌瓦等。金属的可塑性高，能够适应各种复杂的屋面情况，可以解决传统材料不能实现的异形结构。

5.3.3 坡屋顶保温与隔热

1. 坡屋顶保温构造

坡屋顶的保温隔热材料可设置在屋面基层间，或结构板下方吊顶棚内。

1) 位于屋面基层间

坡屋顶的保温层一般布置在顶棚层上面，可放置在檩条之间或钉在檩条下方。檩条之间多用松散材料，当保温隔热材料放置在檩条之间时，檩条往往形成冷桥。近来多采用松质纤维板或纤维毯成品板材铺设在顶棚上的檩条下方。为了使用上部空间，也有把保温层设置在斜屋顶的底层，通风口还是设在檐口及屋脊，如图 5-58 所示。隔汽层和保温层可共用通风口。当坡屋面较大时，保温层应采取防滑措施。

2) 位于吊顶棚内

保温隔热材料铺在吊顶棚内时，如采用板状或块状材料可直接搁在顶棚格栅上，格栅间距视板材、块材尺寸而定。如采用松散材料，那么应先在顶棚格栅上铺板，再将保温材料放在板上。如采用重质松散材料(如炉渣、石灰、木屑等)，那么主格栅的间距一般不应大于 15 m，顶棚格栅支承在主格栅的梁肩上，主格栅与屋架下弦之间应保持约 150 mm 的空隙，以保证屋顶层通风良好。

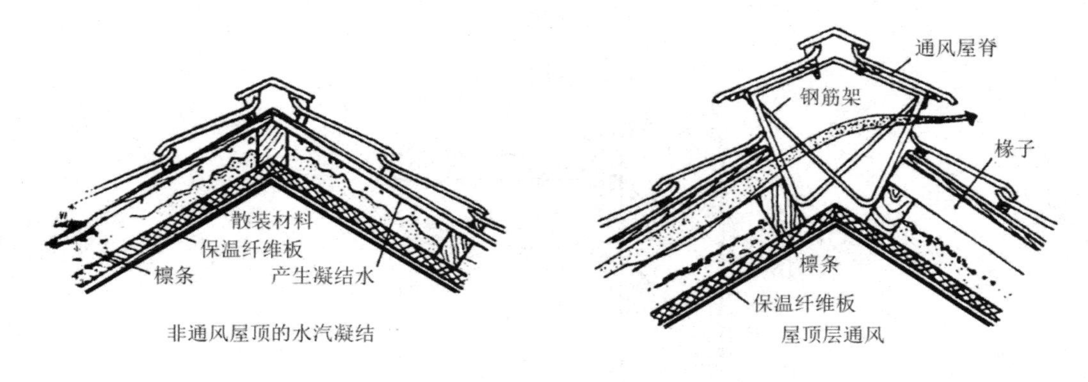

图 5-58 屋脊通风

2. 坡屋顶隔热构造

炎热地区在坡屋顶中设进气口和排气口，利用屋顶内外的热压差和迎风面的压力差，组织空气对流，形成屋顶内的自然通风，以减少由屋顶传入室内的辐射热，从而达到隔热降温的目的。进气口一般设在檐墙上、屋檐部位或室内顶棚上；出气口最好设在屋脊处，以增大高差，有利于加速空气流通。

坡屋顶的通风孔常设在山墙上部，如图 5-59(a)所示；檐口外墙处，如图 5-59(b)所示；挑檐顶棚处，如图 5-59(c)所示。有的地方用空心屋顶板的孔洞作为通风散热的通道，其进风孔设在檐口处，屋脊处设通风桥，如图 5-59(d)所示。为保证坡屋顶隔热效果，也可在屋顶设置双层屋顶板，从而形成通风隔热层，如图 5-59(e)所示。其中上层屋顶板用来铺设防水层，下层屋顶板则用作通风顶棚，通风层的四周仍需设通风孔。屋顶跨度较大时还可以在屋顶上开设天窗作为出气孔，以加强顶棚层内的通风，进气孔可根据具体情况设在顶棚或外墙上，如图 5-59(f)所示。

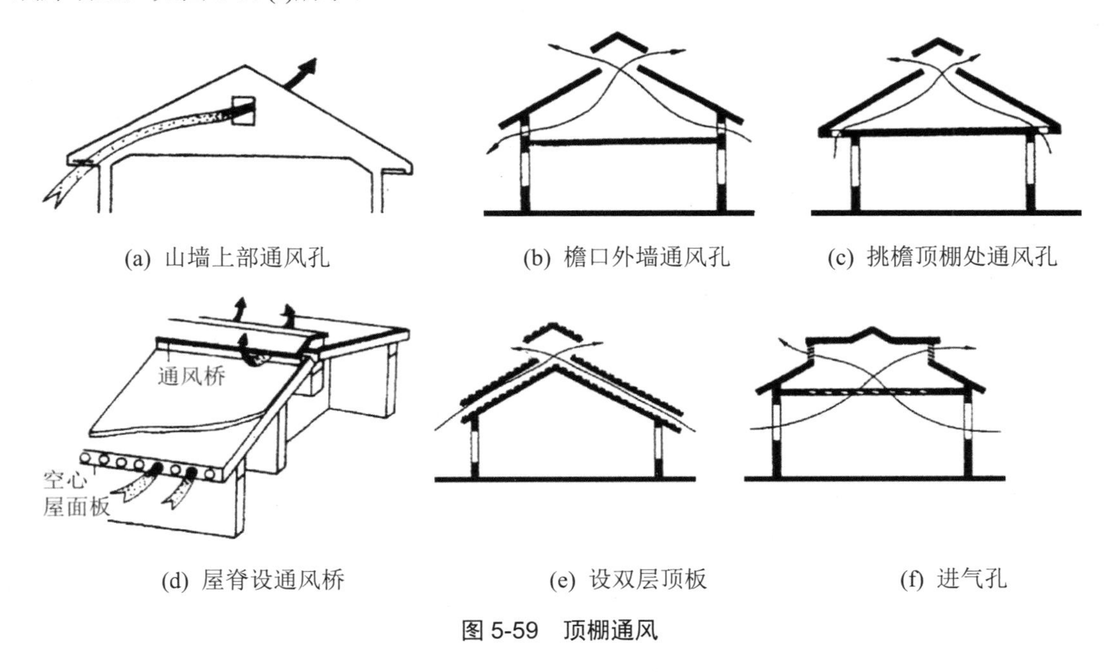

(a) 山墙上部通风孔　(b) 檐口外墙通风孔　(c) 挑檐顶棚处通风孔

(d) 屋脊设通风桥　(e) 设双层顶板　(f) 进气孔

图 5-59　顶棚通风

复习思考题

一、填空题

1. 屋顶设计的主要要求有__________、__________、__________。
2. 屋顶的主要类型有__________、__________、__________、__________等。
3. 屋顶坡度的形成方式有__________和__________。
4. 屋面排水方式可分为________和________。
5. 按照平屋面防水材料的不同可分为________屋面、________屋面。
6. 柔性防水屋面所用卷材有________、________、________。

7. 挑檐口构造分为________和________两种做法。
8. 卷材铺贴的常用方法包括________、________、________、________、________等。
9. 屋顶保温材料一般为________，分为________、________、________三大类。
10. 坡屋顶中常用的承重结构有________、________、________。

二、名词解释

1. 材料找坡
2. 外排水
3. 内排水
4. 隔离层
5. 正置式屋面
6. 倒置式屋面
7. 架空屋面
8. 种植屋面
9. 防水垫层
10. 持钉层

三、问答题

1. 影响屋面坡度的因素主要有哪些？
2. 如何进行屋面排水组织设计？
3. 卷材防水屋面包括哪些基本构造层次？
4. 卷材防水屋面附加防水层如何做？
5. 屋面变形缝构造处理的原则是什么？
6. 平屋面常用的隔热方法有哪些？
7. 坡屋顶保温构造的常用做法有哪些？
8. 坡屋顶隔热构造的常用做法有哪些？

四、制图题

1. 绘制倒置式卷材防水屋面的构造做法，标注要求：构造层次名称。
2. 绘制正置式卷材屋面檐沟的构造做法，标注要求：构造层次名称。
3. 绘制涂膜防水屋面高低跨变形缝的构造做法，标注要求：构造层次名称。
4. 绘制平瓦坡屋面天沟的构造做法，标注要求：构造层次名称。

思 政 模 块

【职业素养】

教学案例：国家速滑馆采用“冰丝带”方案。该方案为国内最大跨度的单层双曲面索网结构，呈“马鞍”造型，最大跨度达到 200 米。网壳结构是半个世纪以来发展最快，应用最广的一种空间结构形式之一。通过讲解，引导学生思考空间结构与传统建筑结构形式的差别，关注合理屋顶形式选择对于建筑设计的重要性。进一步启发学生意识到科技的迅速发展对于整个建筑行业带来的巨大变革。

【职业精神】

教学案例：新型屋面材料讲解。通过新型屋面材料的讲解，引导学生关注建筑领域前沿发展动态，更有效地将新型、高效、优质的建筑材料运用到构造设计当中，实现节能减排、绿色可持续发展的目标，为建筑节能做出贡献。

【文化自信】

教学案例：中国传统建筑屋顶承重形式、材料组成、与周边环境协调案例。通过讲解，引导学生关注保护环境与节约资源，在体现设计美观的同时需要考虑安全因素。进一步引导学生从自身做起，贯彻落实我国建筑方针：适用、经济、绿色、美观，进而实现人与自然和谐共生。

【文化自信】

教学案例：城市建设中“奇奇怪怪的建筑”案例。通过讲解传统建筑坡屋面在形式和构造方面上的优点，引导学生关注城市建设中对于传统建筑文化的传承与延续，让学生在潜移默化中树立文化自信，为国担当。

第 6 章

楼电梯、坡道

【学习要点及目标】

- 了解楼梯的类型和设计要求
- 掌握楼梯的组成和各部分的设置要求
- 熟悉钢筋混凝土楼梯的构造要点
- 熟悉栏杆、踏步、扶手等部位的细部构造
- 掌握台阶和坡道的尺寸及构造做法
- 了解电梯、自动扶梯的组成和布置要求

第 6 章
楼电梯、坡道
思维导图

【本章导读】

楼梯、电梯及台阶、坡道是建筑主要的交通构件。楼梯由梯段、平台和栏杆扶手组成，它是建筑物楼层间重要的垂直交通联系构件，应满足交通和人员疏散要求，还应符合结构、施工、防火、经济和美观等方面要求。楼梯是本章学习的重点。台阶和坡道是楼梯的特殊形式。电动电梯是一种电能电梯，主要通过电力驱动机械产生动力。自动扶梯是用电动机牵引的楼梯。

楼梯 1

楼梯 2

6.1 概　述

在建筑物中，为了满足垂直交通联系，通常采用的设施有楼梯、电梯、自动扶梯、爬梯、台阶、坡道等。楼梯作为建筑垂直交通的主要设施，是房屋建筑构造的重要组成部分，同时楼梯也是建筑内部紧急情况下疏散人员的重要通道。电梯通常在高层建筑和有特殊需要的建筑中使用，自动扶梯则常用于人流较大的公共场所中。规范规定建筑中设有电梯或自动扶梯的同时也必须设置楼梯，以备在紧急情况下疏散使用。台阶和坡道用于解决建筑室内外地面或者楼层不同标高处的高差。

6.1.1　楼梯的组成

楼梯主要由楼梯梯段、楼梯平台及栏杆扶手三部分组成，如图 6-1 所示。

1. 楼梯梯段

楼梯梯段也称为梯跑，是由若干踏步组成的倾斜放置的构件，也是供建筑物楼层之间上下行走的通道段落。每个踏步一般由两个相互垂直的平面组成，供人们行走时脚踏的水平面称为踏面，与踏面垂直的平面称为踢面。踏面和踢面之间的尺寸关系决定了楼梯的坡度。

2. 楼梯平台

楼梯平台按其所处位置分为楼层平台和中间平台。与楼层地面相连的称为楼层平台，其标高同楼层标高相一致，用以疏散到达各楼层的人流。介于两楼层之间的平台称为中间平台(又称休息平台)，其作用是在人们行走时调整体力和改变行进方向。

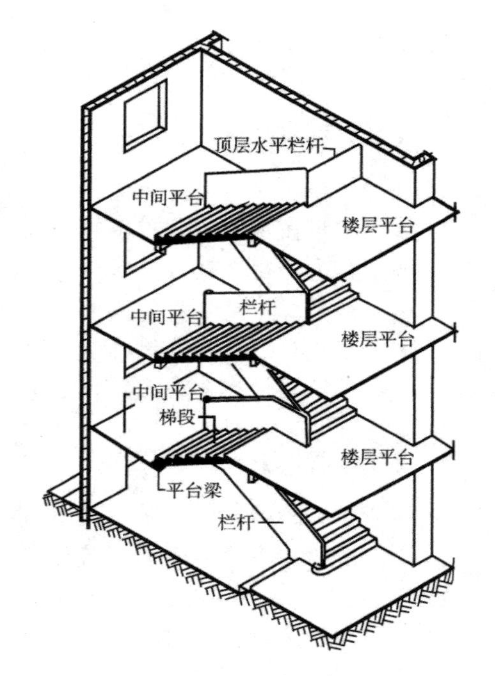

图 6-1　楼梯的组成

3. 栏杆扶手

栏杆扶手是设置在楼梯梯段和楼梯平台边缘处的具有一定安全高度要求的维护构件。扶手是附设于栏杆顶部，供依扶使用。扶手也可附设于墙上，称为靠墙扶手。

6.1.2　楼梯的坡度

楼梯的坡度范围一般在 20°～45°，最舒适的坡度是 26°34′。当坡度小于 20°时，采用坡道；大于 45°时，则采用爬梯，如图 6-2 所示。

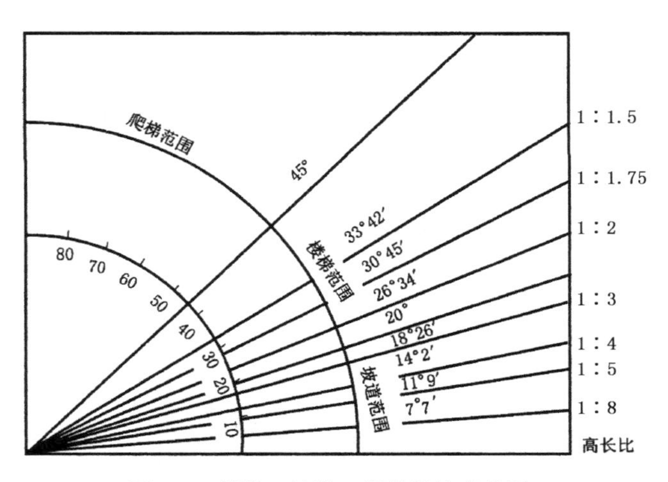

图 6-2　楼梯、坡道、爬梯的坡度范围

6.1.3　楼梯的形式

1. 按照楼梯组合形式分类

楼梯按其平面行走方式可以分为直跑楼梯、双跑楼梯、三跑楼梯、弧形以及螺旋形楼梯等形式，如图 6-3 所示。楼梯的形式与建筑设计中的楼梯平面密切相关。当楼梯平面为矩形时，可以设计成双跑楼梯；当楼梯平面为方形时，可以设计成三跑楼梯；当楼梯平面比较宽敞，或平面为圆形、弧形时，可以设计成螺旋形楼梯。考虑到建筑中的功能需要、规范要求以及室内装饰效果，还可以将楼梯设计成双分、双合、交叉跑等形式的楼梯。

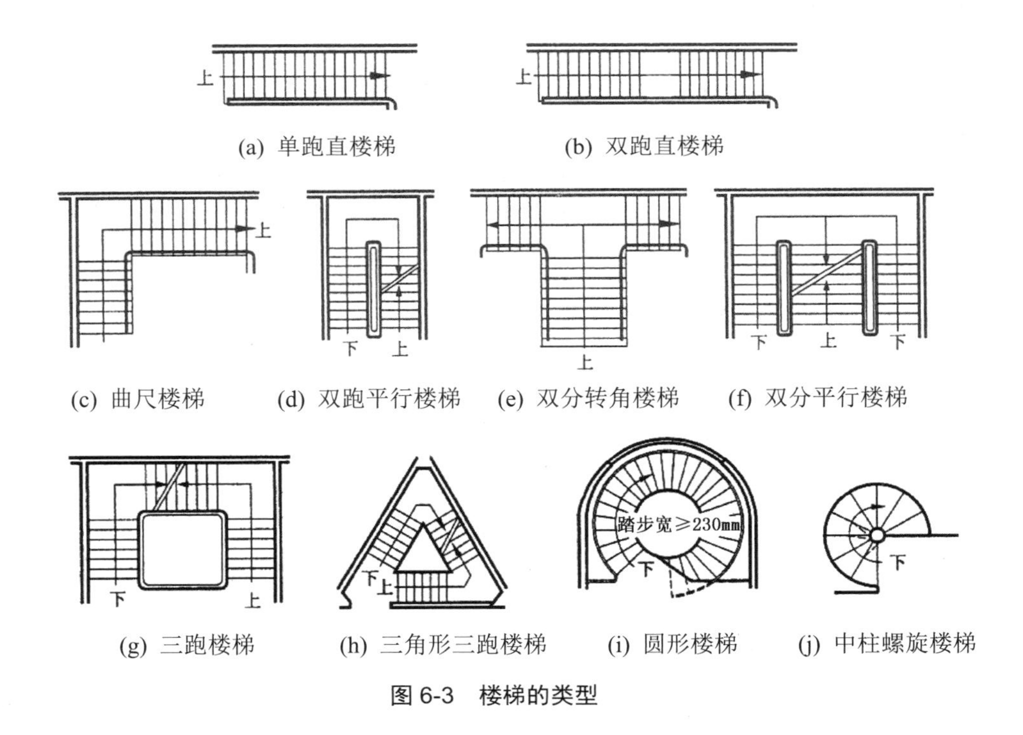

(a) 单跑直楼梯　(b) 双跑直楼梯

(c) 曲尺楼梯　(d) 双跑平行楼梯　(e) 双分转角楼梯　(f) 双分平行楼梯

(g) 三跑楼梯　(h) 三角形三跑楼梯　(i) 圆形楼梯　(j) 中柱螺旋楼梯

图 6-3　楼梯的类型

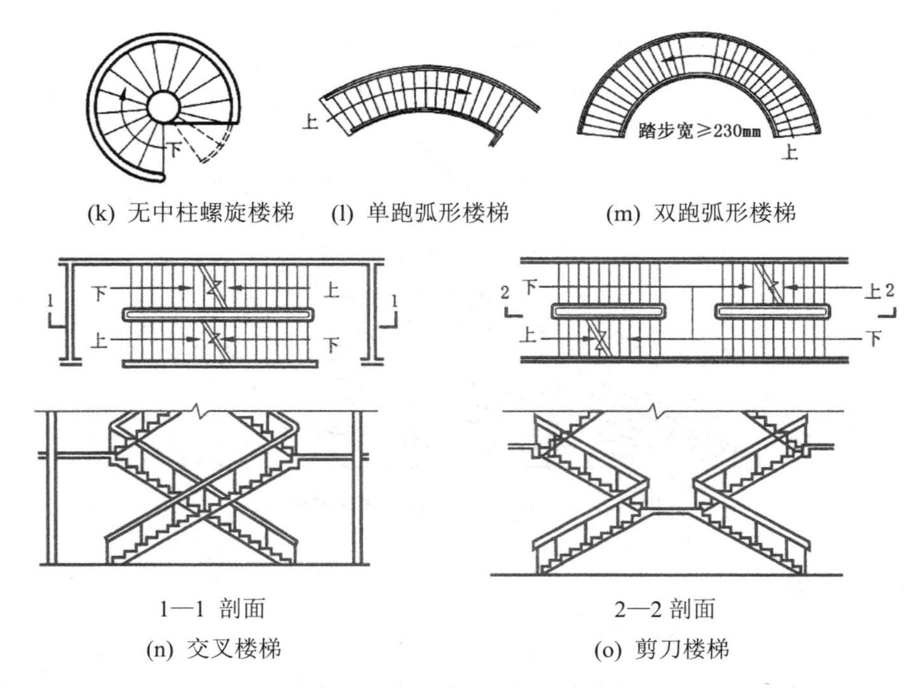

(k) 无中柱螺旋楼梯　(l) 单跑弧形楼梯　(m) 双跑弧形楼梯

(n) 交叉楼梯　(o) 剪刀楼梯

图 6-3　楼梯的类型(续)

2. 按照楼梯间平面形式分类

按照建筑平面设计和防火疏散的要求，楼梯间的平面形式可以分为开敞式楼梯间、封闭式楼梯间和防烟楼梯间。开敞式楼梯间适用于低层和多层建筑，如图 6-4(a)所示。封闭式楼梯间在梯间与楼层之间设置有防火门，它用于一定范围的建筑物，例如 11 层及 11 层以下的单元式高层住宅，且其在建筑设计中应该严格按照建筑设计防火规范的要求选择适宜的楼梯间平面形式，如图 6-4(b)所示。此外，楼梯间应靠外墙，并应有直接天然采光和自然通风。防烟楼梯间是指在楼梯间入口处设有防烟前室、开敞式阳台或凹廊(统称前室)等设施，且通向前室和楼梯间的门均为防火门，以防止火灾的烟和热气进入的楼梯间，如图 6-4(c)所示。当高层建筑发生火灾时，其防烟楼梯间是内部人员唯一的垂直疏散通道，消防电梯是消防队员进行扑救的主要垂直运输工具。

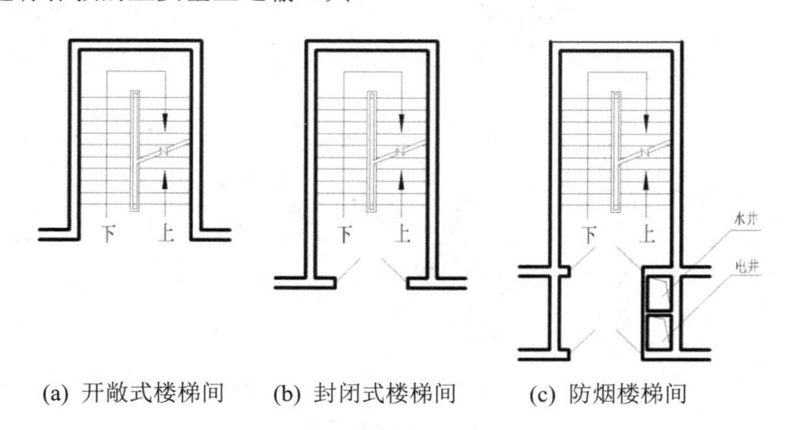

(a) 开敞式楼梯间　(b) 封闭式楼梯间　(c) 防烟楼梯间

图 6-4　楼梯间的平面形式

3. 其他分类方式

楼梯按照结构形式分为梁式楼梯、板式楼梯、悬臂式楼梯、悬挂式楼梯和墙承式楼梯。按照楼梯的材料可以将楼梯分为木楼梯、钢筋混凝土楼梯、型钢楼梯或多种材料混合楼梯。由于楼梯在紧急疏散时起着重要安全保障作用，因此对楼梯的坚固性、防火性等方面要求比较高。钢筋混凝土楼梯具有坚固耐久、节约木材、防护性能好、可塑性强等优点，并且在施工、造型和造价等方面也有较多优势，因此得以广泛应用，下面重点讲解钢筋混凝土楼梯。

6.2　钢筋混凝土楼梯构造

钢筋混凝土楼梯按施工方法不同，主要有现浇整体式楼梯和预制装配式楼梯两类。

6.2.1　现浇整体式钢筋混凝土楼梯

现浇整体式钢筋混凝土楼梯是在配筋、支模后将楼梯段和平台等现浇在一起，因此它具有可塑性强、结构整体性好、刚度大等优点。其缺点是模板耗费大、施工周期长、受季节温度影响大。现浇整体式钢筋混凝土楼梯通常用于特殊异形的楼梯或要求防震性能高的楼梯。

现浇整体式钢筋混凝土楼梯按结构形式不同可进一步分为板式楼梯和梁式楼梯两种。

1. 板式楼梯

板式楼梯的梯段由梯段板、平台梁和平台板组成。梯段板承受着梯段上的全部荷载，并将荷载传至两端的平台梁上，通过平台梁传递到墙或柱子上，如图 6-5 所示。这种楼梯构造简单、施工方便，适用于荷载较小、层高较低、梯段跨度小于 3m 的建筑，如住宅、宿舍等。

有时为了保证楼梯平台的净空高度，也可取消板式楼梯的平台梁，将梯段板与平台板直接连为一跨，荷载经梯段板直接传递到墙体或柱子，这种楼梯称为折板式楼梯，如图 6-6 所示。

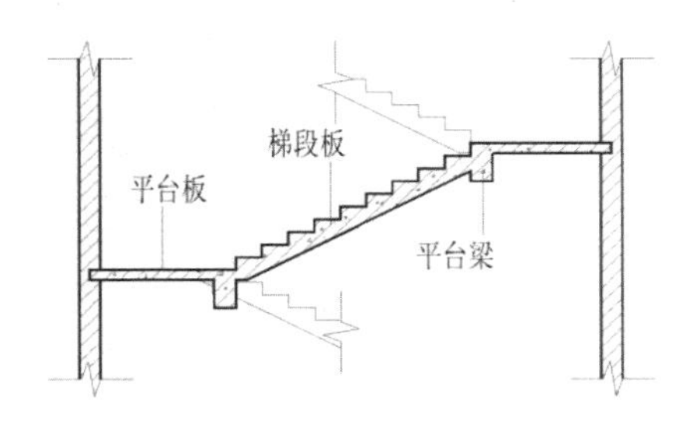

图 6-5　板式楼梯

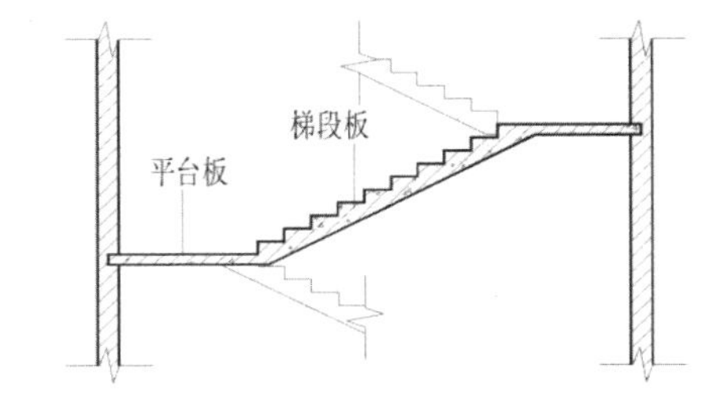

图 6-6　折板式楼梯

2. 梁式楼梯

梁式楼梯的梯段由踏步板和梯段斜梁(简称梯梁)组成。梯段的荷载由踏步板承担并传递给梯梁，梯梁再将荷载传递给平台梁，经平台梁传递到墙或柱子上。这种楼梯具有跨度大、承受荷载大、刚度大等优点，但是其施工速度较慢，适用于荷载较大、层高较高的建筑物，如剧场、商场等公共建筑。

梁式楼梯的梯梁位置比较灵活，一般放在踏步板的两侧，但是根据实际需要，还可以有以下两种布置方式。

(1) 梯梁在踏步板之下，踏步外露，称为明步，如图 6-7 所示。明步楼梯的做法使梯段下部形成梁的暗角，容易积灰。

(2) 梯梁在踏步板之上，形成反梁，踏步包在里面，称为暗步，如图 6-8 所示。暗步楼梯的做法使梯段底部保持平整，弥补了明步楼梯的缺陷，但是由于梯梁宽度占据了梯段的位置，导致梯段的净宽变小。

有时考虑楼梯对造型独特、轻巧的要求，梯梁也可以只布置一根，通常有两种布置方式。

(1) 踏步板的一端设梯梁，另一端搁置在墙上，以减少施工用料，但是施工比较复杂。

(2) 踏步板的中部设梯梁，形成踏步板向两侧悬挑的受力形式，如图 6-9 所示。

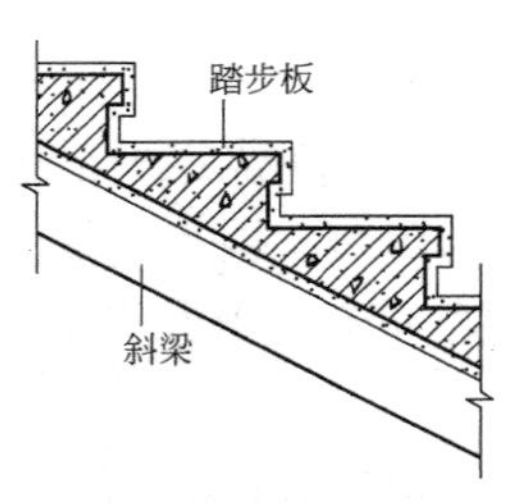
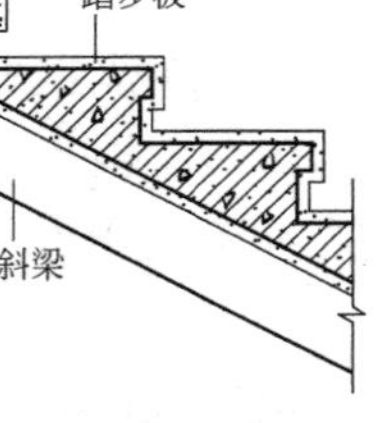

图 6-7　明步楼梯

图 6-8　暗步楼梯

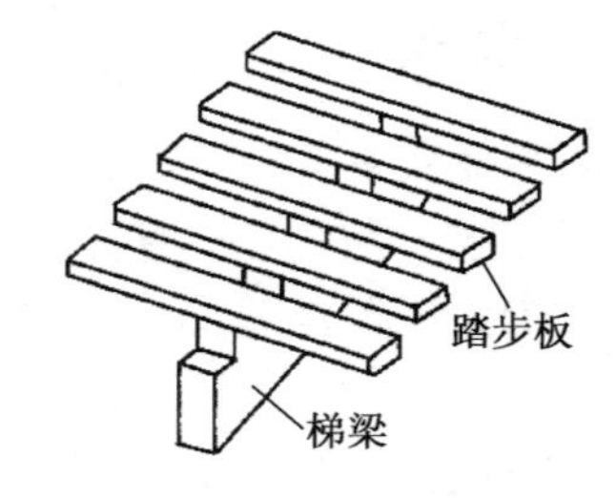

图 6-9　中间单梁的梁式楼梯示意图

近年来，为了使楼梯造型新颖，空间感受开阔，出现了悬臂梁板式楼梯，即取消平台梁和中间平台的墙体或柱子支撑，使楼梯完全靠上下梯段板和平台组成的空间板式结构与上下层楼板结构共同受力，如图 6-10 所示。

6.2.2　预制装配式钢筋混凝土楼梯

预制装配式钢筋混凝土楼梯按支承方式可分为梁承式、墙承式和悬挑式三种，下面以常用的平行双跑楼梯为例，介绍预制装配式钢筋混凝土楼梯的构造原理和做法。

1. 梁承式楼梯

在一般民用建筑中常使用梁承式楼梯。预制梁承式钢筋混凝土楼梯的构造方式为梯段用平台梁来支承楼梯。平台梁是设在梯段与平台交接处的梁，是最常用的楼梯梯段的支座。梁承式楼梯预制构件分为梯段(板式或梁板式楼梯)、平台梁、平台板三部分，如图 6-11 所示。

图 6-10　悬臂梁板式楼梯

1)　梯段

(1)　板式梯段。板式梯段为整块或数块带踏步条板，没有梯斜梁，梯段底面平整，结构厚度小，其上下端直接支承在平台梁上，如图 6-11(a)所示，这种构造做法使平台梁位置相应抬高，增大了平台下净空高度，适用于住宅、宿舍等建筑中。

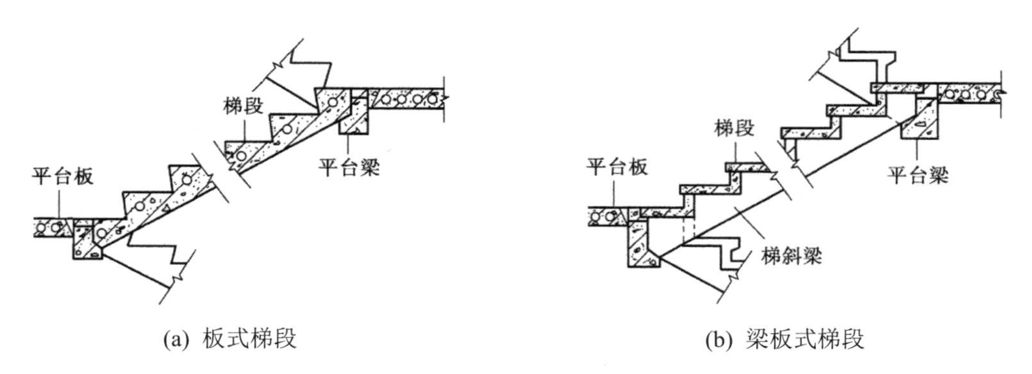

图 6-11　预制装配梁承式楼梯

板式梯段按构造方式不同，分为实心和空心两种类型。实心梯段板自重较大，在吊装能力不足时，可沿宽度方向分块预制，在安装时拼成整体。为减轻自重，也可将梯段板做成空心构件，有横向抽孔和纵向抽孔两种方式，其中横向抽孔比纵向抽孔合理易行，应用广泛，如图 6-12 所示。

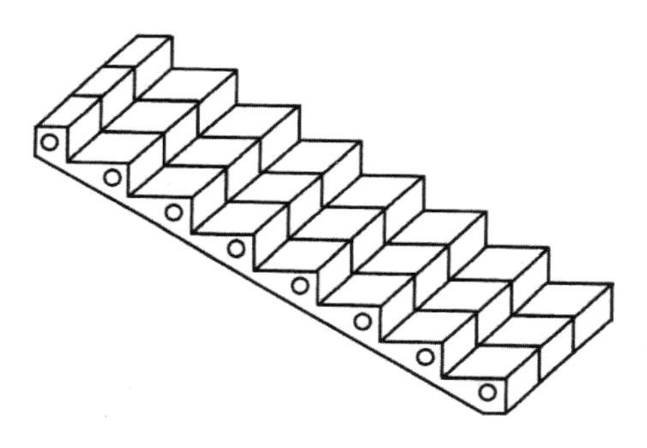

图 6-12　条板式梯段板横向抽孔

(2)　梁板式梯段。梁板式梯段由梯斜梁和踏步板组成。踏步板支承在两侧梯斜梁上。梯斜梁两端支承在平台梁上，构件小型化，施工时不需大型起重设备即可安装，如图 6-11(b)所示。

钢筋混凝土踏步板的断面形式有三角形、一字形和 L 形三种，如图 6-13 所示。三角形踏步板始见于 20 世纪 50 年代，其拼装后底面平整。实心三角形踏步自重较大，为减轻自重，可将踏步内抽孔，形成空心三角形踏步。一字形踏步板只有踏板，没有踢板，其制作简单、存放方便、外形轻巧，必要时可用砖补砌踢板，但其受力不太合理，仅适用于简易梯、室外梯等。L 形踏步板自重轻、用料省，但拼装后底面形成折板，容易积灰。L 形踏步的搁置方式有两种：一种是正置，即踢板朝上搁置；另一种是倒置，即踢板朝下搁置。

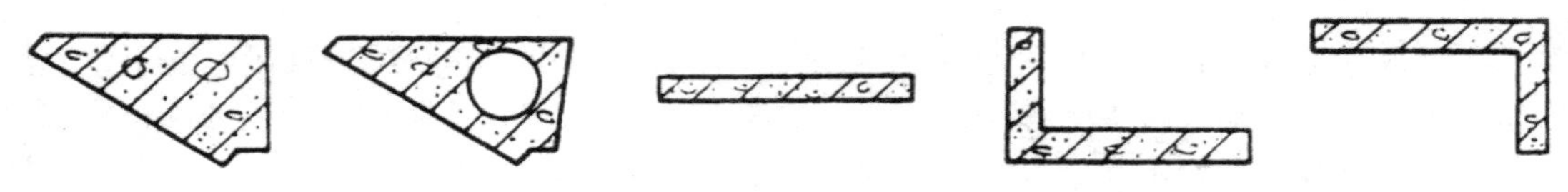

(a) 实心三角形踏步 (b) 空心三角形踏步 (c) 一字形踏步 (d) 正置 L 形踏步 (e) 倒置 L 形踏步

图 6-13 钢筋混凝土踏步板的断面形式

梯斜梁有矩形断面、L 形断面和锯齿形断面三种。矩形断面和 L 形断面梯斜梁主要用于搁置三角形踏步板，其中三角形踏步板配合矩形斜梁，拼装后形成明步楼梯，如图 6-14(a)所示；三角形踏步板配合 L 形斜梁，拼装后形成暗步楼梯，如图 6-14(b)所示。锯齿形断面梯斜梁主要用于搁置一字形、L 形踏步板，当采用一字形踏步板时，一般用侧砌墙作为踏步的踢面，如图 6-14(c)所示；当采用 L 形踏步板时，要求斜梁锯齿的尺寸和踏步板尺寸相互协调，避免出现踏步架空、倾斜的现象，如图 6-14(d)所示。

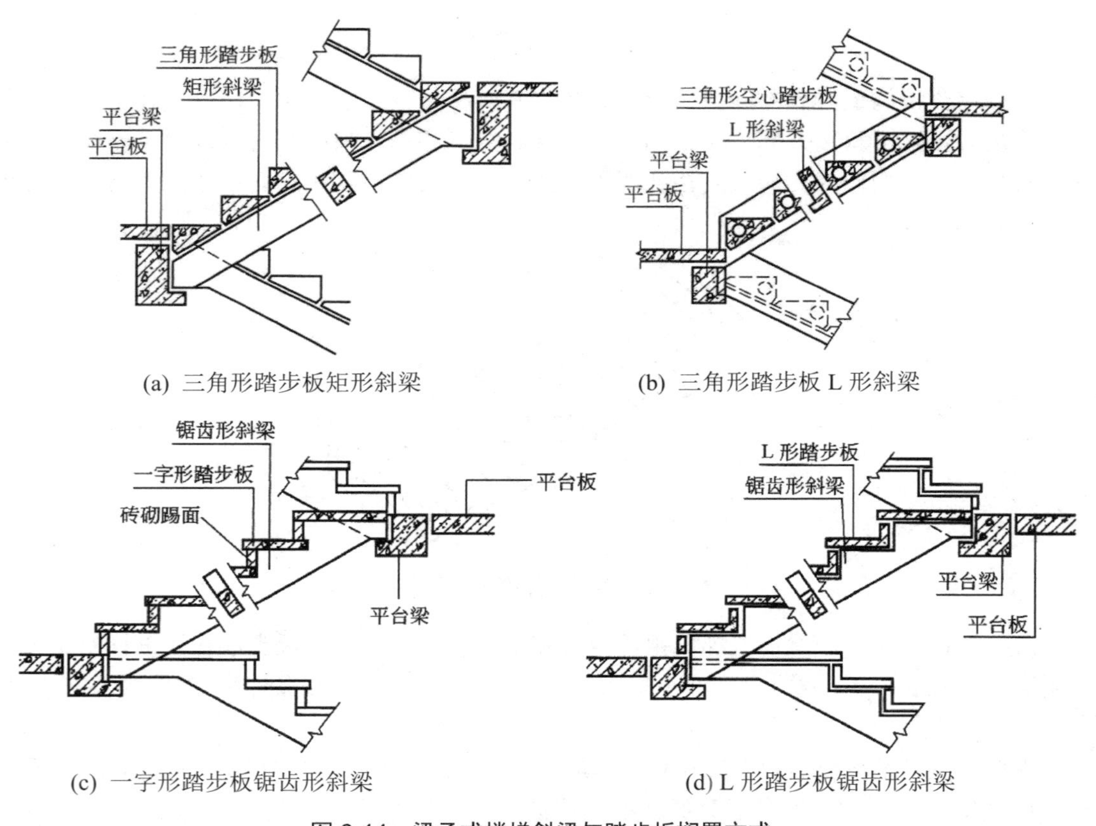

(a) 三角形踏步板矩形斜梁 (b) 三角形踏步板 L 形斜梁

(c) 一字形踏步板锯齿形斜梁 (d) L 形踏步板锯齿形斜梁

图 6-14 梁承式楼梯斜梁与踏步板搁置方式

2) 平台梁

为了便于支承梯斜梁或梯段板，减少平台梁占用结构空间，一般将平台梁做成 L 形断面，如图 6-15 所示，结构高度按 $L/(10\sim12)$估算(L 为平台梁跨度)。

3) 平台板

平台板一般采用钢筋混凝土空心板，也可以使用槽板或平板。平台板一般平行于平台梁布置，当垂直于平台梁布置时，常用小平板，如图 6-16 所示。

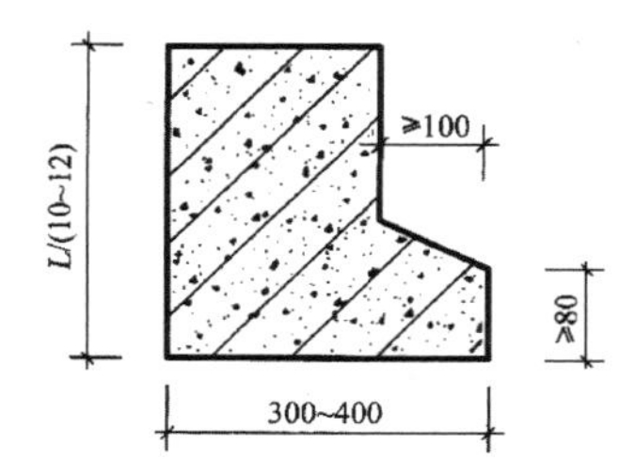

图 6-15　L 形平台梁断面尺寸(mm)

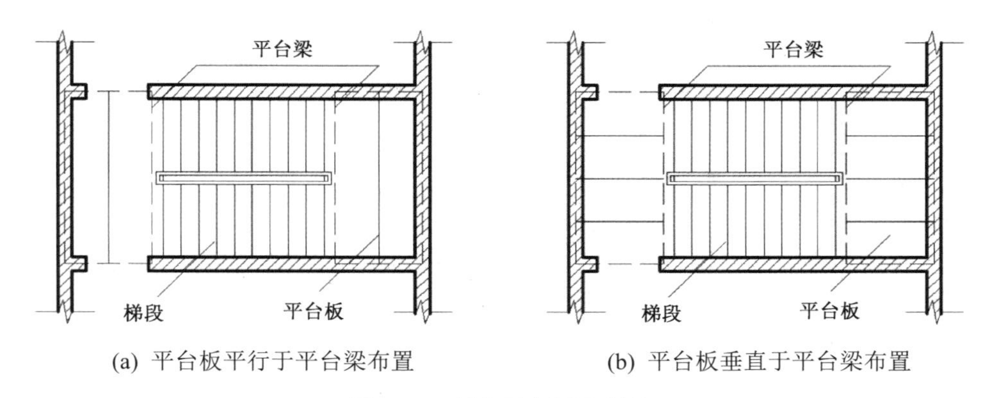

(a) 平台板平行于平台梁布置　　(b) 平台板垂直于平台梁布置

图 6-16　平台板布置示意图

4)　平台梁与梯段节点构造

根据两梯段之间的关系，一般分为梯段齐步和梯段错步两种方式。根据平台梁与梯段之间的关系，有埋步和不埋步两种节点构造方式，如图 6-17 所示。梯段埋步时，平台梁与一步踏步的踏面在同一高度，梯段的跨度较大，但是平台梁底标高可以提高，有利于增加平台梁下净空高度；梯段不埋步时，用平台梁代替了一步踏步梯面，可以减少梯段跨度，但是平台梁底标高较低，减少了平台梁下净空高度。

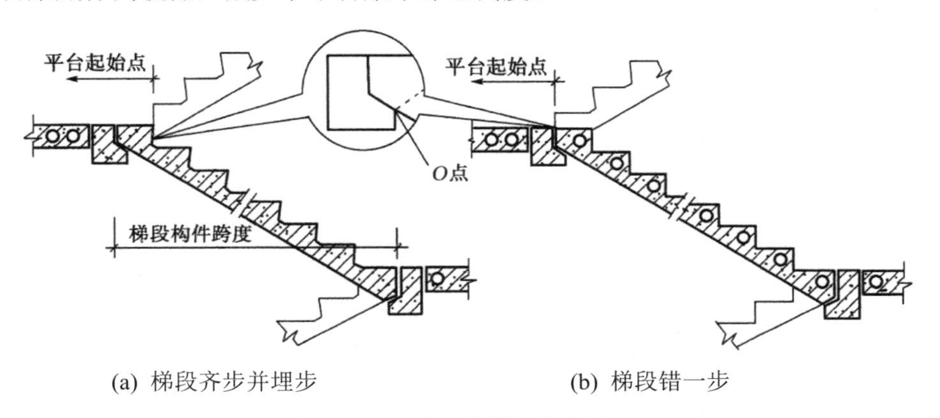

(a) 梯段齐步并埋步　　(b) 梯段错一步

图 6-17　平台梁与梯段节点处理

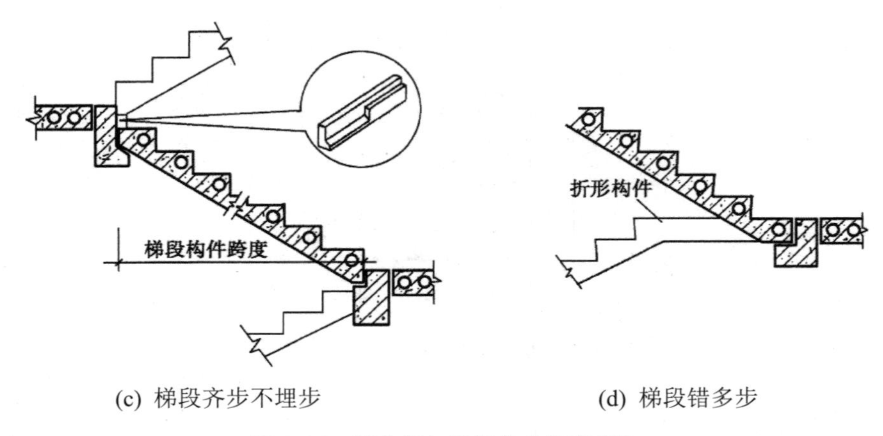

(c) 梯段齐步不埋步　　(d) 梯段错多步

图 6-17　平台梁与梯段节点处理(续)

5)　构件连接

由于楼梯是主要交通构件，对其坚固耐久要求较高，因此需要加强各构件之间的连接，提高其整体性。

(1)　踏步板与梯斜梁连接。踏步板与梯斜梁的连接，一般是在梯斜梁上预埋钢筋，与踏步板支承段预留孔插接，同时踏步板下要用水泥砂浆坐浆，踏步板上插接处要用高标号水泥砂浆填实，如图 6-18 所示。

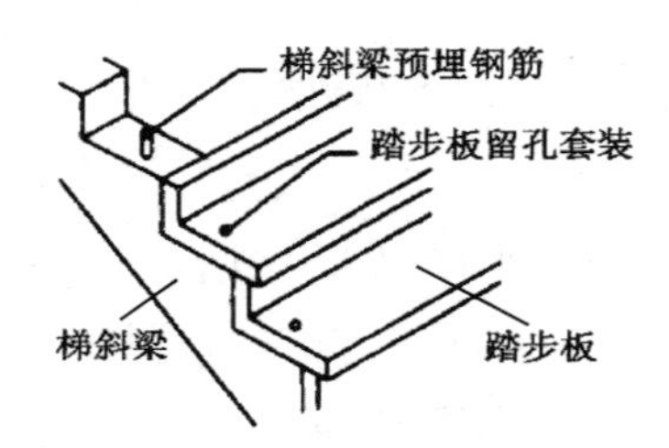

图 6-18　踏步板与梯斜梁的连接

(2)　梯斜梁或踏步板与平台梁连接。梯斜梁或踏步板与平台梁的连接可采用插接或预埋铁件焊接，如图 6-19 所示。

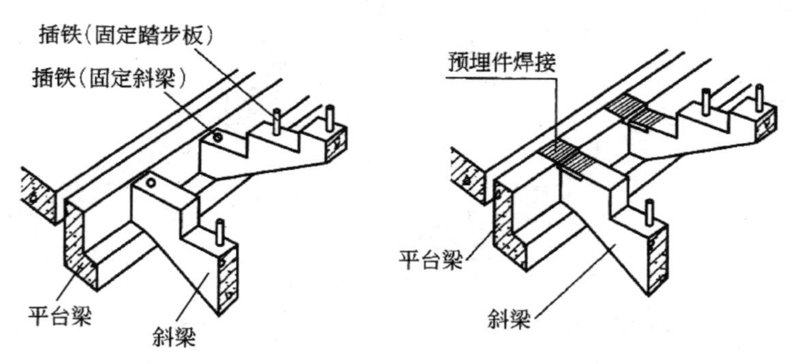

图 6-19　梯斜梁或踏步板与平台梁的连接

(3)　梯斜梁或梯段板与梯基连接。在楼梯底层起步处，梯斜梁或梯段板下应做梯基，梯基常用砖或混凝土砌筑，也可用平台梁代替梯基，但需处理该平台梁无梯段处与地坪的关系。梯斜梁与梯基的连接如图 6-20 所示。

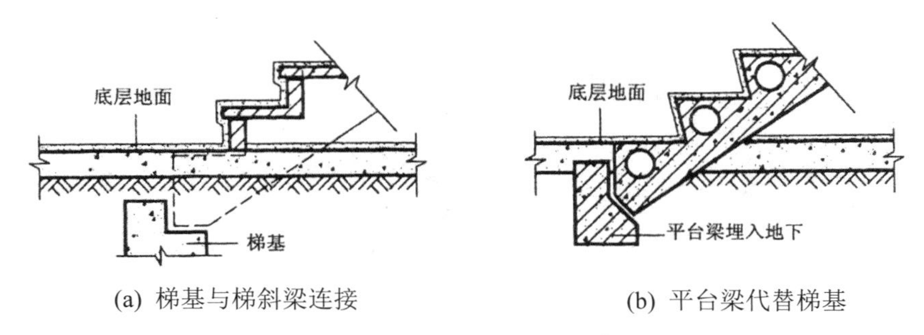

(a) 梯基与梯斜梁连接　　(b) 平台梁代替梯基

图 6-20　梯斜梁与梯基的连接

2. 墙承式楼梯

墙承式楼梯是指预制踏步的两端支撑在墙上，荷载将直接传递给两侧的墙体。墙承式楼梯不需要设梯梁和平台梁，踏步多采用一字形、L 形或倒 L 形断面。

墙承式楼梯主要适用于直跑楼梯、高层核心筒剪刀楼梯或中间设电梯井道的三跑楼梯。双跑平行楼梯如果采用墙承式，必须在原梯井处设墙，用来作为踏步板的支座，如图 6-21 所示。

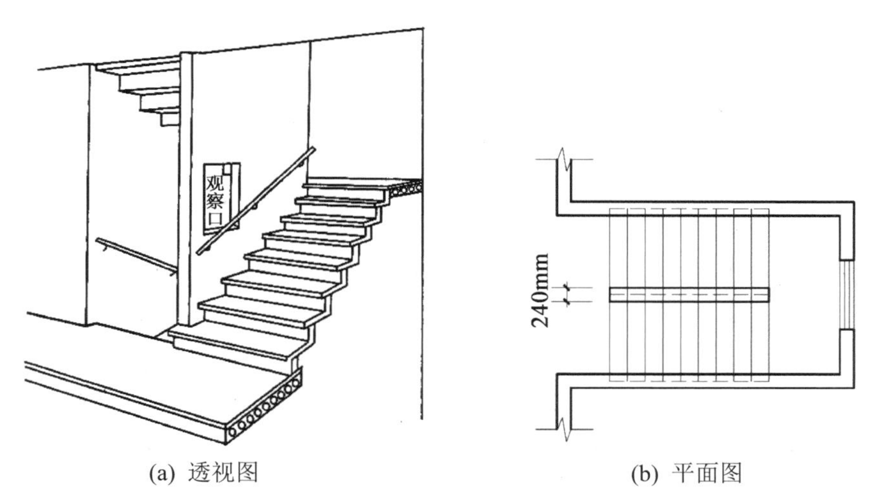

(a) 透视图　　(b) 平面图

图 6-21　墙承式楼梯示意图

墙承式楼梯由于在梯段之间有墙，使得视线、光线受到阻挡，空间狭窄，对搬运家具及较多人流上下均感不便，有时采取在中间墙上开设观察口的方法来改善视线和采光。

3. 墙悬臂式楼梯

预制装配墙悬臂式钢筋混凝土楼梯是指预制钢筋混凝土踏步板一端嵌固于楼梯间侧墙上，另一端悬挑的楼梯形式，如图 6-22 所示。

这种楼梯只有一种预制悬挑的踏步构件，无平台梁和梯斜梁，也无中间墙，楼梯间空间轻巧通透，结构占空间少，在住宅建筑中使用较多，但其楼梯间整体刚度较差，不能用于有抗震设防要求的地区。

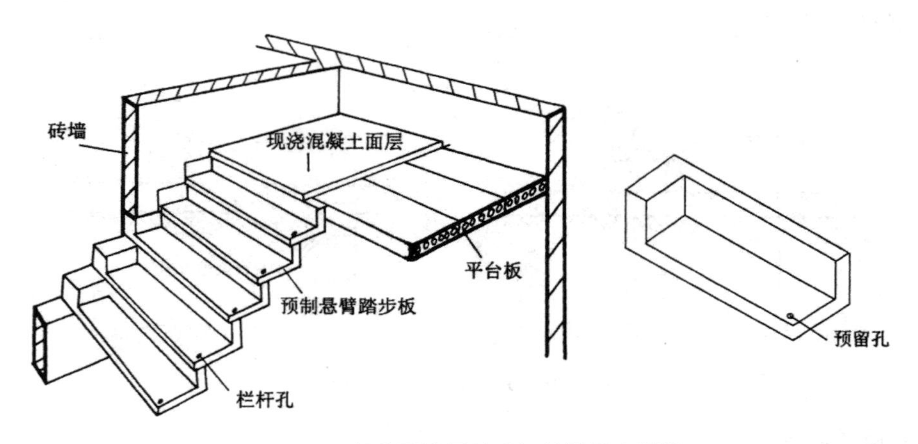

图 6-22 预制装配墙悬臂式钢筋混凝土楼梯

6.3 楼梯的设计

楼梯的设计应满足通行方便的要求，且应有足够的通行宽度和疏散能力，同时满足坚固、耐久、防火和审美的要求。《民用建筑设计统一标准》(GB 50352—2019)和《民用建筑通用规范》(GB 55031—2022)对楼梯的设计有严格要求，特别是当楼梯作为安全疏散的一个组成部分的时候，楼梯的数量和通行宽度应满足消防疏散的要求。

6.3.1 楼梯的主要尺寸

1. 踏步尺寸

楼梯踏步由踏面(踏宽)和踢面(踏高)组成，踏步的高宽比决定了楼梯的坡度。楼梯的坡度大小应适中，坡度过大，行走易疲劳；坡度过小，楼梯占用的面积增加，不经济。常用楼梯的踏步高和踏步宽尺寸，如表 6-1 所示。

表 6-1 常用适宜踏步尺寸

名 称	住宅(共用)	中小学校	办公楼	剧院、会堂	医院(病人用)	幼儿园
最大踏步高 h/mm	175	150	160	160	150	130
最小踏步宽 b/mm	260	260	280	300	300	260

一般情况下，踏步的高度在 130～200mm 之间，踏步的宽度常为 220～320mm。为了适应人们上下楼梯时的活动情况，踏面应该适当宽一些，在不改变梯段长度的情况下，可将踏步挑出 20～30mm，形成突缘，也可将踢面做成倾斜的，如图 6-23 所示，从而起到增加踏面的效果。

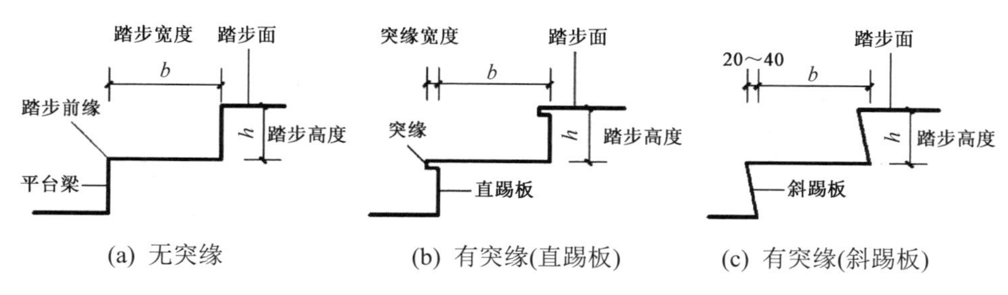

图6-23 踏步形式和尺寸(mm)

2. 梯段尺寸

梯段尺寸主要指梯宽和梯长。楼梯梯段净宽应符合《建筑设计防火规范》(GB 50016—2014)的规定，供日常主要交通用的楼梯的梯段净宽应根据建筑物使用特征，按每股人流0.55mm+(0～0.15)mm的宽度确定，并不应小于两股人流；同时还需满足各类建筑设计规范中对梯段宽度的限定，如住宅建筑大于或等于1100mm，公共建筑大于或等于1300mm等。

梯段长即为踏步数和踏面宽，如果某梯段有n步台阶的话，踏面宽为b，那么该梯段的长度为$b\times(n-1)$，在一般情况下，每个梯段的踏步级数不应超过18级，且不应少于3级。

3. 平台宽度

平台宽度有中间平台宽度和楼层平台宽度，通常中间平台的宽度不应小于梯段宽，楼层平台一般比中间平台更宽一些，以利于人流分配。

4. 梯井宽度

梯井是指两梯段之间的空隙，从底层到顶层贯通，其宽度以60～200mm为宜。梯井用于消防需要，着火时消防水管可以从梯井通到需要灭火的楼层。有儿童使用的楼梯，当梯井净空大于200mm时，必须采取安全措施，防止儿童坠落。

5. 栏杆扶手高度

栏杆扶手的高度是指从踏步前缘至扶手上表面的垂直高度。一般室内楼梯栏杆的扶手高度不宜小于900mm，室外楼梯扶手的高度不应小于1050mm，在幼儿园建筑中，需在500～600mm高度处增设一道扶手，以适应儿童的高度，如图6-24所示。当楼梯的宽度大于1650mm时，应增设靠墙扶手；当楼梯的宽度大于2200mm时，还应增设中间扶手。

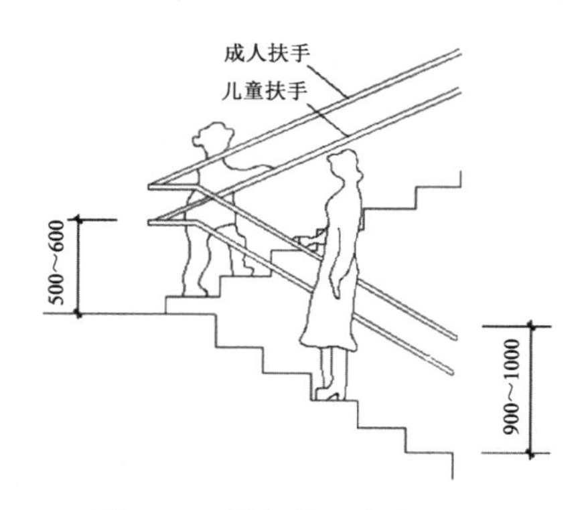

图6-24 栏杆扶手高度(mm)

6. 楼梯净空高度

楼梯的净空高度对楼梯的正常使用影响很大，不但关系到行走安全，在很多情况下还涉及楼梯下面空间利用和通行的可能性。楼梯的净空高度包括楼梯间的梯段净高和平台过道处的平台净高两部分，梯段净高宜大于或等于 2200mm，平台净高应大于或等于 2000mm，如图 6-25 所示。

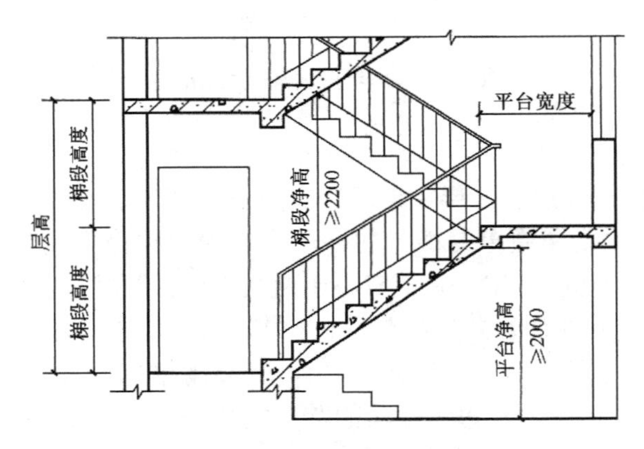

图 6-25　楼梯的净空高度要求(mm)

6.3.2　楼梯的计算

在进行楼梯设计时，应对楼梯各细部尺寸进行详细的计算。以常用的平行双跑楼梯为例，楼梯的尺寸计算如图 6-26 所示。

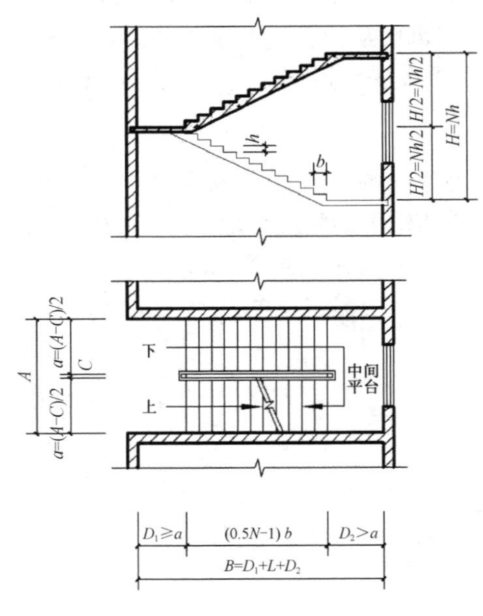

图 6-26　楼梯的尺寸计算

(1) 根据层高 H 和初选踏步高 h 确定每层踏步数 N，即 $N=H/h$。设计时尽量采用等跑楼梯，N 宜为偶数，以减少构件规格。若求出 N 为奇数或非整数，可以反过来调整步高 h。

(2) 根据步数 N 和初选步宽 b 决定梯段水平投影长度 L，即 $L=(0.5N-1)b$。

(3) 确定是否设梯井。如楼梯间宽度较富余，宜在两梯段之间设梯井。

(4) 根据楼梯间开间净宽 A 和梯井净宽 C 确定梯宽 a，即 $a=(A-C)/2$。同时检验其通行能力是否满足紧急疏散时人流股数的要求，如不能满足，则应对梯井宽 C 或楼梯间开间净宽 A 进行调整。

(5) 剖面验算楼梯平台下净高是否满足通行要求，即平台下净高是否大于或等于 2000mm，如果不满足净高要求，一般采用以下几种处理方法。

① 降低平台下过道处的地坪标高。在室内外高差较大的前提下，将部分室外台阶移至室内，同时为防止雨水倒灌入室内，应使室内最低点的标高高出室外标高至少 0.1m。这种处理方法可用于等跑梯段，使构件统一，如图 6-27 所示。

② 采用长短跑楼梯。改变两个梯段的踏步数，采用不等级数，如图 6-28 所示，使起步第一跑楼梯变为长跑梯段，以提高中间平台标高。这种处理方法仅在楼梯间进深较大，底层平台宽度较富余时适用。

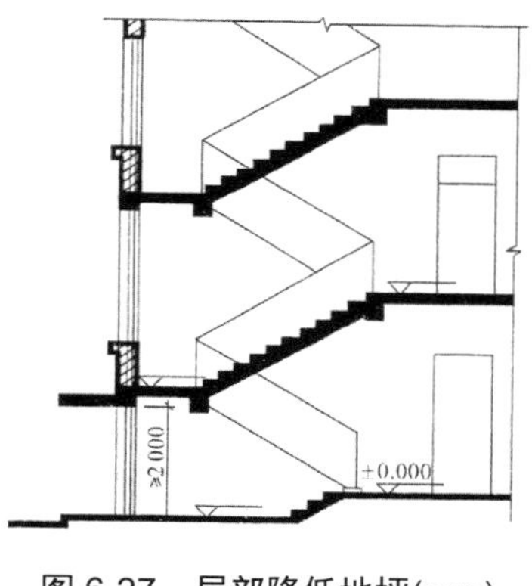

图 6-27　局部降低地坪(mm)

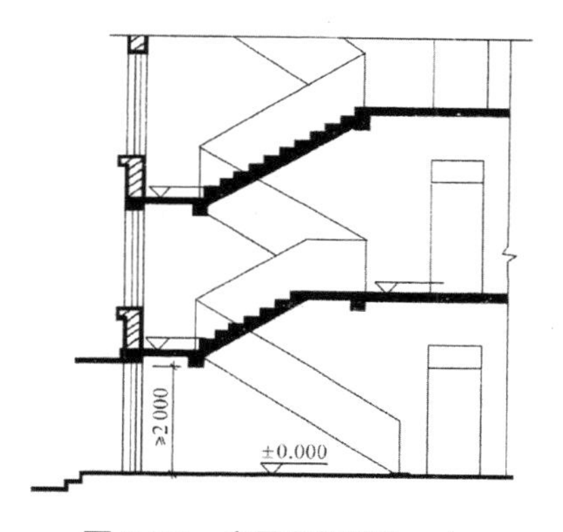

图 6-28　底层长短跑(mm)

在实际工程中，经常综合以上两种方式，在降低平台下过道处地坪标高的同时采用长短跑楼梯，如图 6-29 所示，这种处理方法可兼有两种方式的优点，并减少其缺点。

③ 底层采用直跑楼梯。当底层层高较低时(不大于 3m)可用直跑楼梯直接从室外上二层，如图 6-30 所示，二层以上可恢复两跑。设计时需注意入口处雨篷底面与梯段间的净空高度，以保证其可行性。

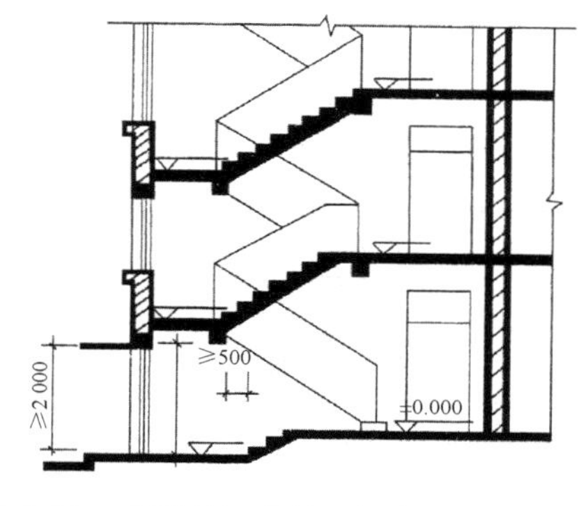

图 6-29　底层长短跑并局部降低地坪(mm)

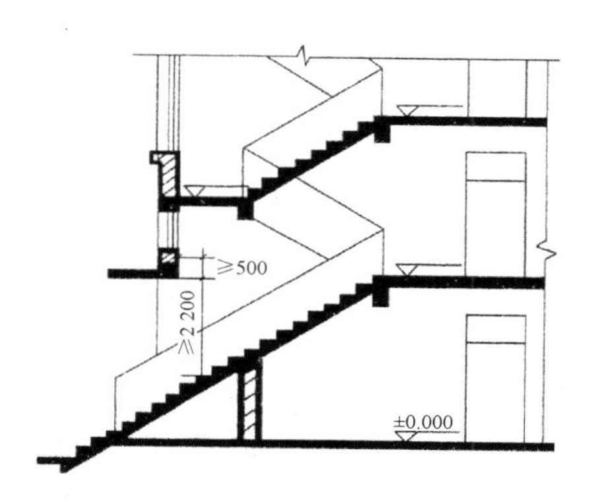

图 6-30　底层直跑楼梯(mm)

(6) 根据初选楼层平台宽 $D_1(D_1 \geqslant a)$和中间平台宽 $D_2(D_2 > a)$以及梯段水平投影长度 L 可检验楼梯间进深长度 B，即 $D_1+L+D_2=B$。如上述等式不能满足，可对 L 值进行调整，必要时则需调整 B 值。在 B 值一定的情况下，如尺寸有富余，一般可增大 b 值以减缓坡度或加宽 D_2 值以利于楼层平台分配人流。在装配式楼梯中，D_1 和 D_2 值的确定还需要注意使其符合预制板安放尺寸，并减少异型规格板数量。

(7) 根据上述计算结果，按照建筑制图规范的要求，绘制楼梯平面图和剖面图。

6.4 台阶与坡道

在建筑物入口处，因室内外地面高差而设置的踏步段称为台阶。为方便车辆、轮椅通行也可以增设坡道，具体形式根据建筑设计要求确定。台阶与坡道形式如图 6-31 所示。

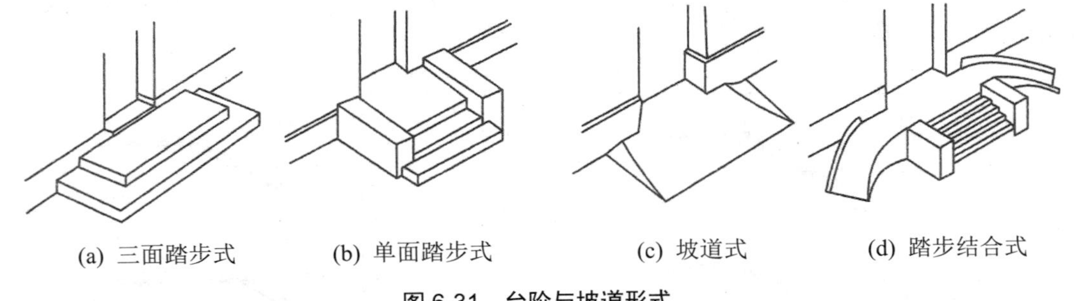

(a) 三面踏步式　(b) 单面踏步式　(c) 坡道式　(d) 踏步结合式

图 6-31　台阶与坡道形式

6.4.1 台阶

1. 台阶的形式和基本要求

台阶分为室外台阶和室内台阶。室外台阶是设置在建筑出入口处以解决室内外高差的交通联系构件。室内台阶用于解决室内和室内之间的高差，同时还起到丰富室内空间变化的作用。

为了使台阶满足交通和疏散的需要，台阶的设置应满足室内台阶踏步数不应少于两级的要求。台阶踏步应较平缓，以便于行走舒适。其踏高 h 一般为 100～150mm，踏步宽 b 不宜小于 300mm，步数根据高差来确定。室外台阶在建筑出入口大门之间，应设置缓冲平台，作为室内外空间的过渡，平台深度不应小于 1000mm，平台宽度应大于所连通的门洞口宽度，一般每边至少宽出 500mm。

2. 台阶的构造

台阶的构造分为实铺和架空两种，多数采用实铺的方法。其构造包括基层、垫层、面层。一般采用素土夯实做基层，然后按台阶形状尺寸做 C10 混凝土垫层、灰土垫层或砖、石垫层，台阶面层可采用水泥砂浆、水磨石、缸砖、石材等制作。为防止台阶与建筑物因沉降差别而出现裂缝，台阶应与建筑物主体之间设沉降缝，并应在施工时间上滞后于主体建筑。在严寒地区，为保证台阶不受土壤冻胀的影响，应把台阶下部一定深度范围内的土换掉，改设砂土垫层。不同台阶的构造如图 6-32 所示。

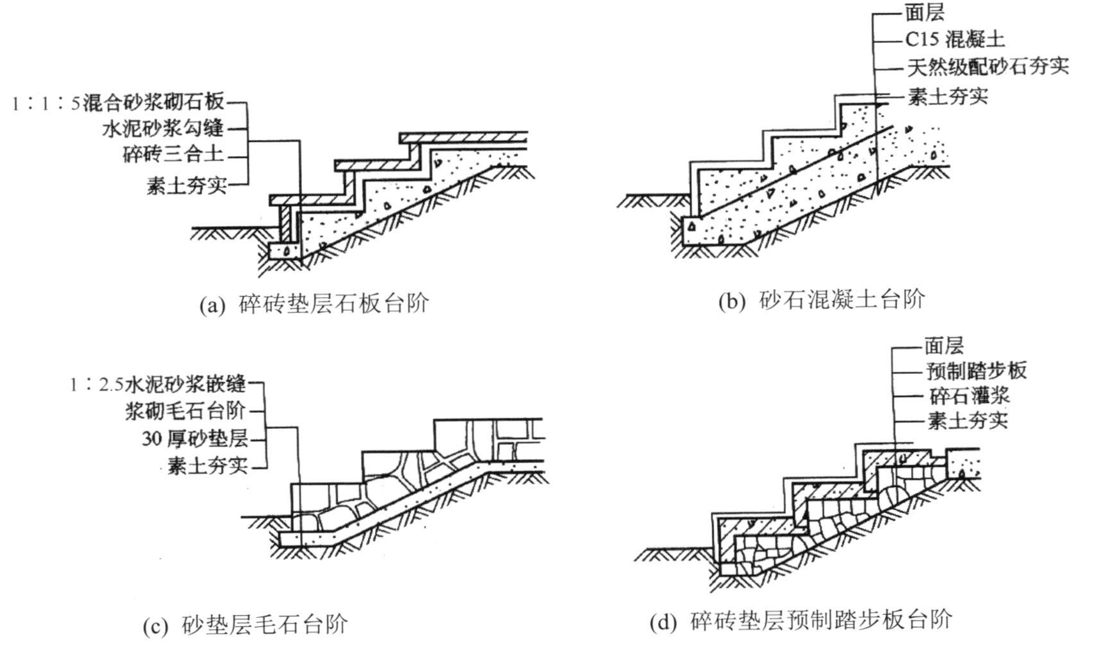

(a) 碎砖垫层石板台阶　　(b) 砂石混凝土台阶

(c) 砂垫层毛石台阶　　(d) 碎砖垫层预制踏步板台阶

图 6-32　台阶的构造(mm)

6.4.2　坡道

坡道是指当建筑中两个空间有高差时，为满足车辆行驶、行人活动和无障碍设计要求而设置的垂直交通构件。室内坡道坡度不宜大于 1∶8，室外坡道坡度不宜大于 1∶10。供残疾人使用的坡道坡度不应大于 1∶20，困难地段不应大于 1∶8，同时每段坡道的最大高度为 1200mm，最大水平长度为 24 000mm。坡道的宽度不应小于 1000mm，当长度超过时，需在坡道中部设休息平台，休息平台的深度在坡道直行时应为 1200mm，在转弯时应为 1500mm，如图 6-33 所示。

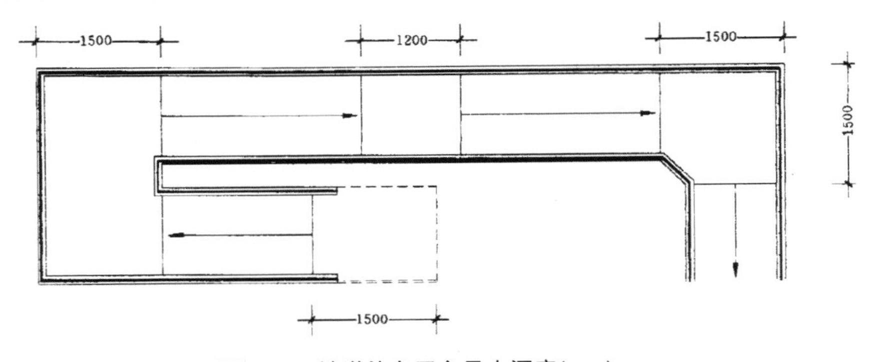

图 6-33　坡道休息平台最小深度(mm)

坡道的构造与台阶的构造基本相同，对防滑要求较高或坡度较大的坡道可设置防滑条或做成锯齿形，如图 6-34 所示。

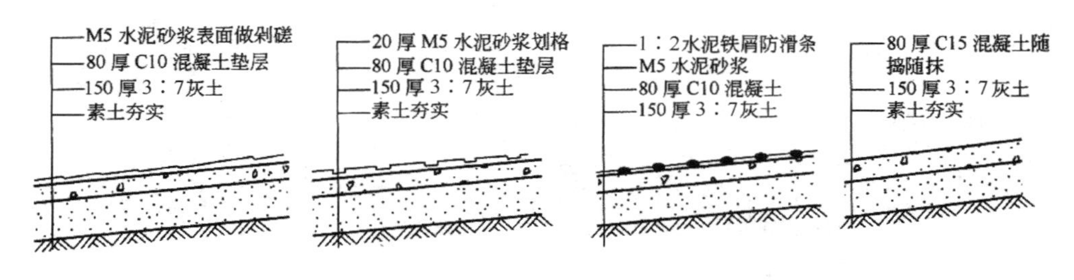

图 6-34　坡道构造(mm)

6.5　电梯与自动扶梯

电梯是一种以电动机为动力的垂直升降机，自动扶梯是带有循环运行阶梯的一类扶梯，是用于向上或向下倾斜运送乘客的固定电力驱动设备。电梯与自动扶梯是建筑物的垂直交通设施，它们运行速度较快，节省人力和时间。在多层、高层和具有特殊功能要求的建筑物中，为了实现上下运行的方便快速和满足实际需要，常设有电梯或自动扶梯。

6.5.1　电梯

1. 电梯的类型

1)　按使用性质分

电梯按使用性质可分为载人电梯、载货电梯、消防电梯、观光电梯及医院专用电梯。不同电梯井道平面图如图 6-35 所示。

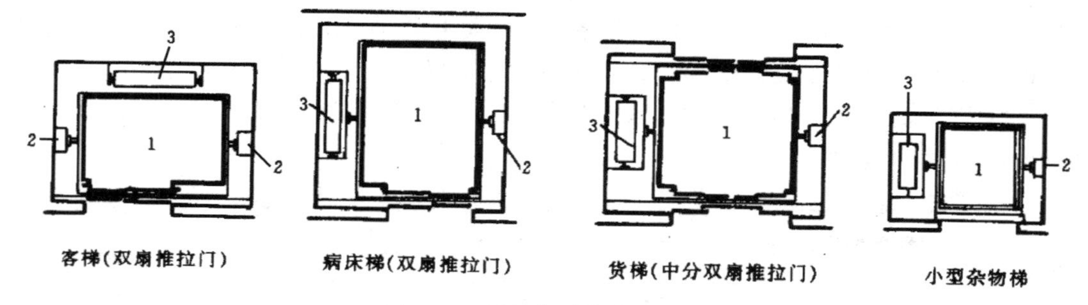

图 6-35　不同电梯井道平面图

1—电梯厢　2—导轨及撑架　3—平衡重

2)　按电梯运行速度分

(1)　高速电梯：速度大于 2m/s，消防电梯常用高速电梯。

(2)　中速电梯：速度在 2m/s 以内，较常用。

(3)　低速电梯：速度在 1.5m/s 以内，运送食物的电梯常用低速电梯。

2. 电梯的组成

电梯由电梯井、轿厢、电梯机房控制设备系统三部分组成。不同厂家提供的设备尺寸、运行速度对土建的要求都不同，所以在设计时应按厂家提供的产品尺寸进行设计。

1)　电梯井道

电梯井道是电梯轿厢运行的通道，火灾事故中火焰及烟气容易从井道中蔓延。因此，井道壁应根据防火规定进行设计，多采用钢筋混凝土墙。

电梯井的底部应设地坑，一般设置在最底层平面标高下($H\geqslant1.4$m)，并在底部安装缓冲器，以避免轿厢停靠时与地坑直接相撞。电梯井与机房墙体以及楼板的耐火极限不应低于1小时，一般多用混凝土材料。井道地坑须考虑防水处理，不得渗水，地坑底部应光滑平整。消防电梯的井道地坑还应有排水设施。

2)　轿厢

轿厢是电梯用以承载并运送人员和物资的箱形空间，是电梯用来运载乘客或货物及其他载荷的轿体部件。轿厢一般由轿底、轿壁、轿顶、轿门等主要部件构成。轿厢内部净高度不应小于2m，使用人员正常出入轿厢入口的净高度不应小于2m，为防止乘员过多而引起超载，轿厢的有效面积必须予以限制。

3)　电梯机房

电梯机房一般设在电梯井道的顶部，也有少数电梯把机房放在井道底层的侧面(如液压电梯)。机房和井道的平面相对位置允许机房任意向一个或两个相邻方向伸出，并满足机房有关设备安装的尺寸安排及管理、维修等需要。

为了减轻电梯运行对建筑物产生的震动和噪声，应采取适当的隔震及隔声措施。一般情况下，在机房机座下设置弹性垫层来达到隔震和隔声的目的，如图6-36所示。电梯运行速度超出1.5m/s者，除弹性垫层外，还应在机房与井道间设隔声层，隔声层高度为1.5～1.8m，如图6-37所示。

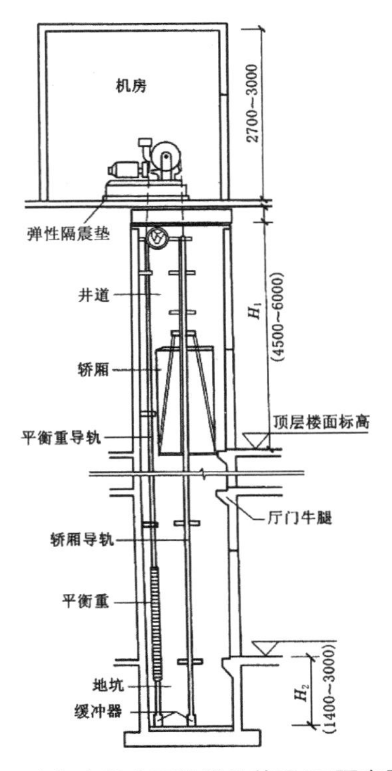

图6-36　在机房机座下设弹性垫层(无隔声层)(mm)

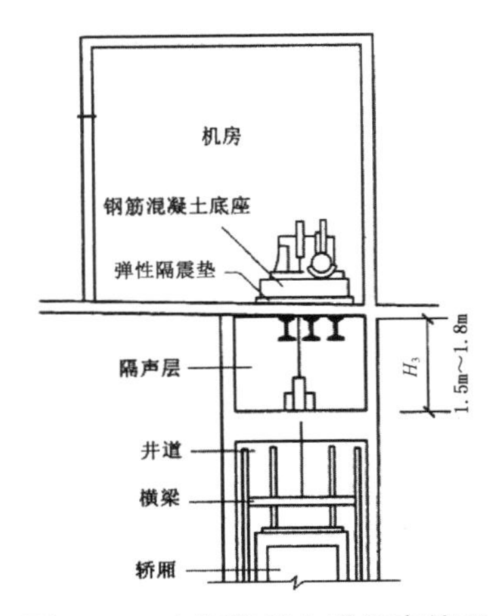

图6-37　有隔声层电梯机房处理

6.5.2 自动扶梯

自动扶梯是在人流集中的大型公共建筑中使用的、层间运输效率最高的载客设备。自动扶梯常用于商场、车站、码头、航空港等人流量大的场所。自动扶梯由电动机驱动，踏步与扶手同步运行，一般自动扶梯均可正、逆两个方向运行，停机时可当作临时楼梯供人行走。自动扶梯的平面布置可单台设置或双台并列，如图 6-38 所示，双台并列时一般采取一上一下的方式，以获得垂直交通的连续性，但必须在二者之间留有足够的结构间距($D\geqslant$380mm)，以保证装修的方便和使用者的安全。

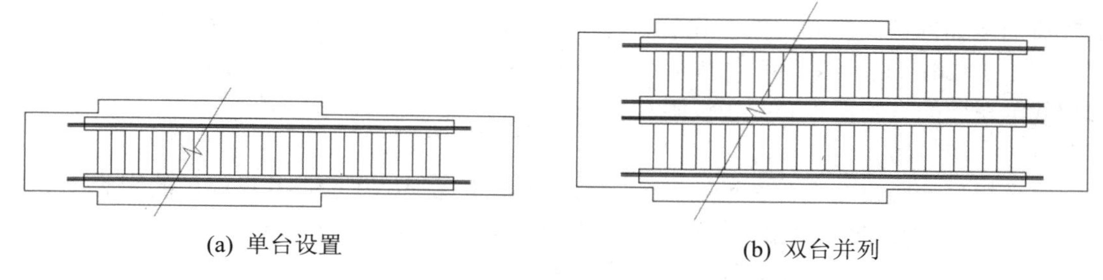

图 6-38　自动扶梯平面图

自动扶梯的机械装置悬在楼板下面，楼层下做外装饰处理，底层则做地坑，在机房上部自动扶梯口处应做活动地板，以利检修，地坑也应做防水处理。自动扶梯的基本尺寸如图 6-39 所示。

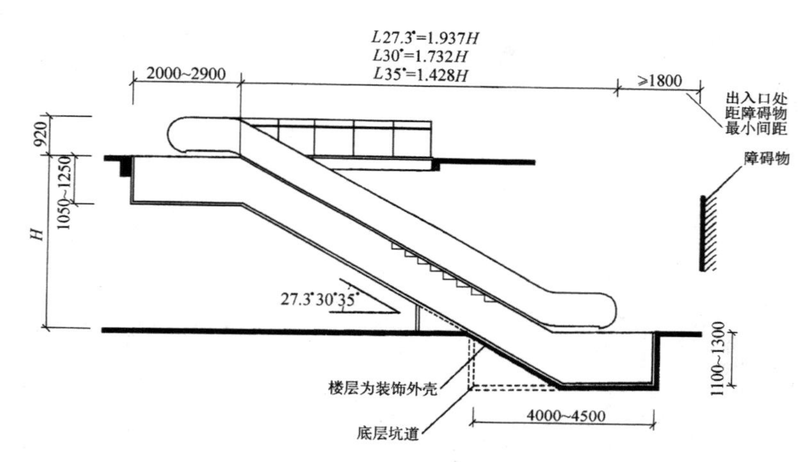

图 6-39　自动扶梯基本尺寸(mm)

复习思考题

一、填空题

1. 楼梯由__________、__________、__________三部分组成。
2. 根据楼梯间平面形式可分为__________、__________、__________三种。

3. 电梯由________、________、____________三部分组成。
4. 幼儿园建筑楼梯的栏杆应在_________高度处增设一道扶手。

二、名词解释

1. 暗步
2. 板式梯段
3. 封闭式楼梯间

三、问答题

1. 预制装配式楼梯按支承方式分为哪几种类型？
2. 楼梯的净空高度包括哪几部分？各有哪些要求？
3. 电梯由哪几部分组成？
4. 现浇钢筋混凝土楼梯的结构形式有哪几种？各有何特点？
5. 建筑出入口台阶设计的要点有哪些？请绘简图示意。

思政模块

【职业伦理】

教学案例1：某建筑楼梯坍塌事件

让学生了解到楼梯在建筑安全疏散方面的重要作用，意识到作为一名建筑人或建筑工程管理人，知法、懂法、守法以及对法律有一颗敬畏之心的重要性；培养学生爱岗敬业的职业道德以及专业认同感；使学生树立规范意识和安全意识，引导学生养成严肃认真的工作作风，避免工程质量事故出现。

教学案例2：城市中的无障碍坡道

注重无障碍设计，体现设计师对社会弱势群体的关注，增强建筑师的责任。

第7章

门　　窗

第7章
门窗 思维导图

【学习要点及目标】

- 了解门、窗的基本类型
- 掌握门、窗的基本构造
- 掌握遮阳的设计形式

【本章导读】

门和窗是建筑物的重要组成部分。作为建筑物的主要围护构件之一，门和窗应分别满足其对建筑物的分隔、保温、隔声、采光、通风等功能要求。

门窗

7.1 概　述

门窗是装设在墙洞中可启闭的建筑构件，门窗面积占整个建筑面积的1/4，占建筑总造价的15%左右，是重要的交通和交流调控构件。

7.1.1 门窗的作用

建筑物的门窗是建造在墙体上可启闭的建筑构件。门的主要作用是交通联系、分隔建筑空间，并兼有采光、通风的作用。窗的主要功能是采光、通风及眺望。门窗均属围护构件，除了满足基本使用要求外，还应具有保温、隔热、隔声、防风及其防火等功能。对于建筑物外立面来说，如何选择门窗的形状、尺寸、排列组合方式以及材料、线型分格和造型是非常重要的(见图7-1)。

图7-1　建筑门窗

7.1.2 门窗的设计要求

1. 交通安全方面的要求

建筑中的门主要供人出入、联系室内外，与交通安全密切相关，因此在设计中门的数量、位置、大小及开启的方向应按照设计规范以及建筑物的性质和人流数量多少来考虑，以便能满足通行流畅、设置安全的要求。

2. 采光、通风方面的要求

从室内环境的舒适性及合理利用太阳能的角度来说，在设计中，首先要考虑自然采光的因素，根据不同建筑物的采光要求，选择合适的窗户面积和设计形式。一般民用建筑的采光面积，除要求较高的陈列、展示空间外，可根据窗洞口与房间净面积的比值来决定。居住建筑的窗户面积为地板面积的1/8～1/10，在公共建筑中，例如学校为1/5，医院手术室为1/2～1/3，其他辅助房间为1/12。

房间的通风和换气，主要靠外窗。为使房间内要形成合理的通风及气流，内门窗和外窗的相对位置很重要，要尽量选择易于形成穿堂风的位置。

3. 围护方面的要求

门窗作为围护构件，必须要考虑防风沙、防雨水、防盗、保温、隔热和隔声等要求，以保证室内舒适的环境，这就要求在门窗构造设计中根据不同地区的特点选择合适的材料和构造形式。

4. 立面美观方面的要求

门窗是建筑物立面造型中的主要部分，应在满足交通、采光、通风等主要功能的前提下，适当考虑视觉美观和造价问题。同时在建筑造型中门窗也可以作为一种装饰语言来传达设计理念。

5. 门窗模数的要求

在建筑设计中门窗和门洞的大小涉及模数问题，采用模数制可以给设计、施工和构件生产带来方便。目前，门窗在制作生产上已基本标准化、规格化和商品化，各地均有一般建筑门窗标准图和通用图集，在设计时可供选用。

7.1.3　门窗的分类

1. 门的分类

门可以按其开启方式、材料及使用要求等进行如下分类。

(1) 按开启方式分为平开门、弹簧门、推拉门、折叠门、转门，其他还有上翻门、升降门、卷帘门等，如图 7-2 所示。

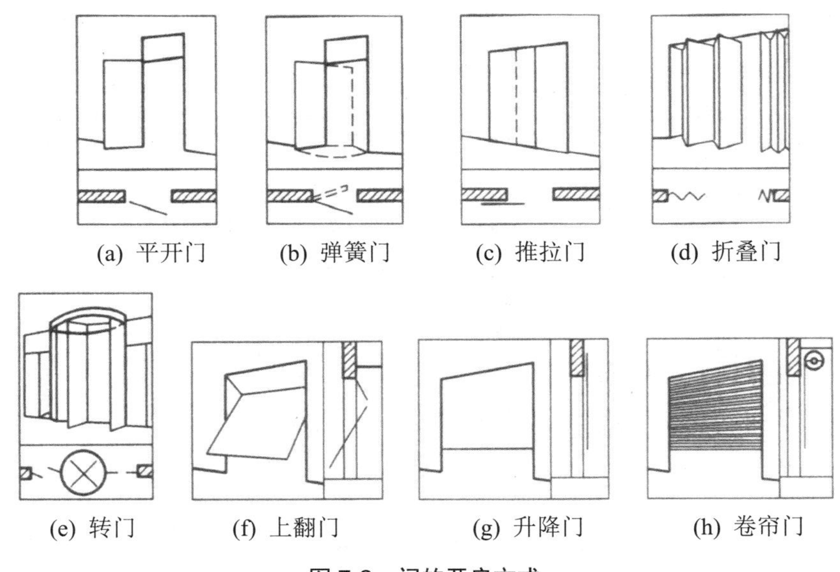

图 7-2　门的开启方式

① 平开门。平开门是建筑中最常见的一种门，铰链装于门扇的一侧与门框相连，水平开启，门扇围绕铰链轴转动。平开门有单扇与双扇、内开与外开之分。这种形式的门具有构造简单、制作方便、开关灵活的优点。

② 弹簧门。弹簧门形式同平开门，但采用了弹簧铰链或地弹簧代替普通铰链，借助弹簧的力量使门扇自动关闭，可单向或内外双向弹动且开启后可自动关闭，所以兼具有内外平开门的特点。单面弹簧门多为单扇，常用于有温度调节及气味要遮挡的房间，如厨房、厕所等；双面弹簧门适用于人流较多，对门有自动关闭要求的公共场所，如过厅、走廊。

弹簧门应在门扇上安装玻璃或者采用玻璃门扇，供出入的人们相互观察，以免碰撞。弹簧门使用方便，但存在关闭不严密、空间密闭性不好的缺点。

③ 推拉门。推拉门是沿设置在门上部或下部的轨道左右滑移的门，通常有单扇和双扇两种。从安装方法上可分上挂式、下滑式以及上挂式和下滑式相结合的这三种形式。采用推拉门分隔内部空间既节省空间又轻便灵活，门洞尺寸也可以较大，但有关闭不严密、空间密闭性不好的缺点。实际使用中有普通推拉门，也有电动及感应推拉门等。

④ 折叠门。折叠门的门扇可以拼合、折叠并推移到洞口的一侧或两侧，减少占据房间的使用面积。简单的折叠门可以只在侧边安装铰链，复杂的还要在门的上边和下边安装导轨及转动的五金配件。折叠门开启时可节省空间，但构造较复杂，一般可以作为公共空间(如餐厅包间、酒店客房)中的活动隔断。

⑤ 转门。转门是由三或四扇门用同一竖轴组合成夹角相等，在两个固定弧形门套内旋转的门。旋转门是 20 世纪 90 年代以来建筑物入口非常流行的一种装修形式，它改变了建筑的入口形式。它开启方便，密封性能良好，赋予建筑现代感，广泛用于有采暖或空调设备的宾馆、商厦、办公大楼和银行等高级场所。它的优点是外观时尚，能够有效防止室内外空气对流；缺点是交通能力小，不能作为安全疏散门，因此需要在两旁设置平开门、弹簧门等组合使用。转门的旋转方向通常为逆时针，有普通转门和旋转自动门两种。

普通转门为手动旋转结构，门扇的惯性转速可通过阻力调节装置按需要进行调整，旋转门构造如图 7-3 所示。普通转门按材质分为铝合金、钢质、钢木结合三种类型。

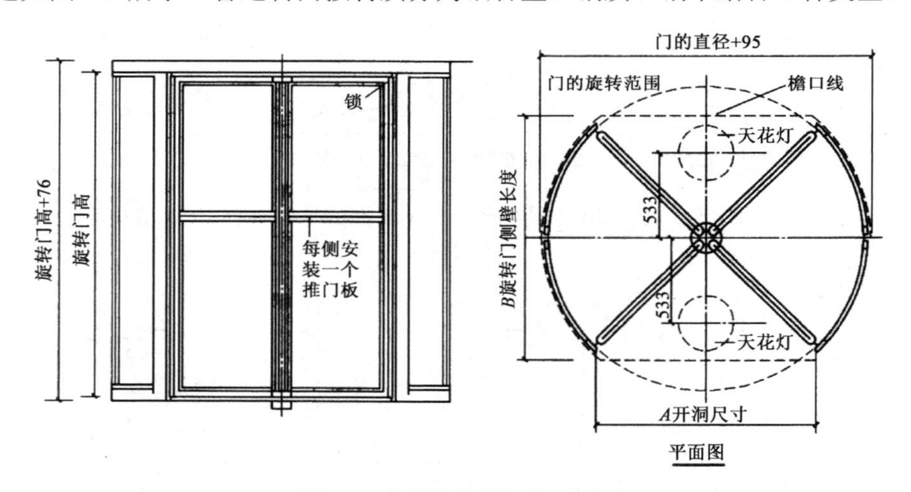

图 7-3　旋转门的构造(mm)

旋转自动门采用声波、微波或红外传感装置和电脑控制系统，传动机构为弧线旋转往复运动。旋转自动门按材质分有铝合金和钢质两种，活动扇部分为全玻璃结构。

⑥ 上翻门。一般由门扇、平衡装置、导向装置三部分组成(见图 7-4)。平衡装置一般采用重锤或弹簧来平衡。这种门具有不占使用面积的优点，但是对五金零件、安装工艺的要求较高，用于车库门。

⑦ 卷帘门。卷帘门在门洞上部设置卷轴，利用卷轴将门帘上卷或放下来开关门洞口。门的组成主要包括帘板、导轨及传动装置(见图 7-5)。帘板由条状金属帘板相互铰接组成。开启时，帘板沿着门洞两侧的导轨上升，卷入卷筒中。门洞的上部安设手动或者电动的传

动装置。这种门具有防火、防盗、开启方便、节省空间的优点，主要适用于商场、车库、车间等需要大门洞尺寸的场合。

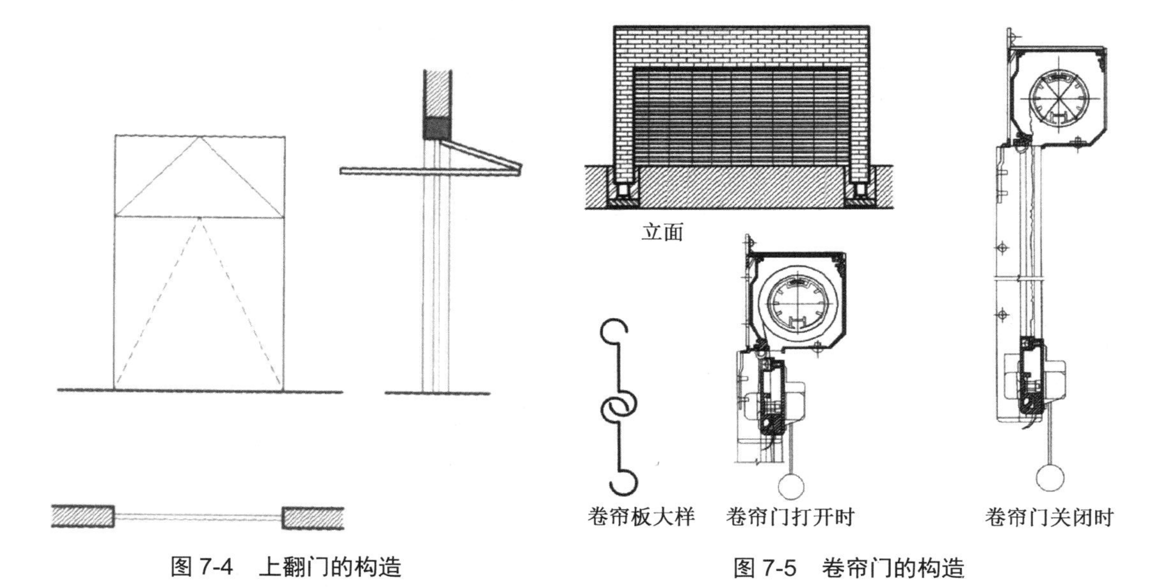

图 7-4 上翻门的构造

图 7-5 卷帘门的构造

(2) 按使用材料分为木门、钢木门、钢门、铝合金门、玻璃门、塑钢门及铸铁门等。

(3) 按构造分为镶板门、拼板门、夹板门、百叶门等。

(4) 按使用要求分为保温门、隔声门、防火门等。

2. 窗的分类

(1) 窗按使用材料分为木窗、钢窗、铝合金窗、塑料窗、玻璃钢窗和塑钢窗等。

(2) 窗按开启方式分为固定窗、平开窗、悬窗、立转窗、推拉窗及百叶窗等，如图 7-6 所示。

① 固定窗：是指不能开启的窗，如图 7-6(a)所示。固定窗的玻璃直接嵌固在窗框上，仅供采光和眺望之用。

② 平开窗：安装在窗扇一侧与窗框相连，向外或向内水平开启，如图 7-6(b)所示。平开窗有单扇、双扇、多扇三种类型，有向内开与向外开之分。其构造简单、开启灵活、制作维修方便，广泛应用于民用建筑中。

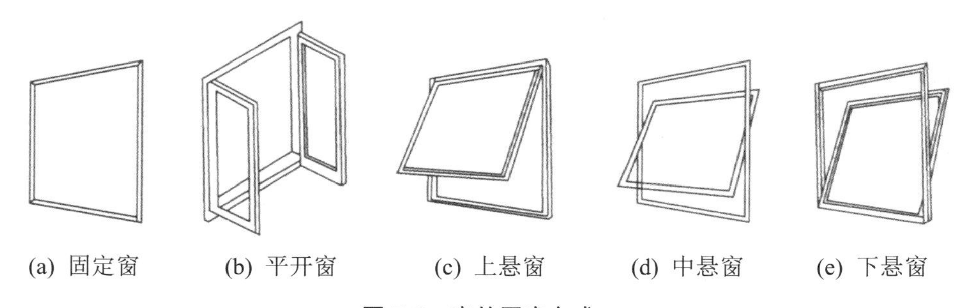

图 7-6 窗的开启方式

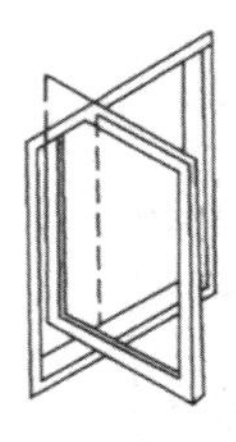
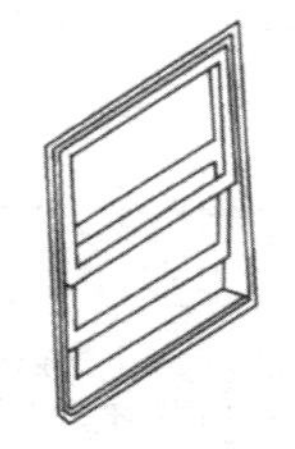

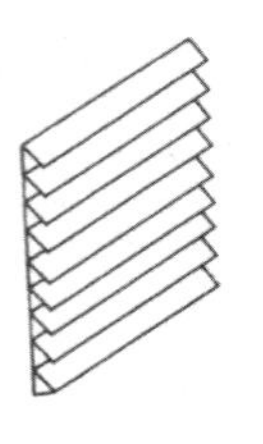
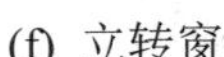

(f) 立转窗　(g) 垂直推拉窗　(h) 水平推拉窗　(i) 百叶窗

图 7-6　窗的开启方式(续)

③　悬窗：按照铰链和转轴的位置不同，可分为上悬窗、中悬窗和下悬窗三种。

上悬窗的铰链安装在窗扇上部，一般向外开启(见图 7-7 和图 7-6(c))，具有良好的防雨性能，多用作门和窗上部的亮子；中悬窗的铰链安装在窗扇中部，开启时窗扇绕水平轴旋转，窗扇上部向内开，下部向外开，如图 7-6(d)所示，有利于挡雨、通风，多用于高侧窗；下悬窗的铰链安装在窗扇下部，一般向内开，如图 7-6(e)所示，但这种设置形式占据室内空间且不防雨，多用于内门的亮子。

图 7-7　上悬窗

④　立转窗：窗扇可以沿竖轴转动，如图 7-6(f)所示，其开启大小及方向可以随风向调整，有利于将室外空气引导至室内。但因其密闭性较差，不宜用于寒冷和多风沙的地区。

⑤　推拉窗：分为垂直推拉窗和水平推拉窗两种，如图 7-6(g)、(h)所示。水平推拉窗需要在窗扇上、下设置轨槽，垂直推拉窗需要设置滑轮和平衡措施。推拉窗开启时不占据室内外空间，窗扇受力状态较好，窗扇和玻璃可以比较大，但通风面积受到限制。铝合金和塑钢材料的窗多采用这种开启方式。

⑥　百叶窗：主要用于遮阳、防雨及通风，但采光较差，窗扇可用金属、木材、玻璃等材料制作，有固定式和活动式两种形式，如图 7-6(i)所示。

7.2　门窗的构造设计

门窗构造是指门窗的组成部分和结构形式。一般来说，门窗构造包括门窗框、门窗扇、门窗玻璃、门窗五金配件等。

7.2.1　门的尺寸

门的尺度应根据人员交通疏散、家具设备搬运、通风、采光、防火规范要求以及建筑造型设计要求等综合考虑。应避免门扇面积过大导致门扇及五金连接件等易于变形而影响门的使用。例如对于人员密集的剧院、电影院、礼堂和体育馆等公共场所中观众厅的疏散门，其宽度一般按每百人 0.6～1.0m 来计算；当使用人员较多时，出入口应分散布置。

一般情况下，门的设计尺寸可以参照表 7-1。

表 7-1　门的设计尺寸参考表

建筑类型	门的形式	门的宽度(mm)	门的高度(mm)
居住建筑	单扇门	800～1000	2000～2200
	双扇门	1200～1400	有亮子时增加 300～500
公共建筑	单扇门	950～1000	2100～2300
	双扇门	1400～1800	有亮子时增加 500～700

7.2.2　门的组成

门的构造主要由门框、门扇和五金零件组成，如图 7-8 所示。

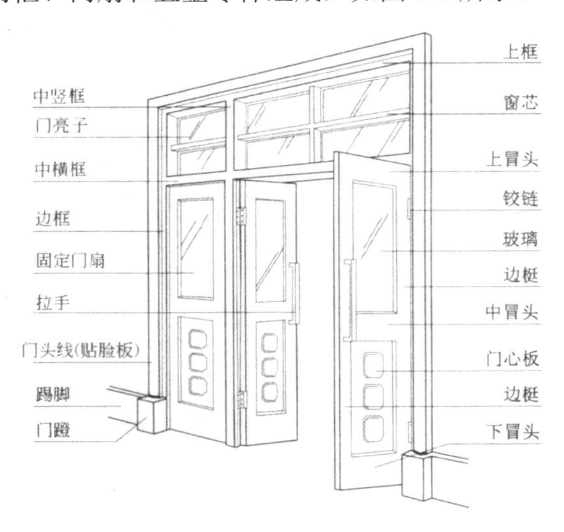

图 7-8　门的组成

门框，又称门樘，由上框、中框和边框等组成，多扇门还有中竖框。为了满足采光和通风的要求，可在门的上部设腰窗(俗称上亮子)，亮子可以是固定的，也可以平开或旋转开启，其构造同窗扇。门框与墙间的缝隙常用木条盖缝，称门头线(俗称贴脸板)。

门扇主要由上冒头、中冒头、下冒头、边梃、门芯板、玻璃和五金零件组成。

门的五金零件主要有铰链、插销、门锁和拉手(见图 7-9)、闭门器(见图 7-10)、地弹簧等。在选型时，铰链需特别注意其强度，以防止其变形影响门的使用；拉手样式需结合建筑装修设计进行选型，如图 7-11 所示。

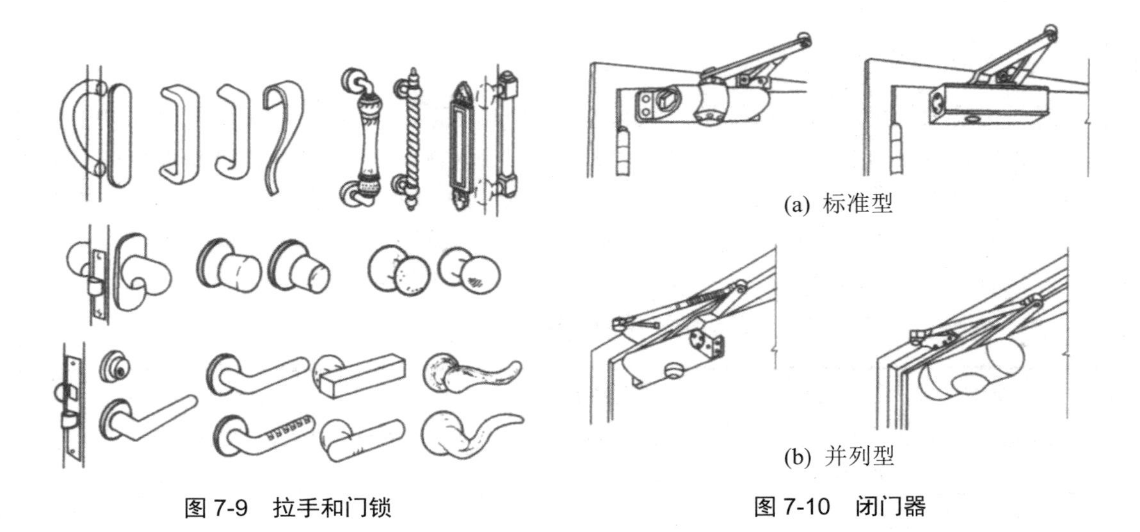

图 7-9　拉手和门锁

图 7-10　闭门器

随着建筑技术与材料的发展，门的形式呈现出多样化的趋势，其组成与构造也灵活多变、各具特色。

图 7-11　门的拉手与闭门器

7.2.3　门的构造

1. 平开木门的构造

1)　门框

(1)　门框的断面尺寸。门框主要作用是固定门扇和腰窗，与门洞固定联系，以及保护墙角、装饰等。其断面形式、设置的尺寸与门的类型、层数有关，门框的设置应有利于门的安装并应具有一定的密闭性。木门框的断面形式与尺寸如图 7-12 所示。为了便于门扇密闭，门框上要设置铲口。根据门扇数量与开启方向，可以开设单铲口用于单层门，或开设双铲口用于双层门。铲口的宽度要比门扇厚度大 1～2mm，铲口深度一般为 8～10mm。

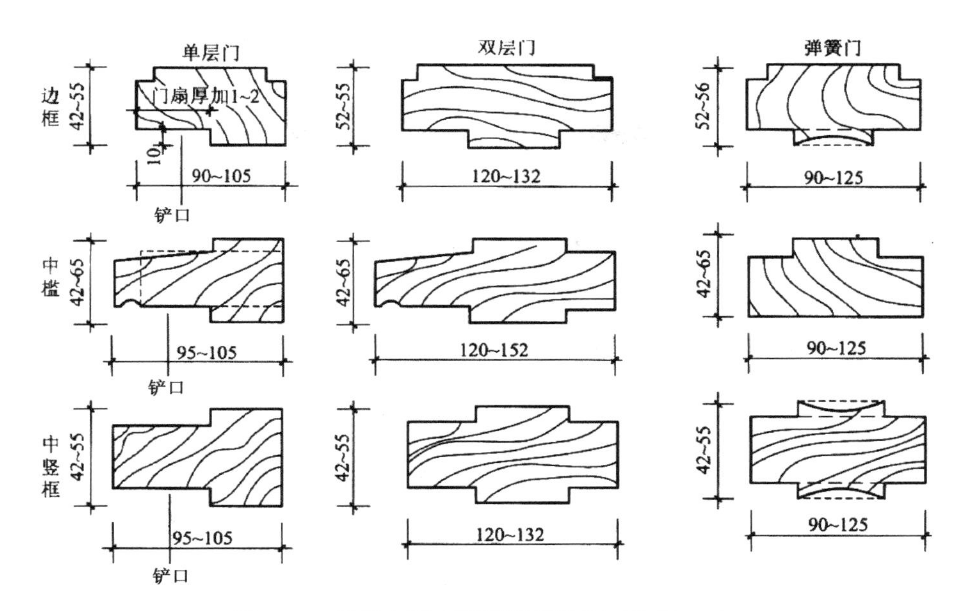

图 7-12　平开木门的门框断面形式与尺寸(mm)

(2) 门框的安装。门框的安装有先立口和后塞口两种方式，但均需在地面找平层和墙体面层施工前进行，以便门边框伸入地面 20mm 以上。施工时先立好门框后砌墙的方式称先立口安装，也称为立樘子，如图 7-13(b)所示；目前常用的施工做法是后塞口安装，也称为塞樘子(见图 7-13(a))，是指在砌墙时沿高度方向每隔 500～800 mm 预埋经过防腐处理的木砖，留出洞口后，用长钉、木螺钉等固定门框。为了便于安装，预留的洞口应比门框的外缘尺寸多出 20～30mm。

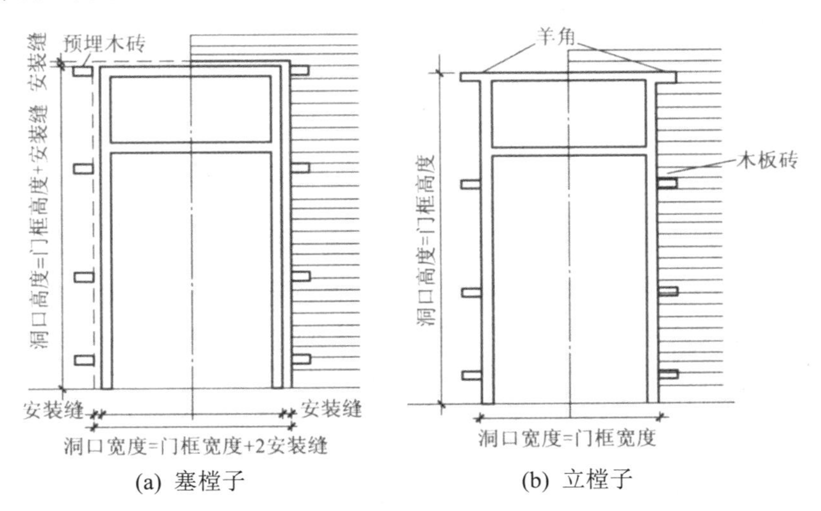

(a) 塞樘子　　(b) 立樘子

图 7-13　门框的安装方式

(3) 门框与墙的关系。门框在墙中的位置，要根据房间的使用要求、墙身材料以及墙厚来确定，常分为门框内平、门框居中、门框外平三种情况。门框一般多与开启方向一侧平齐，尽可能使门扇开启时角度最大。但对于较大尺寸的门，为了安装牢固，多居中设置。

门框位置、门贴脸板及筒子板如图 7-14 所示。

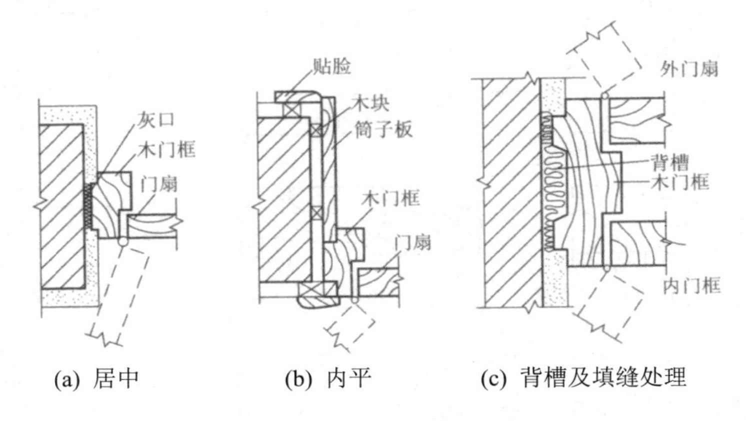

(a) 居中　(b) 内平　(c) 背槽及填缝处理

图 7-14　木门框在墙洞中的位置

2)　门扇

木门扇主要由上冒头、中冒头、下冒头、门梃及门芯板等组成。常见的木门扇按照构造不同又分为镶板门、夹板门等类型。

(1)　镶板门。主要骨架由上、下冒头和两根边梃组成框子，有时中间还有一条或几条横冒头或一条竖向中梃，在其中镶装门芯板。门芯板可采用木板、胶合板、硬质纤维板及塑料板等。有时根据需要也可以做成部分玻璃或者全玻璃的门芯，称为半玻璃镶板门或全玻璃镶板门。另外，纱门和百叶门的构造与镶板门也基本相同。

木质的门芯板一般用 10～15mm 厚木板拼装成整块，镶入边梃。门芯板在边梃与冒头中的镶嵌方式有暗槽、单面槽、双边压条等三种方式(见图 7-15)。其中，暗槽构造方式结合最牢，工程中最为常见。

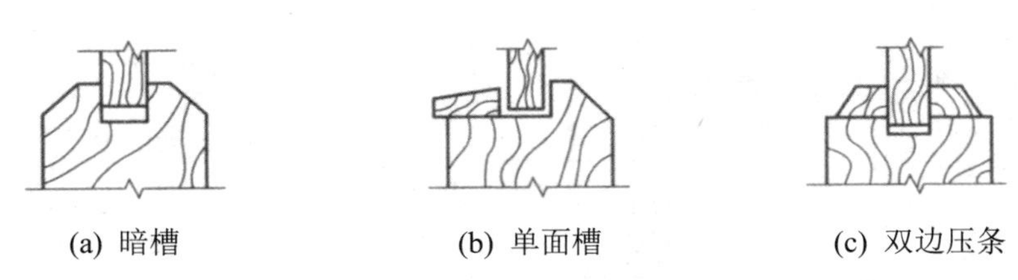

(a) 暗槽　(b) 单面槽　(c) 双边压条

图 7-15　门芯板的镶嵌方式

为方便门锁的安装，门扇边框的厚度即上、下冒头和边梃厚度，一般为 40～45 mm，纱门的厚度为 30～35 mm，上冒头、中冒头和两旁边梃的宽度为 80～150mm，根据设计可以将上、下冒头和边梃做成等宽。镶板门构造如图 7-16 所示。

(2)　夹板门。先用木料做成木框格，然后在两面用钉或胶粘的方法加上面板。外框用料可以采用 23mm×(80～150) mm，内框采用 23 mm ×(30～40) mm 的木料，中距 100～300mm，为节约木材也可以用浸塑蜂窝纸板代替木骨架。面板一般采用优质双层胶合板，并用胶结材料双面胶结。为了保持门扇内部干燥，最好在上下框格上贯通透气孔。

根据功能需要，夹板门可加装百叶或玻璃，如卫生间、厨房等。夹板门构造如图 7-17 所示。

夹板门骨架和面板共同受力，具有用料少、自重轻、外形简洁美观的特点，常用于建筑内门。当用于外门时，面板应做好防水处理，并加强面板与骨架的胶结质量。

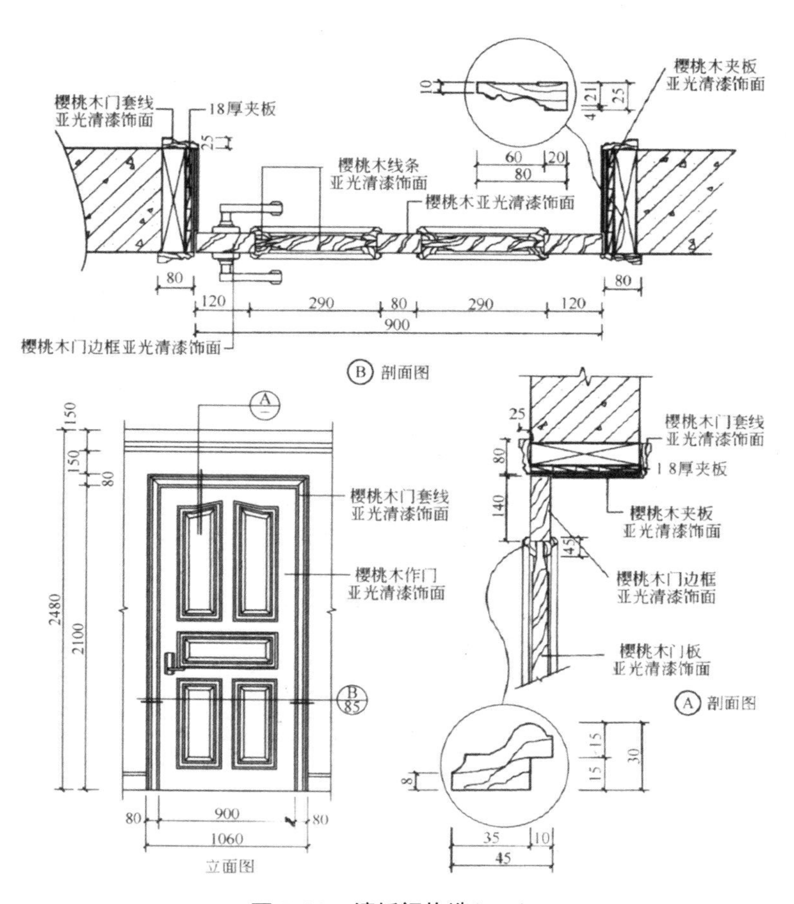

图 7-16　镶板门构造(mm)

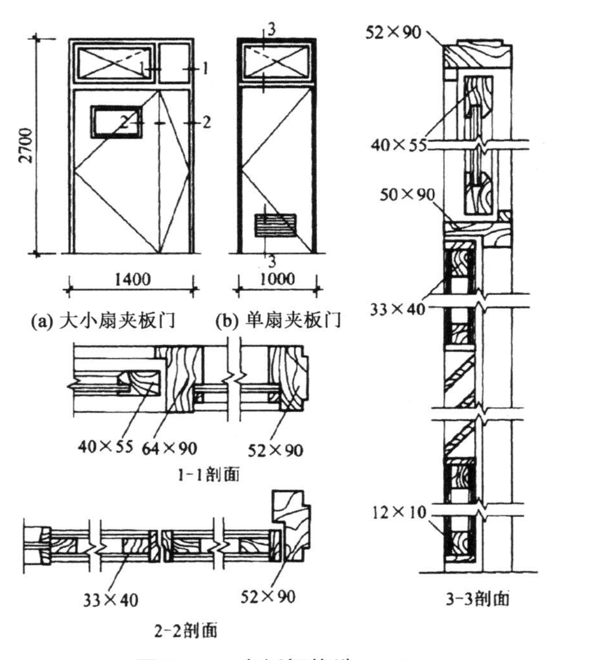

图 7-17　夹板门构造(mm)

2. 铝合金门

铝合金是一种以铝为主，加入适量镁、锰、铜、锌、硅等多种元素的合金，具有自重轻、强度高、耐腐蚀、易加工的优点，特别是其密闭性能好，远比钢、木等材料优越。铝合金门结构坚挺、色泽美观，对建筑外观能起到装饰作用，但是其造价较高。

铝合金门通常由铝合金门框、门扇、腰窗及五金零件组成。按其门芯板的镶嵌材料不同可分为铝合金条板门、半玻璃门、全玻璃门等形式，主要有平开、弹簧、推拉、折叠等开启方式，其中铝合金的弹簧门、铝合金推拉门(见图 7-18)是目前最常用的，图 7-19 所示为铝合金弹簧门的构造示意图。

图 7-18　铝合金推拉门

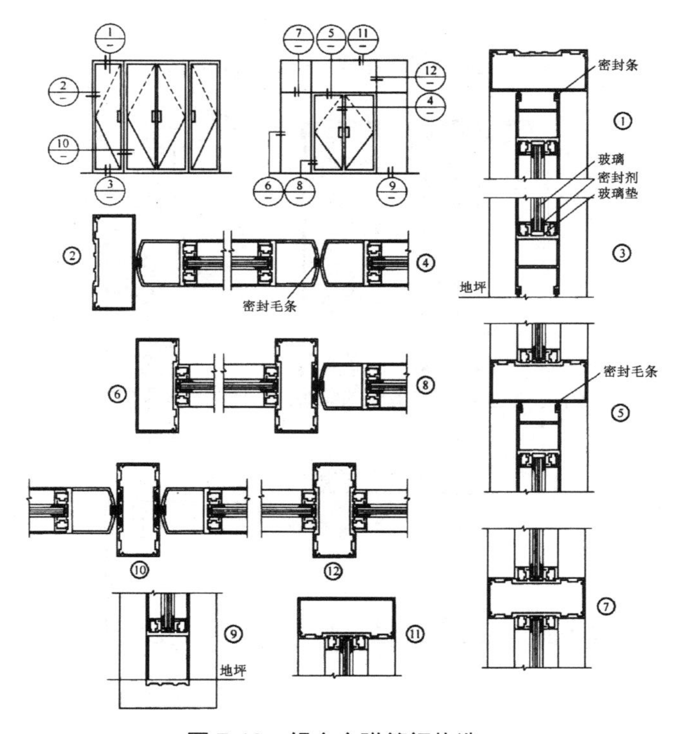

图 7-19　铝合金弹簧门构造

铝合金门门框的选料名称根据门框的厚度构造尺寸来区别，如铝合金平开门门框厚度构造尺寸为 50mm，即称为 50 系列铝合金平开门。铝合金门构造有国家标准图集，各地区也有相应的通用图供选用。我国各地铝合金门型材系列对照参考表如表 7-2 所示。

表 7-2　我国各地铝合金门型材系列对照表

单位：mm

系列 / 门型 / 地区	铝合金门			
	平开门	推拉门	有框地弹簧门	无框地弹簧门
北京	50、55、70	70、90	70、100	70、100
上海、华东	45、53、38	90、100	50、55、100	70、100
广州	38、45、46、100	70、73、90、108	46、70、100	70、100
	40、45、50、55、60、80			
深圳	40、45、50	70、80、90	45、55、70	70、100
	55、60、70、80		80、100	

铝合金门为避免门扇变形，其单扇门宽度受型材影响有如下限制，平开门最大尺寸：55 系列 900mm×2100mm；70 系列型材：900 mm × 2400 mm；推拉门最大尺寸：70 系列型材 900mm×2100mm；90 系列型材 1050mm×2400mm；地弹簧门最大尺寸：90 系列型材 900mm×2400mm；100 系列 1050mm×2400mm。

铝合金门的安装主要依靠金属锚固件来准确定位，然后在门框与墙体之间分层填以泡沫塑料条、泡沫聚氨酯条、矿棉毡条、玻璃丝毡条等保温隔声材料，外表留 5～8mm 深的槽口后填建筑密封膏。这样可以有效防止结露，而且避免铝合金框直接与混凝土、水泥砂浆的接触，减少碱对门框的腐蚀。

门框固定点，一般控制相互间距不大于 700mm，至边角一般 180～200mm 处也设置。可采用射钉、膨胀螺栓将铁卡固定在墙上，或将铁卡与焊于墙中的预埋件进行焊接。铝合金门安装构造如图 7-20 所示。

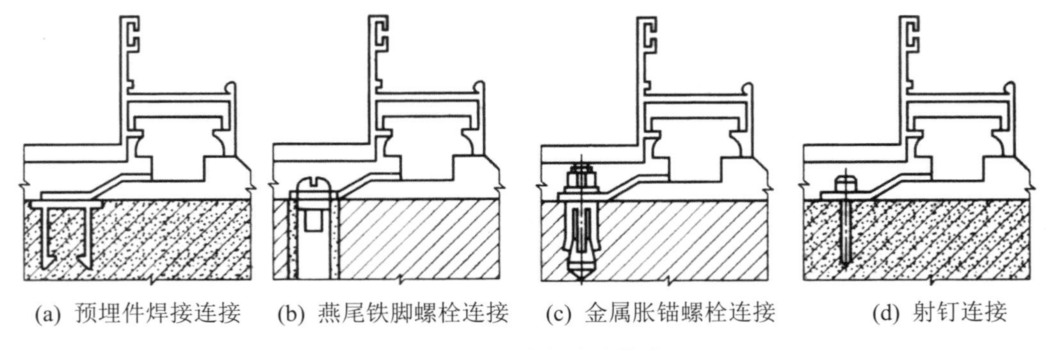

(a) 预埋件焊接连接　(b) 燕尾铁脚螺栓连接　(c) 金属胀锚螺栓连接　(d) 射钉连接

图 7-20　铝合金门安装构造

3. 塑钢门

塑钢门是以改性硬质聚氯乙烯(简称 UPVC)为原料，经挤塑机挤出成型为各种断面的中空异型材，在其内腔衬入钢质型材加强筋，再用热熔焊接机焊接组装成门框、扇、装配上玻璃、五金配件、密封条等构成门扇成品。塑料型材内膛加以型钢增强，形成塑钢结构，故称塑钢门。其特点是耐水、耐腐蚀、抗冲击、耐老化，使用寿命长，节约木材，比铝门窗经济。

4. 玻璃门

当使用中要求增加采光量和通透效果时，可以采用玻璃门。一般分为无框全玻璃门和有框玻璃门。

无框全玻璃门(见图 7-21)用 10～12mm 厚的钢化玻璃做门扇，上部装转轴铰链，下部装地弹簧。由于无框，此种门的视觉通透性良好，多用于建筑物的主出入口处。在高档装修的场所(如宾馆、写字楼)多采用自动感应开启的玻璃推拉门(见图 7-22)。

图 7-21　无框全玻璃门

图 7-22　自动感应玻璃推拉门

有框玻璃门的门扇构造与镶板门基本相同，如图 7-23 所示。只是镶板门的门芯板用玻璃代替，有时采用磨砂玻璃、冰裂玻璃、夹丝玻璃、彩釉玻璃等工艺玻璃来增加艺术效果。

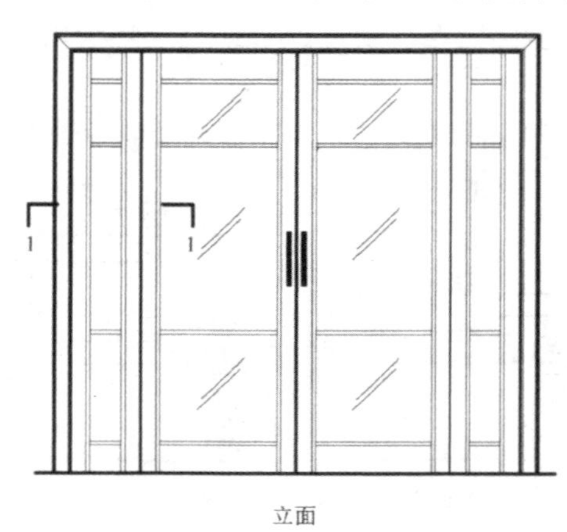

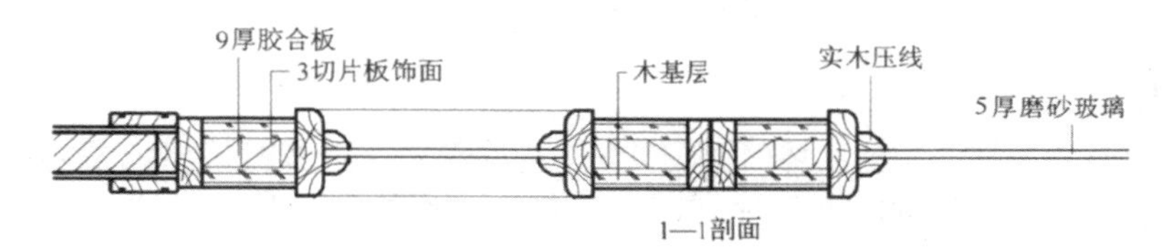

图 7-23　有框玻璃门构造

7.2.4　窗的尺寸

窗的尺度主要取决于房间的采光、通风、构造做法和建筑造型等要求，并要符合现行《建筑模数协调标准》(GB/T 50002—2013)的规定，窗的高度与宽度尺寸通常采用扩大模数 3M 数列作为洞口的标志尺寸。对一般民用建筑来说，各地均有通用图，可以按所需类型及尺度大小直接选用。

通常情况下，为使窗坚固耐久，平开窗单扇宽度不宜大于 600mm；双扇宽度 900～1200mm；三扇窗宽 1500～1800mm；高度一般为 1500～2100mm；窗台距离地面高度 900～1000mm。

推拉窗宽度不大于 1500mm，高度一般不超过 1500mm，也可以设置亮子。

7.2.5　窗的组成

窗主要由窗框、窗扇和五金零件组成，如图 7-24 所示。

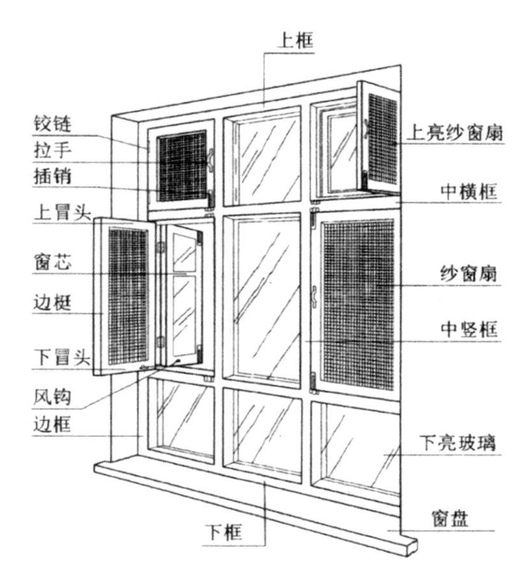

图 7-24　窗的组成

窗框又称窗樘，其主要作用是与墙连接并通过五金零件固定窗扇。窗框由上框、中框、下框、边框等组成。窗扇一般由上、下冒头和左右边梃组成。依镶嵌材料的不同，有玻璃窗扇、纱窗扇和百叶窗扇等。窗扇与窗框用五金零件连接。窗框与墙的连接处，为满足不同的要求，有时会加有贴脸板、窗台板、窗帘盒等。

7.2.6　窗的构造

1. 平开木窗

1)　窗框

(1)　窗框的尺寸。一般情况下，单层窗框的厚度常为 40～50 mm。宽度为 70～95mm。

中竖梃双面窗扇需加厚一个铲口的深度 10 mm；中横框除加厚 10mm 外，考虑要加披水时，一般还要加宽 20 mm 左右。

(2) 窗框的安装。窗的安装与门的安装一样也是分先立口和后塞口两类。先立口使窗框与墙的连接紧密，但施工不便，窗框及其临时支撑易被碰撞，目前先立口的安装方式采用较少，多采用后塞口来安装窗框。

(3) 窗框在墙中的位置。窗框在墙中的位置，一般是与墙内表面持平，安装时窗框突出砖面 20mm，以使墙面粉刷后与抹灰面持平，框与抹灰面交接处应用贴脸板搭盖，以阻止由于抹灰干缩形成缝隙后风透入室内，同时可增加美观。窗的贴脸板的形状及尺寸与门的贴脸板相同。当窗框立于墙中时，应内设窗台板，外设窗台。窗框外平于墙面时，靠室内一面设窗台板。

外开窗的上口和内开窗的下口，一般须做披水板及滴水槽以防止雨水内渗，同时在窗樘内槽及窗盘处做积水槽及排水孔将渗入的雨水排除。

2) 窗扇

平开木窗一般由上下冒头和左右边梃榫接而成，有的中间还设窗棂。窗扇厚度约为 35～42 mm，一般为 40 mm。上下冒头及边梃的宽度视木料材质和窗扇大小而定，一般为 50～60 mm，下冒头可较上冒头适当加宽 10～25 mm，窗棂宽度约 27～40 mm。玻璃常用厚度为 3 mm，面积较大时可采用 5 mm 或 6 mm。

3) 五金零件

五金零件一般有铰链、插销、窗钩、拉手和铁三角等。铰链用来连接窗扇和窗框，插销和窗钩是固定窗扇的零件，拉手为开关窗扇之用。

由于木材的耐腐蚀、防火性能差，平开木窗目前较少用于建筑外墙面，多用于有特殊要求的室内空间。

2. 铝合金窗

铝合金窗具有质轻、气密性好、色泽光亮，隔音、隔热、耐腐蚀等性能也比普通木窗、钢窗有显著提高等优点，是目前建筑中使用较为广泛的基本窗型，不足的是强度较钢窗、塑钢窗低，当平面开窗尺寸较大时易变形。铝合金窗的安装与铝合金门基本相同。铝合金平开窗构造如图 7-25 所示。铝合金推拉窗构造如图 7-26 所示。

3. 塑钢窗

由窗框、窗扇、窗的五金零件等三部分组成。图 7-27 所示为塑钢推拉窗构造图。

塑钢窗一般采用后塞口安装，在墙和窗框间的缝隙应用泡沫塑料等发泡剂填实，并用玻璃胶密封。安装时可用射钉或塑料、金属膨胀螺钉固定，也可与预埋件固定，塑钢窗的安装如图 7-28 所示。

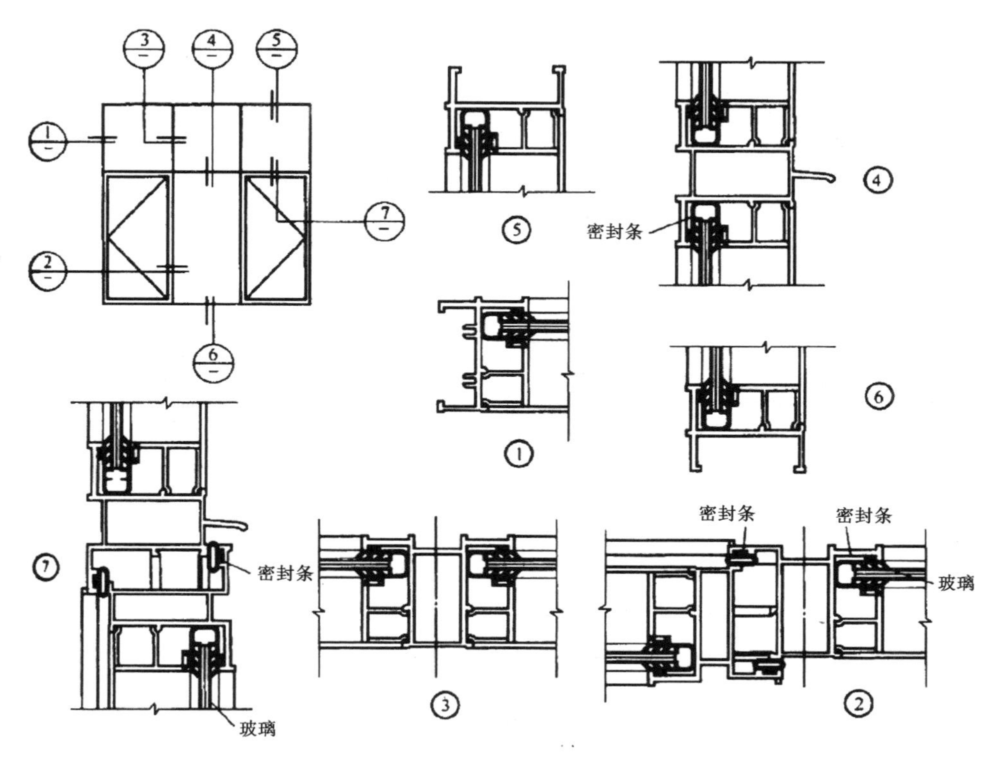

图 7-25 铝合金平开窗构造

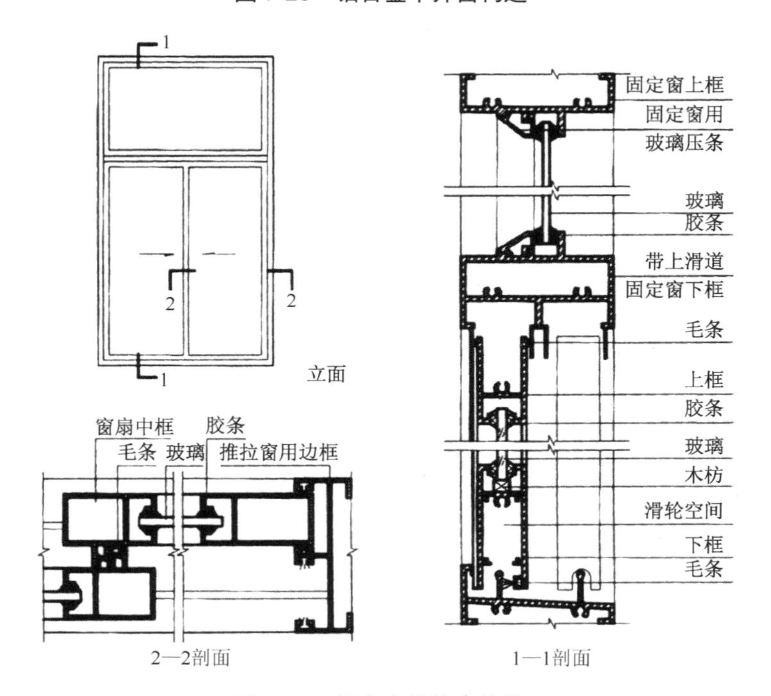

图 7-26 铝合金推拉窗构造

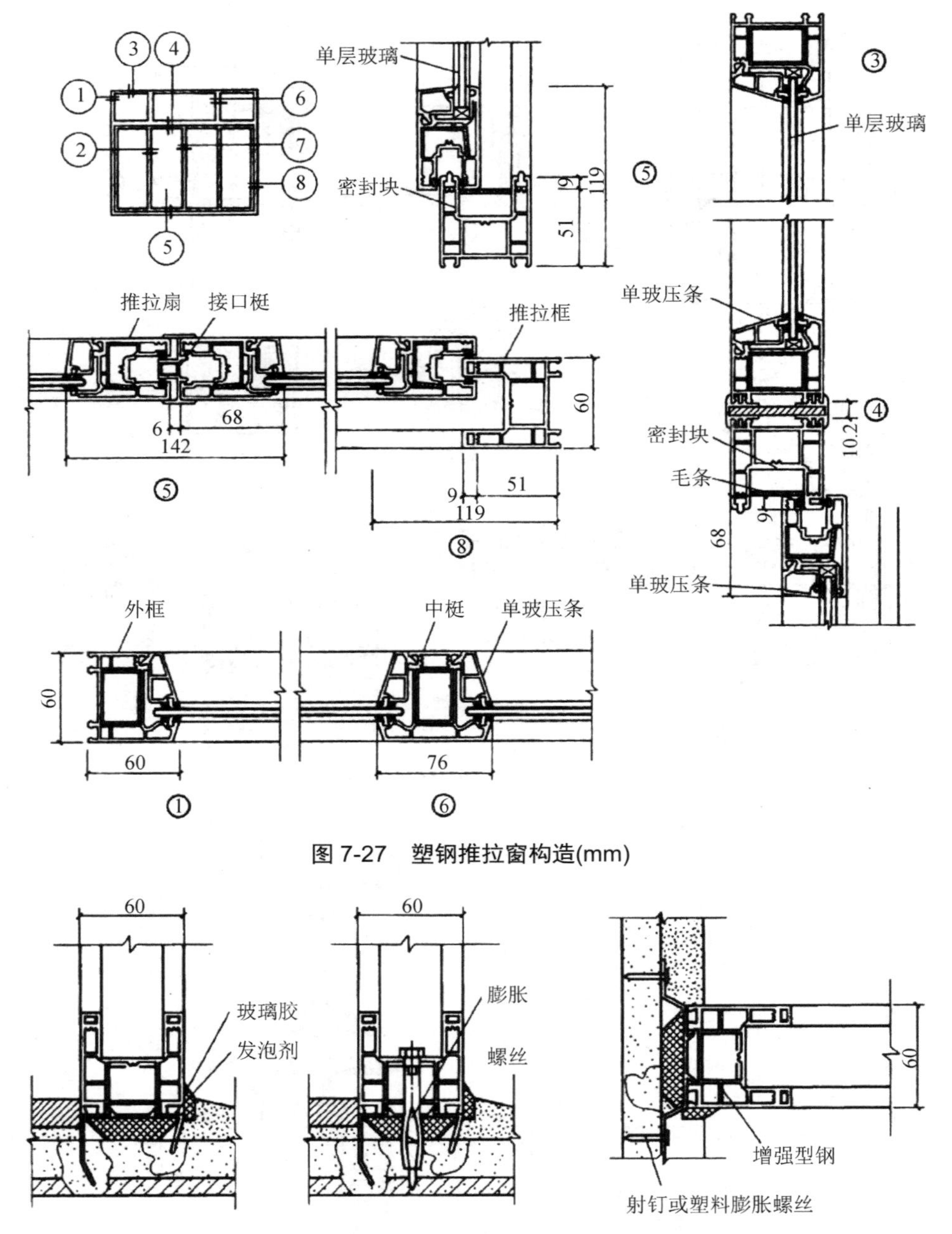

图 7-27　塑钢推拉窗构造(mm)

图 7-28　塑钢窗的安装(mm)

7.3　特殊门窗及遮阳构造

在建筑物的门窗设计中，有时需要考虑特殊环境的使用要求，如防火、隔声、保温隔热等方面的不同需要，选用一些特殊门窗。

7.3.1 特殊门

1. 防火门

在建筑防火设计中，要使建筑物各部分构件的燃烧性能和耐火极限符合设计规范的耐火等级要求。防火门是建筑物的重要防火分隔设施，常用非燃烧材料钢、或木门外包镀锌铁皮，内填衬石棉板、矿棉等耐火材料制作。按照耐火极限的要求，分为甲、乙、丙三级。甲级防火门的耐火极限为 1.5h，乙级为 1.0h，丙级为 0.5h。

防火门多采用平开形式。为了充分发挥防火门阻火防烟的作用，并且便于使用，防火门的开启方向应与人流的疏散方向一致。防火门上应安装闭门器，使防火门经常处于关闭状态。设在变形缝处的防火门应设在楼层数较多的一侧，且开启后不应跨越变形缝。

对于有防火要求的车间或仓库，常采用自重下滑关闭的防火门，它是将门上的导轨做成 5%～8%的坡度，火灾发生时，易熔合金片熔断后，重锤落地，门扇依靠自重下滑关闭。

2. 保温门

保温门要求门扇具有一定的热阻值和门缝密闭处理，故常在门扇两层面板间填以轻质、疏松的材料(如玻璃棉、矿棉等)。

3. 隔声门

隔声门多用于高速公路、铁路、飞机场边有严重噪声污染的建筑物。其隔声效果与门扇材料、门缝的密闭处理及五金件的安装处理有关。门扇的面层常采用整体板材(如五层胶合板、硬质木纤维板等)，内层填多孔性吸声材料，如玻璃棉、玻璃纤维板等。门缝密闭处理通常采用的措施是在门缝内粘贴填缝材料，如橡胶条、乳胶条和硅胶条等。

7.3.2 特殊窗

1. 防火窗

防火窗也是重要的防火分隔设施，其等级划分同防火门。防火窗有固定扇和开启扇两种形式。防火窗必须采用钢窗或塑钢窗，玻璃镶嵌铁丝以免破裂后掉下，防止火焰窜入室内或窗外(见表 7-3)。

表 7-3 防火窗耐火性能

耐火性能分类	耐火等级代号	耐火性能
隔热防火窗，A	A0.50(丙级)	耐火隔热性≥0.50h，且耐火完整性≥0.50h
	A1.00(乙级)	耐火隔热性≥1.00h，且耐火完整性≥1.00h
	A1.50(甲级)	耐火隔热性≥1.50h，且耐火完整性≥1.50h
	A2.00	耐火隔热性≥2.00h，且耐火完整性≥2.00h
	A3.00	耐火隔热性≥3.00h，且耐火完整性≥3.00h
非隔热防火窗，C	C0.50	耐火完整性≥0.50h
	C1.00	耐火完整性≥1.00h
	C1.50	耐火完整性≥1.50h
	C2.00	耐火完整性≥2.00h
	C3.00	耐火完整性≥3.00h

2. 保温窗

保温窗常采用双层窗或单层窗中空玻璃的两种。中空玻璃之间为封闭式空气间层，其厚度一般为 4～12 mm，充以干燥空气或惰性气体，玻璃四周密封。该构造处理可增大热阻、减少空气渗透，避免空气间层内产生凝结水。如果采用低辐射镀膜玻璃，其保温性能将进一步提高。保温窗的框料应选用导热系数小的材料，如 PVC 塑料、玻璃钢、塑钢共挤型材，也有用铝塑复合材料的。

3. 隔声窗

隔声窗的设计主要是提高玻璃的隔声量，并解决好窗缝的密封处理。

提高玻璃的隔声量，可以通过适当增加玻璃的厚度来改善，另外还可以采用双层叠合玻璃、夹胶玻璃等方式来处理。窗户缝隙包括玻璃与窗框间缝隙、窗框与窗扇间缝隙、窗框与隔墙之间的缝隙，一般用胶条或玻璃胶密封。

若采用双层窗隔声，应采用不同厚度的玻璃，避免其高频临界频率重合而严重降低高频段隔声性能，同时也防止低频段出现共振。厚玻璃应位于声源一侧，玻璃间的距离至少大于 50mm。窗框内应设置吸声材料，多采用床孔板护面内填离心玻璃棉结构。

7.3.3 遮阳设计

建筑中的遮阳是为了避免阳光直射室内以减少太阳辐射热，缓解夏季室内过热以节省空调能耗，或产生眩光以及保护物品而采取的一种有效构造措施。建筑物遮阳的方法很多，如室外绿化、室内窗帘、设置百叶窗、设计外廊阳台等，但对于太阳辐射强烈的地区，特别是在朝向不利的墙面上、建筑物的门窗等洞口处，则应设置专用的遮阳构造措施(见图 7-29)。

图 7-29 建筑遮阳

建筑物的遮阳设施有简易活动遮阳和固定遮阳板遮阳两种。简易活动遮阳是指使用者采用苇席、布篷竹帘等措施在窗外进行遮阳。简易遮阳简单、经济、灵活，但耐久性差，如图 7-30 所示。固定遮阳板按其形状和效果，可分为水平遮阳板、垂直遮阳板、综合式遮阳板及挡板遮阳四种形式，如图 7-31 所示。在工程中应根据太阳光线的高度角及方向选择遮阳板的尺寸和布置形式。

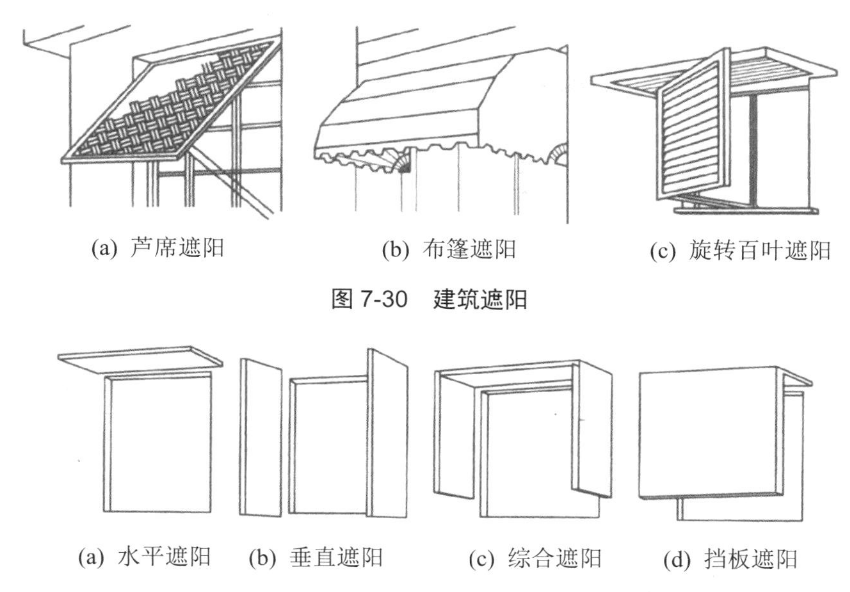

(a) 芦席遮阳　　(b) 布篷遮阳　　(c) 旋转百叶遮阳

图7-30 建筑遮阳

(a) 水平遮阳　　(b) 垂直遮阳　　(c) 综合遮阳　　(d) 挡板遮阳

图7-31 固定遮阳板的基本形式

1. 水平遮阳板

在窗口上方设置具有一定宽度的水平遮阳板，能够遮挡高度角较大时从窗口上方照射下来的阳光，它适用于南向及附近朝向的窗口或北回归线以南低纬度地区的北向及其附近朝向的窗口，如图7-31(a)所示。水平遮阳板可以做成实心板，也可以做成栅格板或百叶板。材料可以是木材、塑钢、铝板或者混凝土板。当窗口比较高大时，可以在不同的高度设置双层或多层水平遮阳板(见图7-32)。

2. 垂直遮阳板

在窗口两侧设置垂直方向的遮阳板，如图7-31(b)所示，能够遮挡照射高度角小和从窗户侧边斜射过来的阳光。对高度角较大的，从窗口上方照射下来的阳光或接近日出日落时向窗口正射的阳光，它不起遮挡作用。垂直遮阳板可以垂直于墙面设置(见图7-33)，也可与墙面形成一定的垂直夹角。主要适用于偏东偏西的南向或北向的窗口。

图7-32 多层水平遮阳

图7-33 垂直遮阳

3. 综合式遮阳板

水平遮阳和垂直遮阳的综合式遮阳板，如图7-31(c)所示，能够遮挡从窗左右侧及前上方的斜射阳光，遮挡效果比较均匀(见图 7-34)，主要适用于南、东南、西南及其附近的窗口。

4. 挡板遮阳

在窗户前方离开一定的距离设置与窗户平行方向的垂直挡板，能够遮挡照射高度角小的、正射窗口的阳光，主要适用于东、西向及其附近的窗口，如图 7-31(d)所示。为了有利于通风，减少遮挡视线，多做成格栅式或百叶式挡板(见图 7-35)。

图 7-34　综合遮阳

图 7-35　挡板遮阳

建筑立面南向外窗可以设置水平遮阳，在南偏东、偏西方向可以设置综合式遮阳，东西向外窗可以设置挡板式遮阳或可调节式遮阳。

7.4　门窗设计与立面

从建筑学的角度考虑，建筑外窗是建筑外立面最重要的点睛之笔，是人类居所与自然最富有生机的交互之处。“筑十版之墙，凿八尺之牖”(《韩非子·外储说左上》)，牖者，窗户也。若按“八尺之牖”比“十版之墙”，应是公元前 200 多年战国时期的窗墙比了。

追求生活品质的提升是人类永恒的追求，不管是新建筑还是既有建筑的改造，门窗作为建筑物最基本的元素构件，都是首先要考虑的，通过对建筑门窗的设计和改造，能够使建筑物散发出新的活力。如今建筑的不断推陈出新，使人们在享受建筑成果的同时悄然地改变着人们的生活方式，建筑外立面设计已成为建筑品质的重要标志之一(见图 7-36)。

图 7-36　建筑立面

7.4.1　门窗设计与立面形式

建筑立面设计中关于虚实关系的处理与门窗设计密不可分。建筑立面中“虚”的部分是指窗、空廊、凹廊等；“实”的部分主要是指墙、柱、屋面、栏板等。没有实的部分整个建筑就会显得脆弱无力；没有虚的部分则会使人感到呆板、笨重、沉闷。因此巧妙地处理建筑门窗与墙面的虚实关系，可以获得轻巧生动、坚实有力的外观形象。门窗的立面组织关系与构件形式、比例、尺度、细部处理等紧密相关。

另一种现代流行的立面方式是将门窗构件通过形式统一的立面构造处理进行隐藏，如卷帘、百叶、各类幕墙等，形成可根据功能需求变化的双层表皮，同时在立面形成完整统一又富有韵律变化的视觉效果。

1. 卒姆托——布雷根茨美术馆

卒姆托设计之初对美术馆的构想是一座可以吸收湖面薄雾和光的建筑，他在一次演讲中说道：“我在一个雨天首次拜访了康斯坦茨湖畔，印象最为深刻的不是这个小镇本身，而是沿山路而下时，光所产生的奇妙变化，这便让我有了想要创造一个能够将笼罩在湖面上，可清晰透射光线的薄雾吸纳进建筑的想法。这作为设计的灵魂一直延续下来。”

在布雷根茨美术馆中，室内外空气的流通是通过玻璃块之间的缝隙来实现的(见图 7-37)。玻璃板块相互重叠的部分留出一定的缝隙，空气可以从这些缝隙进入玻璃外壳与混凝土墙体之间的空气层，同时使立面产生鱼鳞般的纹理(见图 7-38)。

布雷根茨美术馆外表面的磨砂玻璃，使整个建筑看起来是一个半透明的立方体，在阳光下若隐若现，而站在建筑的外部人们可以感知后面的混凝土结构的存在。到了夜晚，室内的光线透过半透明表皮柔和地散发到室外，建筑也就成为一个发光体。在半透明表皮下，有时内部若隐若现的混凝土是虚的，有时混凝土是实的，而表皮则化为虚幻的存在。

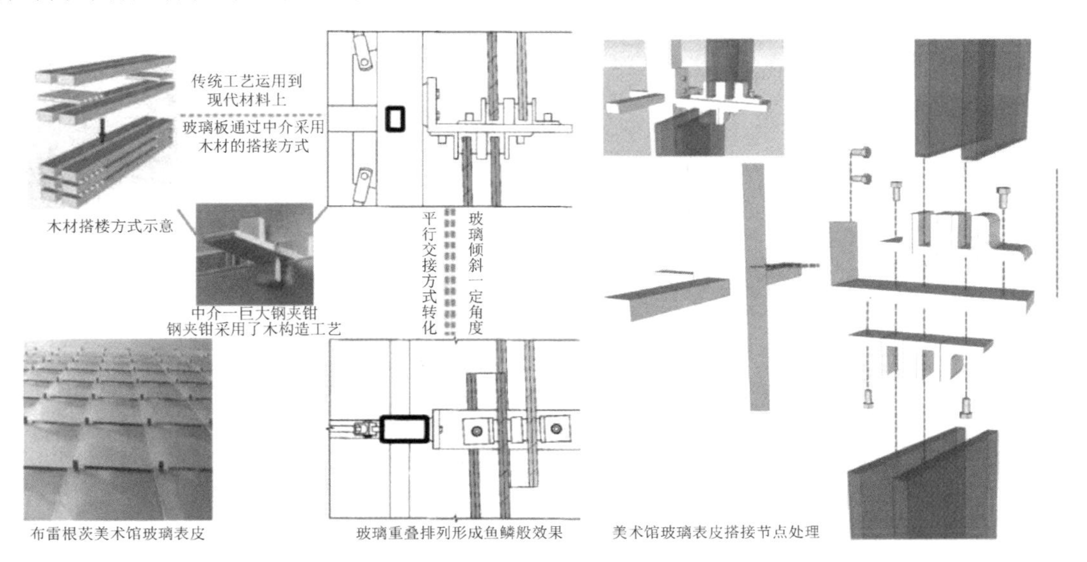

图 7-37　布雷根茨美术馆构造细节

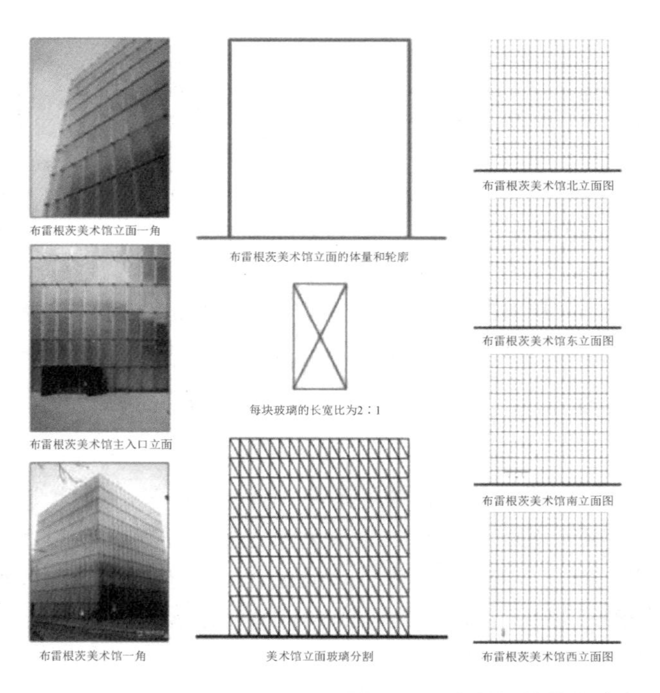

图 7-38　布雷根茨美术馆立面

2. H&D 事务所——鲁德斯·斯威士公寓楼

鲁德斯·斯威士公寓楼的案例中，由于建筑本身的使用功能要求建筑有更加亲切和平和的性格，H&D 考虑这个建筑的时候，在色彩上采用了温暖的木色作为主色调，曲线的建筑轮廓也打破一般公寓楼呆板、棱角分明的形态(见图 7-39)。同时，功能上能够依旧采用最普通的矩形平面，不因建筑造型而将功能问题复杂化，从而使得建筑亲切平和性格得以表达，除了建筑色彩还有建筑一层外表皮——卷帘。这里的卷帘为了让建筑形体和材料个性同时得到表达，采用导轨约束卷帘形状为曲线，使卷帘不垂直下坠，让卷帘的“柔”表现出来。

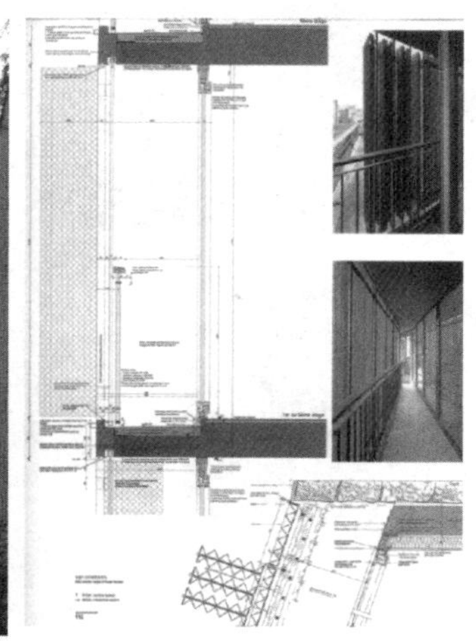

图 7-39　鲁德斯·斯威士公寓楼剖面及立面

导轨是使卷帘成为曲线不可或缺的构件，它一直延伸到下一层楼板(与楼板连接)，与支撑卷帘的支架是一个整体，位于卷帘两端，并与楼板底部的预埋钢件连接。不仅视觉上能让卷帘遮挡楼板，使建筑立面更加纯粹，而且在卷帘放下时还可以挡住卷帘构件，防止雨水侵蚀。不过在这个建筑中因为阳台的存在，让卷帘的框架可以设置在楼板之下，减少雨水对构件的影响，所以防止雨水的作用不明显。卷帘的金属导轨除了约束卷帘形状以外，本身曲线的形状弱化金属冰冷的态度，即使拉上卷帘，金属导轨本身曲线的形态与建筑温和的性格也相匹配。

7.4.2　门窗设计与建筑节能

门窗作为建筑物设计工作中的重要组成部分，其设计质量会影响到建筑物最终的采光、通风以及装饰效果。因此，建筑门窗设计要优先采用环保节能的门窗材料，优化设置建筑物的窗墙比例(见表 7-4)，确保门窗的气密性，以最大程度发挥出节能效果，控制外窗造成的能量消耗。

表 7-4　窗地比

类别	房间名称	通风开口面积/地面面积
住宅	卧室、起居室、明卫生间	≥1/20(深圳节能要求 1/10)
	厨房	≥1/10 并≥0.6m2
公共建筑	办公用房	≥1/20
	餐厅	>1/6
	厨房和饮食制作间	≥1/10
	营业厅	≥1/20
	卫生间、浴室	>1/20
其他	中小学教室、实验室	>1/10
	病房、候诊室	>1/15
	儿童活动室	>1/10
	宿舍居室	≥1/20(深圳市的要求 1/10)

1. 内海智行——深大寺

深大寺建筑的开窗位置根据热环境决定，光照强烈的东南侧两面外墙，在隔热材料的外侧有通气层。夏天促使墙内换气，冬天把墙内温暖的空气引入室内，作为暖气的补充。为了充分利用通气层的功能，使空气能在整个墙内从下到上流通。每个开窗的位置都能够让空气畅通无阻。配置独特开窗的外墙，是确保住宅基本结构体和热环境的骨架，也是把建筑与预想变化的周围环境适度隔开，内部拥有自由空间的外皮。内海先生把这个住宅称为“都市沙漠中的森林”，如图 7-40 所示。

冬季的白天，东面通气层的空气受光照变暖，储存在屋顶里层。使用日用送风机将温暖的空气吹到西面的通气层，送到室内。冬季的夜间，火炉和烟囱的热量使房间变暖。暖空气上升到顶棚附近，从顶棚吸气口经过送风机，吹到西面的通气层，还原到室内。夏季，墙面通气层和顶棚内储存的热气，通过外部排气用送风机排到外部。要经常排出通气层的热气，防止外部热气传到室内。土壤一年四季温度稳定，利用它的特性，通过埋在土中的换气管，将外气引入，夏天向室内送冷气，冬天向室内送暖气。

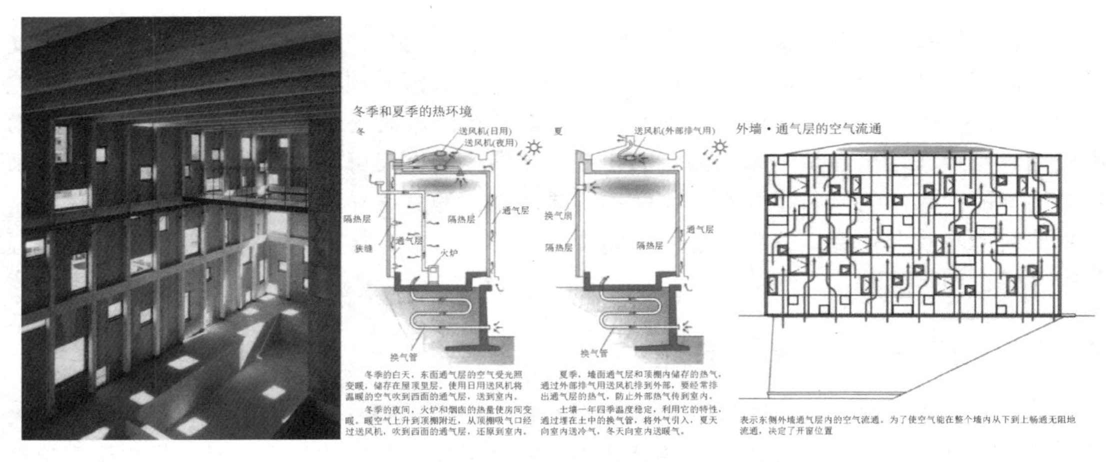

图 7-40　深大寺开窗与节能

2. 竹中工务店的被动式建筑——ESLEAD BUILDING

日本 ESLEAD 公司以高新中小企业为主要对象建设的“ ESLEAD BUILDING 本町”。此建筑最大的特点是，在标准层的南面，每 2 个柱距设置 1 个能开闭的开口。竹中工务店设计部科长代理垣田博之先生把南面称为“呼吸的立面”。通气窗部分是镶了百叶窗的设备给气口，从 700mm 的高度到通气窗下边是能够开闭的外开窗。每层 600mm 的挑板也起着挑檐的作用。开口部用的不是 Low-E 玻璃，而是 12mm 的平板玻璃。垣田先生说：“采用了夏天从顶棚下的管嘴吸热气，冬天从包着柱子的管道下部吸冷气的简易空气流动方式。边控制施工成本，一边想办法缩小窗户周边和内部的温度差”。开口的外侧装有铝格栅，在应急时用的辅助替代入口处，将格栅做成了门(见图 7-41)。

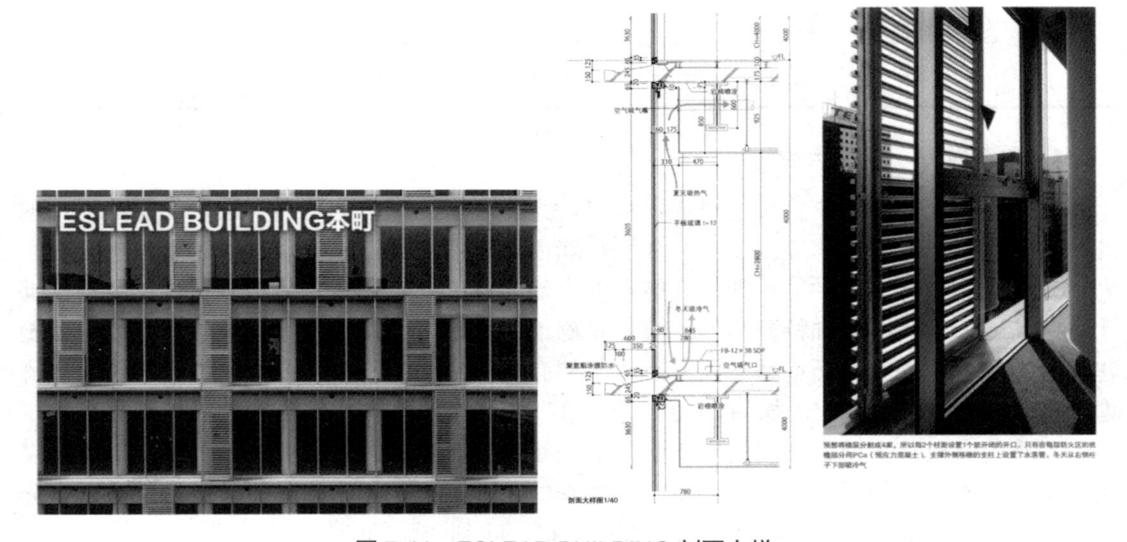

图 7-41　ESLEAD BUILDING 剖面大样

复习思考题

一、选择题

1. 住宅入户门、防烟楼梯间门、寒冷地区公共建筑外门应采用何种开启方式(　　)。

   A. 平开门、平开门、转门　　B. 推拉门、弹簧门、折叠门

   C. 平开门、弹簧门、转门　　D. 平开门、转门、转门

2. 民用建筑窗洞口的宽度和高度均应采用(　　)模数。

   A. 30mm　　B. 300mm　　C. 60mm　　D. 600mm

二、简答题

1. 门和窗的作用分别是什么?
2. 门和窗按照开启方式可以分为哪几种形式?它们各有何特点?
3. 门和窗的组成部分分别有哪些?
4. 建筑物中的遮阳板有哪些类型?

三、制图题

1. 绘图说明平开木门的构造组成。
2. 木窗框与砖墙连接方法有哪些?窗框与墙体之间的缝隙如何处理?画图说明。

思 政 模 块

【弘扬大国工匠精神】

教学案例:古建筑门窗工艺

门窗一直都是人类居住建筑的重要组成部分。从最早期的侧重于实用性(门窗主要是用来采光或防御),到追求装饰性与实用性的结合(明清时期的门窗可以媲美艺术品),古代门窗在没有现代化机械设备辅助的情况下,主要就是靠匠人的工艺来完成精美制作。通过对古建筑门窗的工艺技术学习,培养学生的专业信仰和工作使命感,学习古人精益求精的匠心传承。

【职业伦理】

学生在学习本章内容的时候,需注意《民用建筑设计统一标准》(GB 50352—2019)对各类窗洞口的防护措施的规定,如窗外没有阳台或平台的外窗,窗台距楼面、地面的净高低于0.90m时,应设置防护设施等条款的详细内容,在设计中需根据规范要求严格贯彻落实,用专业知识维护建筑安全标准。

第 8 章

变 形 缝

第 8 章
变形缝 思维导图

【学习要点及目标】

- 熟悉变形缝的种类和作用
- 掌握变形缝的设置和构造

【本章导读】

由于温度变化、地基不均匀沉降或风、地震作用等影响，建筑构件产生破坏性应力，为避免构件失效，适应建筑不同部位运动的差异，需要人为设缝，将建筑体量化大为小，利用空隙吸收或阻断应力传导，这种缝称为变形缝。建筑工程中根据实际需要，变形缝按其作用不同分为伸缩缝、沉降缝、防震缝三种。

变形缝

8.1 概 述

当建筑物的平面设计不规则，或同一建筑物不同部分的高度或荷载差异较大时，建筑构件内部会因气温变化、地基不均匀沉降或地震等原因产生附加应力和应变。如不采取相应的解决措施或者处理不当，会引起建筑构件变形，导致建筑物产生开裂甚至倒塌，影响正常使用与安全。为了防止这种情况发生，一般采取两种措施：一是通过加强建筑物的整体性，使之具有足够的强度和刚度来抵抗这种破坏；二是设计和施工中在这些变形敏感部位将建筑构件垂直断开，预先设置宽度适当的缝隙，即将建筑物分成若干独立、可自由变形的部分，以减少附加应力、避免破坏。这种将建筑物垂直分开的预留缝隙称为变形缝，如图 8-1 所示。

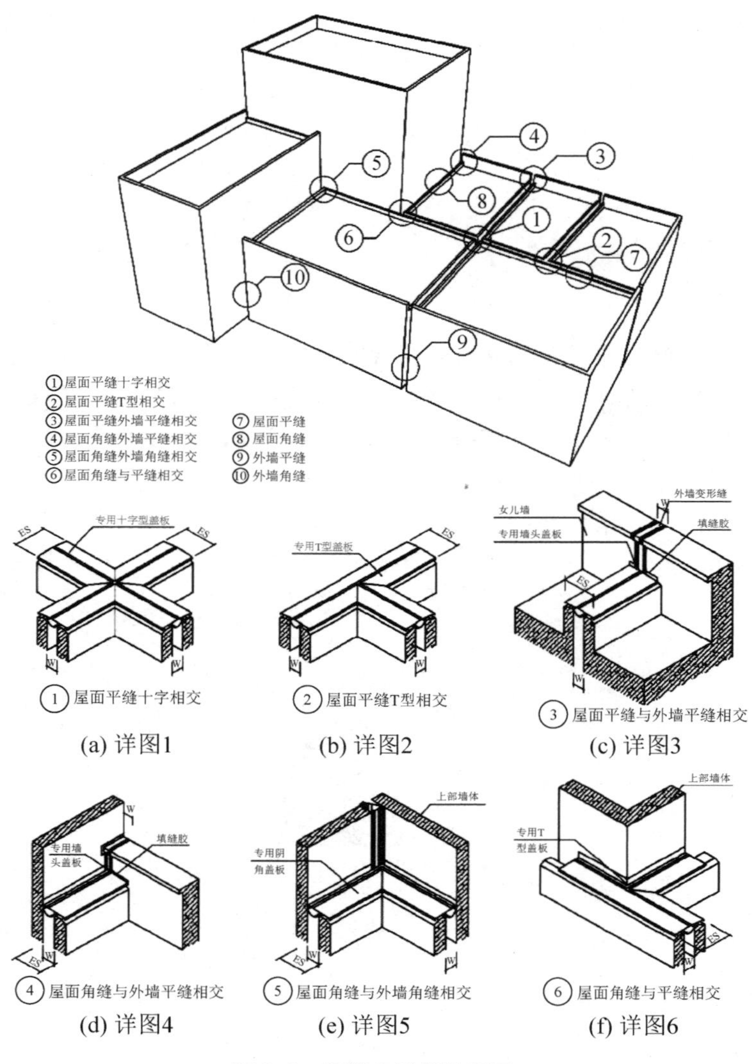

(a) 详图1　(b) 详图2　(c) 详图3

(d) 详图4　(e) 详图5　(f) 详图6

图 8-1　建筑变形缝示意图

8.2　变形缝的种类

变形缝按其作用不同分为伸缩缝、沉降缝、防震缝三种。伸缩缝又称温度缝，是为防止建筑构件因温度和湿度等因素变化产生胀缩变形而设置的垂直缝隙。沉降缝是为防止由于建筑物高度不同、上部荷载分布不同、平面转折部位等产生的不均匀沉降而在适当位置设置的建筑构造缝。防震缝是为避免地震对建筑物的破坏而设置的垂直预留缝。

各种变形缝功能不同，应依据工程实际情况设置并符合设计规范规定要求。具体构造处理方法和材料选用应根据设缝部位和需要，分别达到盖缝、防水、防火、防虫、防霉和保温等要求，同时需确保缝两侧的建筑物各独立部分可自由变形、互不影响、不被破坏。

8.3　变形缝的设置

伸缩缝、沉降缝、防震缝三种变形缝的功能不相同，因此设置要求各有不同。

8.3.1　伸缩缝设置

由于建筑物处于温度变化的外界环境中，热胀冷缩使其结构构件内部产生附加应力而变形或出现裂缝，其影响力随建筑物长度的增加而增加。当应力和变形达到一定数值时，建筑物出现开裂甚至破坏。为避免该情况的出现，通常沿建筑物长度方向每隔一定距离或在结构变化较大处预先在垂直方向预留缝隙。

凡符合下列情况之一时应设置伸缩缝。

(1)　建筑物长度过长；

(2)　建筑平面曲折变化较多；

(3)　建筑物中结构类型变化较大。

伸缩缝设置的最大间距应根据不同结构类型、材料和当地温度变化情况而定，如表 8-1 和表 8-2 所示。此外，也可通过具体计算，采用附加应力钢筋抵抗可能产生的温度应力，使建筑物减少设缝或不设缝。

表 8-1　砌体结构房屋伸缩缝最大间距

单位：m

<table>
<tr><th colspan="2">屋盖或楼盖的类别</th><th>间距</th></tr>
<tr><td rowspan="2">整体式或装配整体式钢筋混凝土结构</td><td>有保温层或隔热层的屋盖、楼盖</td><td>50</td></tr>
<tr><td>无保温层或隔热层的屋盖</td><td>40</td></tr>
<tr><td rowspan="2">装配式无檩体系钢筋混凝土结构</td><td>有保温层或隔热层的屋盖、楼盖</td><td>60</td></tr>
<tr><td>无保温层或隔热层的屋盖</td><td>50</td></tr>
<tr><td rowspan="2">装配式有檩体系钢筋混凝土结构</td><td>有保温层或隔热层的屋盖</td><td>75</td></tr>
<tr><td>无保温层或隔热层的屋盖</td><td>60</td></tr>
<tr><td colspan="2">瓦材屋顶、木屋顶或楼板、轻钢屋顶</td><td>100</td></tr>
</table>

注：本表摘自《砌体结构设计规范》(GB 50003—2011)

表 8-2　钢筋混凝土结构房屋伸缩缝最大间距

单位：m

结构类别		室内或土中	露天
排架结构	装配式	100	70
框架结构	装配式	75	50
	现浇式	55	35
剪力墙结构	装配式	65	40
	现浇式	45	30
挡土墙及地下室墙壁等类结构	装配式	40	30
	现浇式	30	20

注：本表摘自《混凝土结构设计规范》(GB 50010—2010)

伸缩缝要求将建筑物墙体、楼板层、屋顶等地面以上部分全部断开，使缝两侧的建筑沿水平方向可自由伸缩。基础部分由于埋于土层中受温度变化影响小而不必断开。在结构处理上，对于砖混结构墙和楼板及屋顶结构布置可采用单墙承重方案，如图 8-2(a)所示，或双墙承重方案，如图 8-2(b)所示；对于框架结构主要考虑主体结构部分的变形要求，一般采用双侧挑悬臂梁方案，如图 8-3(a)所示，也可采用双柱双梁方案，如图 8-3(b)所示，或采用双柱牛腿简支式方案，如图 8-3(c)所示；对于砖混结构与框架结构交接处，可采用框架单侧挑梁方案，如图 8-3(d)所示。伸缩缝最好设置在平面图形有变化处，以利于隐藏处理。

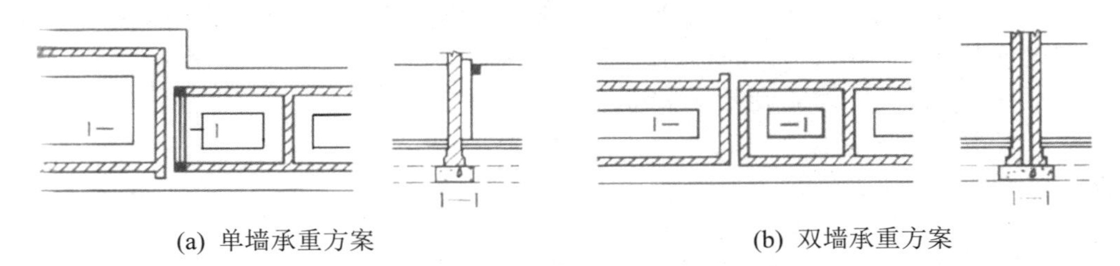

(a) 单墙承重方案　　(b) 双墙承重方案

图 8-2　砖混结构伸缩缝处结构简图

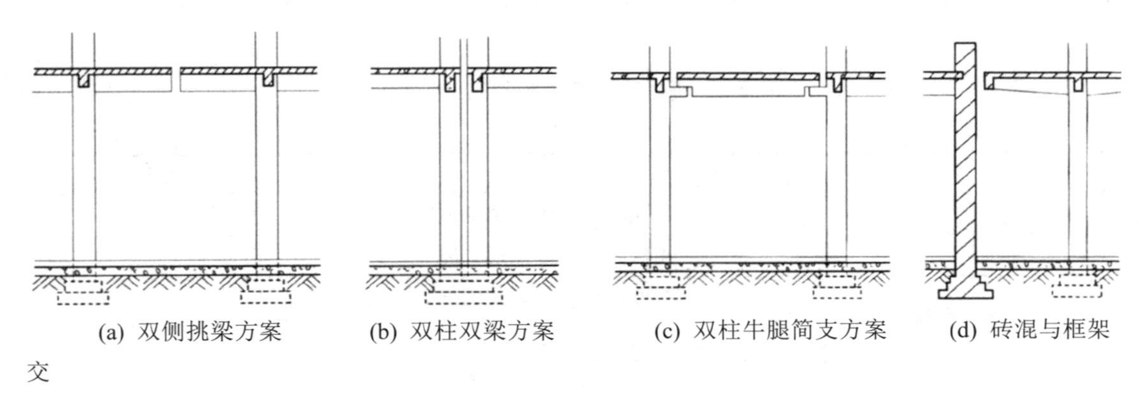

(a) 双侧挑梁方案　　(b) 双柱双梁方案　　(c) 双柱牛腿简支方案　　(d) 砖混与框架交接处单挑梁方案

图 8-3　框架结构伸缩缝处结构简图

8.3.2 沉降缝设置

沉降缝是为了防止因地基的不均匀沉降导致建筑结构内部产生附加应力，进而导致建筑物某些薄弱部位出现破坏而预先在垂直方向设置的缝隙。

建筑物凡符合下列情况之一时宜设置沉降缝。

(1) 建筑平面的转折部位；

(2) 高度差异或荷载差异较大处；

(3) 长高比过大的砌体承重结构或钢筋混凝土框架的适当部位；

(4) 地基土的压缩性有显著差异处；

(5) 建筑结构或基础类型不同处；

(6) 分期建造房屋的交界处。

为使沉降缝两侧的建筑成为各自独立的单元，在垂直方向分别沉降，减少对相邻部分的影响，要求建筑物从基础到屋顶的结构部分全部断开。基础沉降缝的结构处理有砖混结构和框架结构两种情况，如图8-4所示。砖混结构墙下条形基础通常有双墙偏心基础、挑梁基础、柱交叉布置等三种处理形式。

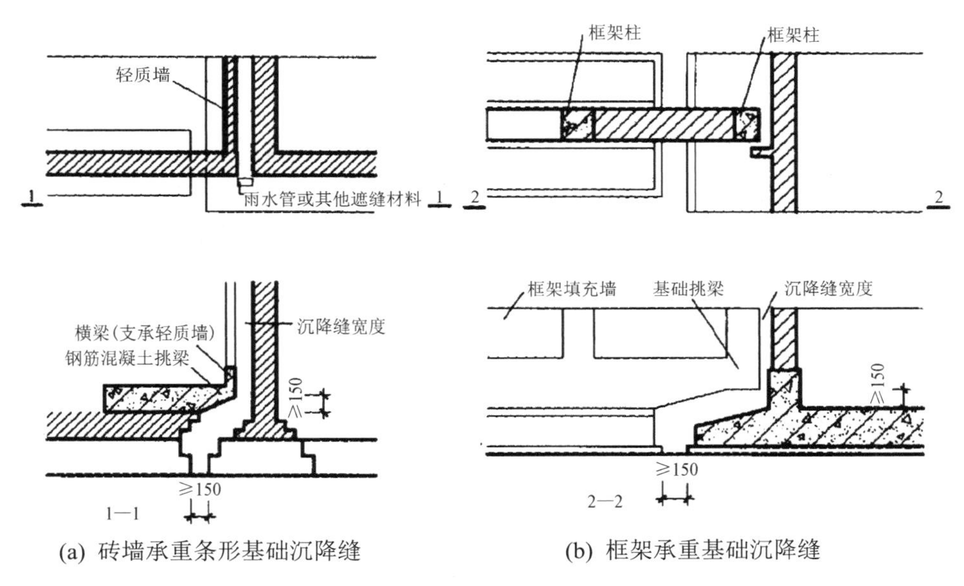

(a) 砖墙承重条形基础沉降缝　　(b) 框架承重基础沉降缝

图8-4 基础沉降缝处理示意图(mm)

沉降缝同时可以起到伸缩缝的作用。当建筑物既要做伸缩缝，又要做沉降缝时，应尽可能将它们合并设置。

8.3.3 防震缝设置

建筑物受地震作用时，不同部分将具有不同的振幅和振动周期，影响较大时易产生裂缝、断裂等现象，因此建筑设计时必须充分考虑地震对建筑物造成的影响。我国《建筑抗震设计规范》(GB 50011—2010)明确规定了我国各地区建筑物抗震的基本要求。

设置防震缝部位需根据不同的结构类型来确定。

(1) 对于多层砌体建筑，8 度和 9 度设防区凡符合下列情况之一时，宜设置防震缝，缝两侧均应设置墙体。

① 建筑立面高差大于 6m；

② 房屋有错层，楼板高差较大且大与层高的 1/4；

③ 各部分结构刚度、质量截然不同。

(2) 对于钢筋混凝土结构的建筑物，遇到下列情况时宜设防震缝。

① 建筑平面不规则且无加强措施；

② 建筑有较大错层时；

③ 各部分结构的刚度或荷载相差悬殊且未采取有效措施时；

④ 地基不均匀，各部分沉降差过大，需设置沉降缝时；

⑤ 建筑物长度较大，需设置伸缩缝时。

防震缝应根据抗震设防烈度、结构材料种类、结构类型、结构单元的高度和高差情况，留有足够宽度，其两侧的上部结构应完全分开，将建筑物分割成独立、规则的结构单元。一般情况下基础可不单独设防震缝，而使用双柱式防震缝，如图 8-5(a)所示。但在平面复杂的建筑中、与震动有关的建筑各相连部分的刚度差别很大或具有沉降要求时，设置防震缝也应将基础分开，如图 8-5(b)所示。当设置伸缩缝和沉降缝时，其宽度应符合防震缝要求。

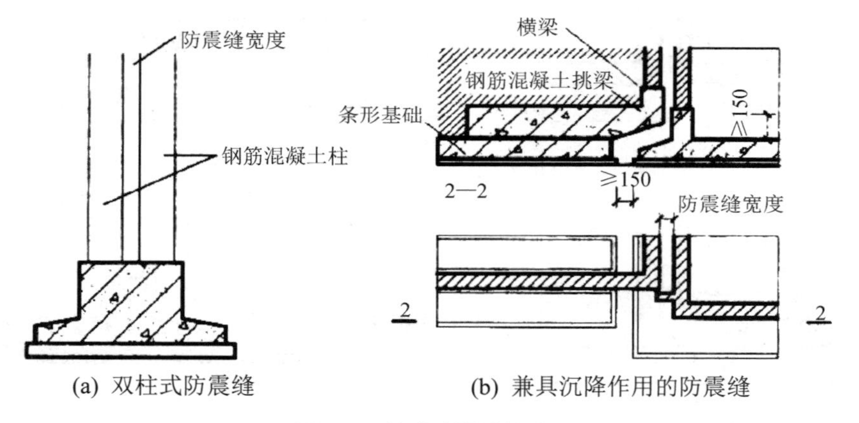

图 8-5 基础防震缝构造

8.4 变形缝的盖缝构造

变形缝的盖缝处理应达到以下各方面要求：满足各类缝的变形需要；设置于建筑物外围护结构处的变形缝应能阻止外界风、雨、霜、雪对室内的侵袭；缝口的面层处理应符合使用要求，外表美观，如图 8-6、图 8-7 所示。

图 8-6　建筑内部变形缝盖缝

图 8-7　建筑外墙变形缝盖缝

8.4.1　伸缩缝盖缝构造

伸缩缝宽一般为 20～40 mm，通常采用 30 mm。

1. 墙体伸缩缝构造

砖墙伸缩缝一般根据墙体厚度，做成平缝、错口缝或企口缝，如图 8-8 所示。较厚的墙体应采用错口缝或企口缝，有利于保温和防水。根据缝宽的大小，缝内一般应填塞具有防水、保温和防腐性能较好的弹性材料，如沥青麻丝、橡胶条、聚苯板、油膏等。外墙伸缩缝的外侧常选用耐气候性好的镀锌薄钢板、铝板等盖缝，如图 8-9 所示。内墙一般结合室内装修使用木板、各类金属板等盖缝处理，如图 8-10 所示。

2. 楼地板伸缩缝构造

楼地板伸缩缝的构造处理需满足地面平整、光洁、防水和卫生等使用要求。缝内常用油膏、沥青麻丝、金属或塑料调节片等材料做填缝处理，其上铺金属、混凝土或橡塑等活动盖板，如图 8-11 所示。顶棚伸缩缝需结合室内装修进行，一般采用金属板、木板、橡塑板等盖缝，盖缝板只能固定于一侧，以保证缝两侧构件能在水平方向自由伸缩变形。

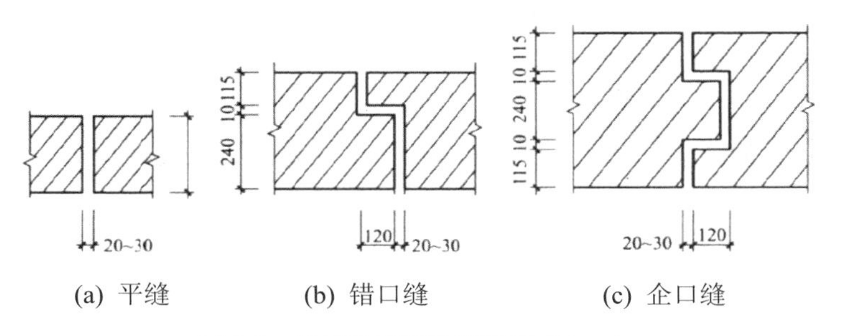

图 8-8　砖墙变形缝的接缝形式(mm)

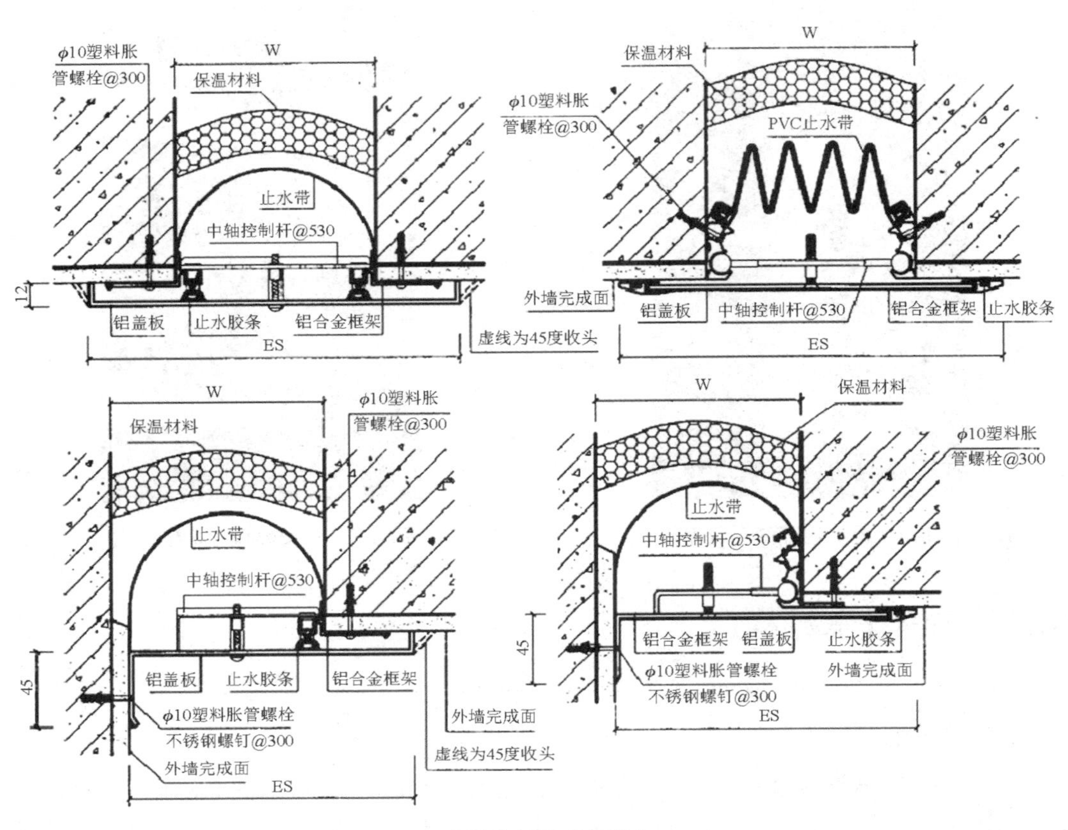

图 8-9　外墙伸缩缝盖缝构造(mm)

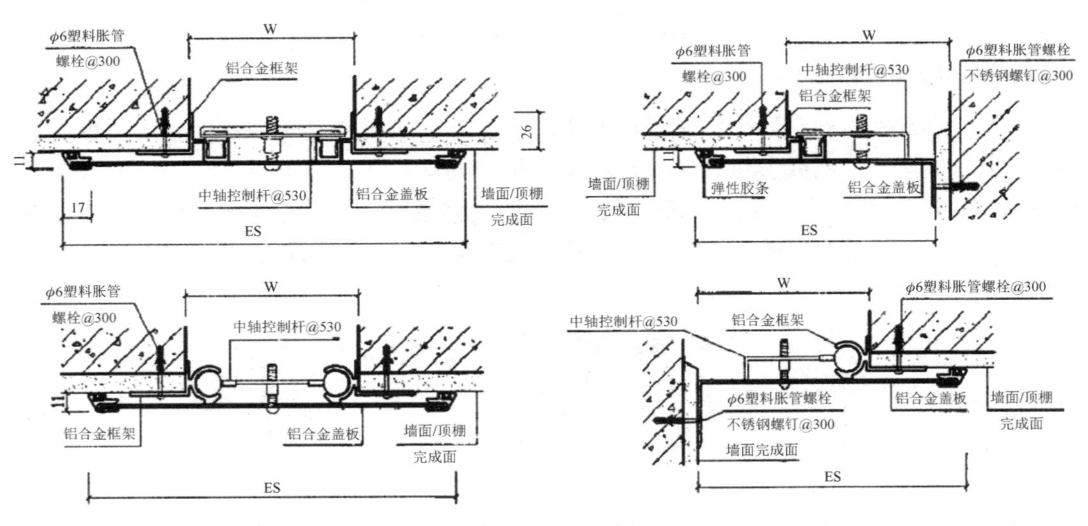

图 8-10　内墙伸缩缝盖缝构造(mm)

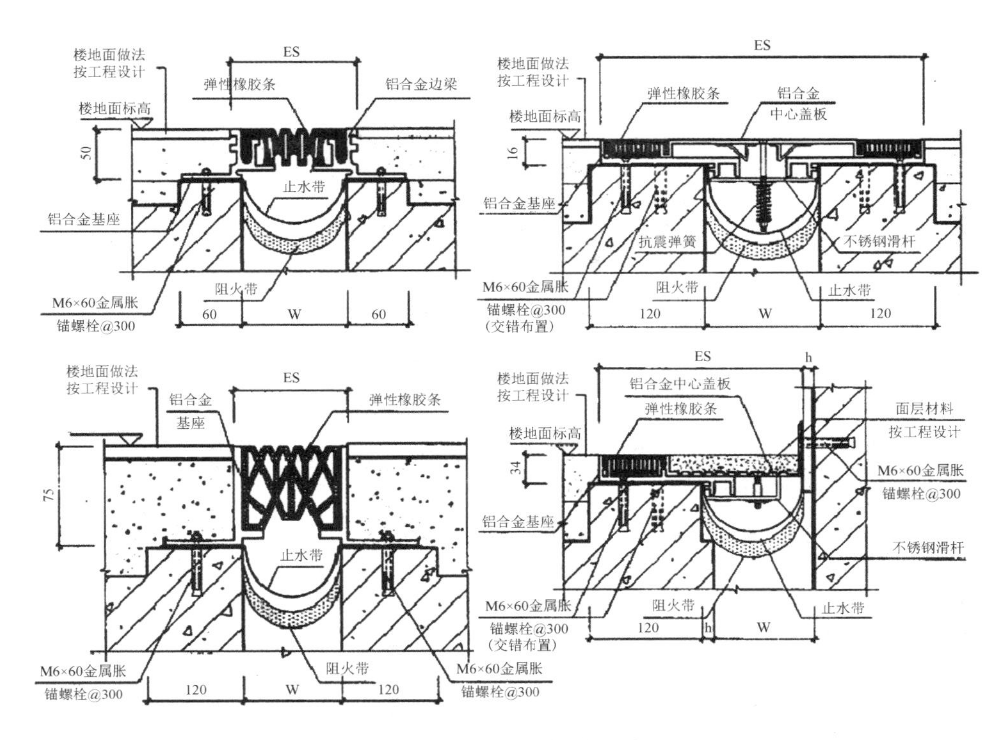

图 8-11　楼地板伸缩缝盖缝构造(mm)

3. 屋面伸缩缝构造

屋面伸缩缝位置一般有设在同一标高屋面或高低错落处屋面两种。屋面伸缩缝设置时需保证两侧结构构件能在水平方向自由伸缩，同时又能满足防水、保温、隔热等要求。

当伸缩缝两侧屋面等高且不上人时，一般采用在伸缩缝处加砌砖矮墙或混凝土凸缘，加砌砖的高度应高出屋面至少 250mm，再按屋面构造要求将防水层沿矮墙上卷固定。缝口用镀锌铁皮或混凝土板盖缝，也可采用彩色薄钢板、铝板或不锈钢皮等盖缝，如图 8-12 所示。

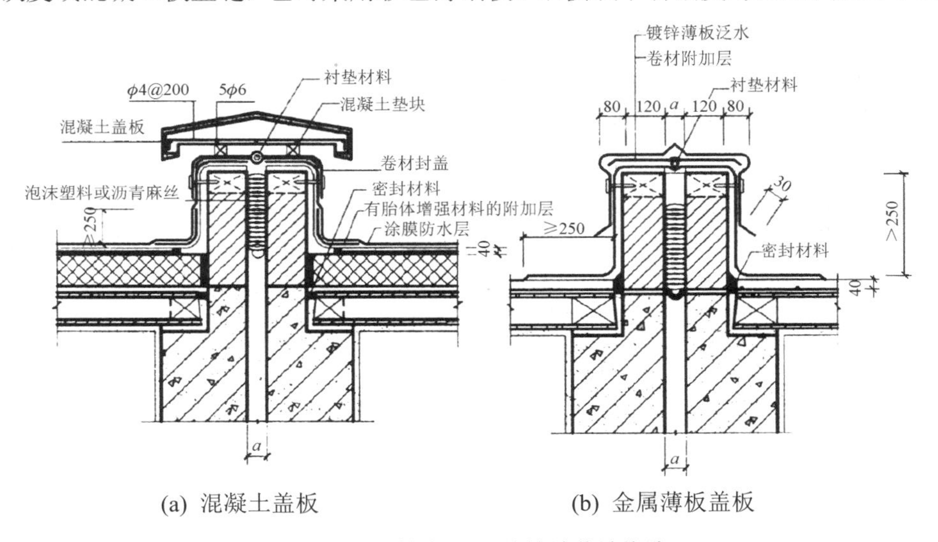

图 8-12　(不上人等高)屋面伸缩缝盖缝构造(mm)

当伸缩缝两侧屋面标高相同又为上人屋面时，一般不设矮墙，通常做油膏嵌缝并做好防水处理，如图 8-13 所示。

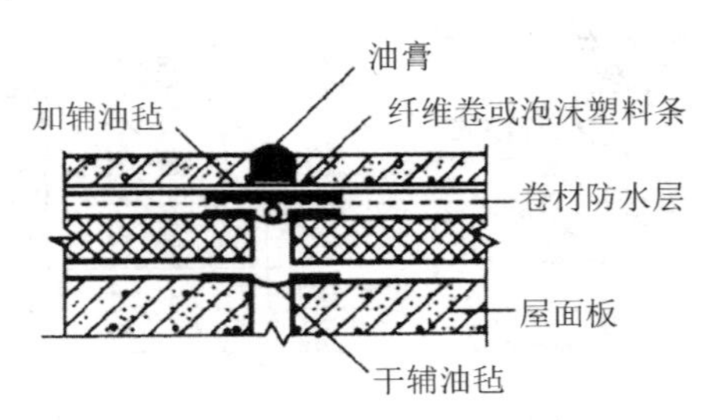

图 8-13　(上人等高)屋面伸缩缝盖缝构造

当伸缩缝处于上人屋面出口处时，为防止人活动对伸缩缝盖缝造成损坏，需加设缝顶盖板等措施，如图 8-14 所示。

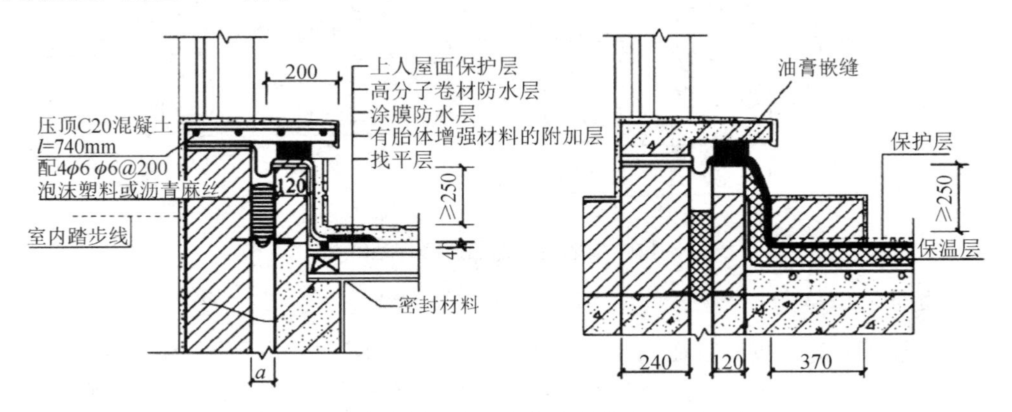

图 8-14　上人屋面出口处伸缩缝盖缝构造(mm)

8.4.2　沉降缝盖缝构造

沉降缝宽度与地基性质和建筑物高度有关，如表 8-3 所示。地基越弱，建筑产生沉陷的可能性越大；建筑物越高，沉陷后产生的倾斜越大。沉降缝盖缝条及调节片构造必须能保证在水平方向上和垂直方向自由变形。

表 8-3　沉降缝宽度

地基性质	建筑物高度 H(m)	沉降缝宽度(mm)
一般地基	H<5	30
	H=5～10	50
	H=10～15	70
软弱地基	2～3 层	50～80
	4～5 层	80～120
	6 层以上	≥120
湿陷性黄土地基		≥30～70

墙体沉降缝构造需同时满足垂直沉降变形和水平伸缩变形的要求，如图 8-15 所示。地面、楼板层、屋面沉降缝的盖缝处理基本同伸缩缝构造。顶棚盖缝处理应充分考虑变形方向，尽量减少出现不均匀沉降后产生的影响。

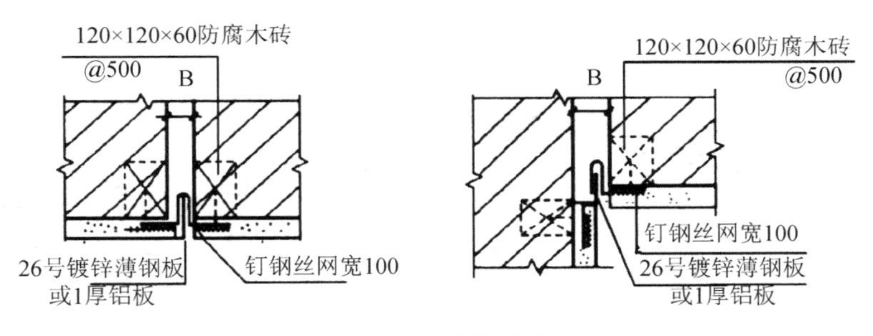

图 8-15　墙体沉降缝盖缝构造(mm)

8.4.3　防震缝盖缝构造

防震缝宽度与房屋高度、结构类型和设防烈度有关，防震缝宽度如表 8-4 所示。

表 8-4　防震缝的宽度

建筑物高度(m)	设计烈度	建筑物结构类型	防震缝宽度(mm)
≤15	-	多层砌体建筑	70～100
	-	多层钢筋混凝土结构房屋	≥100
＞15	6	建筑物高度每增高 5m	宜在≥100 基础上增加 20
	7	建筑物高度每增高 4m	
	8	建筑物高度每增高 3m	
	9	建筑物高度每增高 2m	

建筑防震一般只考虑水平地震作用的影响，因此防震缝构造与伸缩缝相似。但墙体防震缝不能做成错口缝或企口缝。由于防震缝一般较宽，且地震时缝口处在“变动”中，盖板需具有伸缩功能，实际工程中通常将盖板设计为横向有两个三角凹口的形式。为防锈蚀通常选用铝板或不锈钢板制作，如图 8-16 所示。

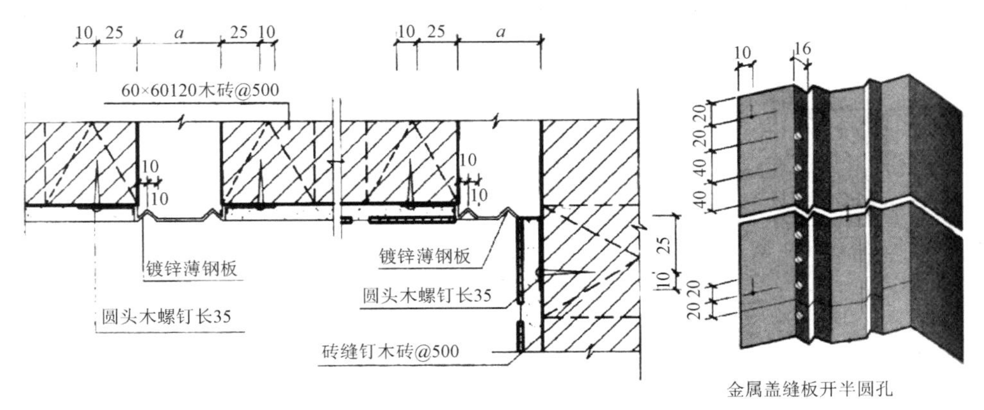

图 8-16　外墙防震缝盖缝构造(mm)

楼地面防震缝设计时，由于地震中建筑物来回晃动使缝的宽度处于瞬间的变化之中，为防止因此造成盖板破坏，可选用软性硬橡胶板做盖板。当采用与楼地面材料一致的刚性盖板时，盖板两侧应填塞不小于1/4缝宽的柔性材料，如图8-17所示。

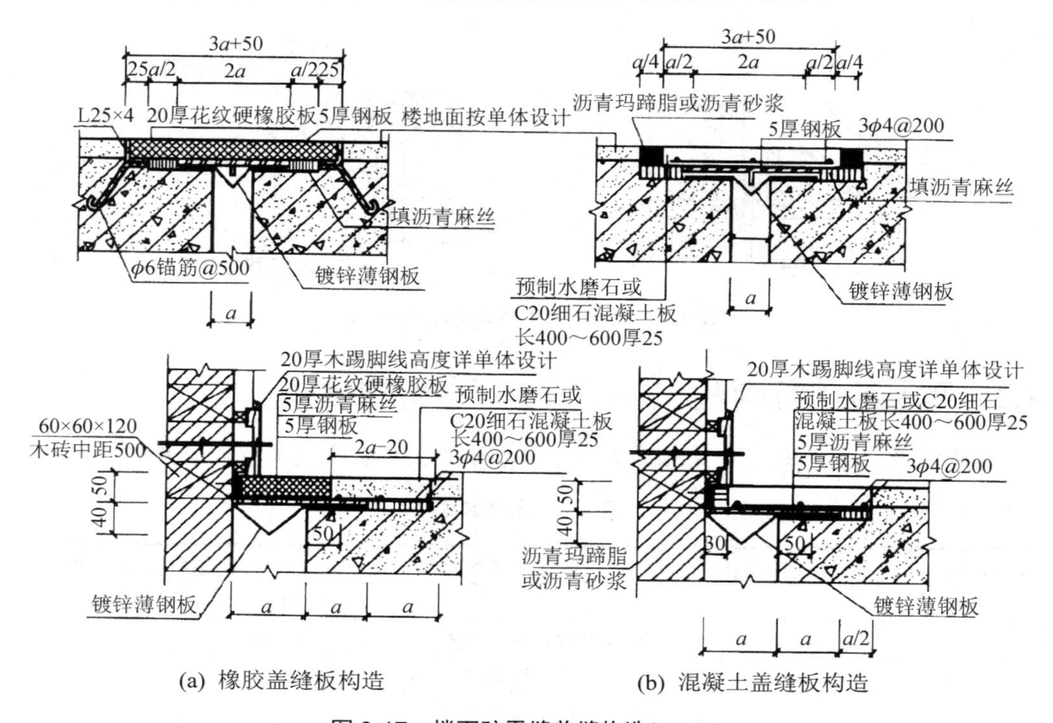

(a) 橡胶盖缝板构造 (b) 混凝土盖缝板构造

图8-17 楼面防震缝盖缝构造(mm)

复习思考题

一、填空题

1. 根据建筑变形缝的作业，通常分为__________、__________、__________三种。
2. 沉降缝盖缝条及调节片构造必须能保证在__________和__________自由变形。
3. __________的基础部分由于埋于土层中受温度变化影响小而不必断开。

二、名词解释

1. 变形缝
2. 伸缩缝
3. 沉降缝
4. 防震缝

三、问答题

1. 简述变形缝的类型和作用。
2. 绘图说明框架结构中基础沉降缝的处理做法。
3. 绘图说明伸缩缝在外墙、地面、楼面、屋面等位置时盖缝处理做法。

思 政 模 块

【职业素养】

教学案例：某安居工程住宅山墙出现裂缝?

调研住宅山墙面出现裂缝的现状，分析事故原因并找到问题处理措施。建筑长度超度一定范围，根据规定应该设置防止温度变化引起破坏的伸缩缝，引导学生养成严肃认真的工作作风，避免工程质量事故出现。

第 9 章

建筑工业化

本章内容及思维导图请扫描下方二维码。

第 9 章 建筑工业化

第 9 章
建筑工业化 思维导图

装配式混凝土建筑

第 10 章

装饰构造与细部设计

第 10 章
装饰构造与细部设计
思维导图

【学习要点及目标】

- 了解室内外基本装饰的功能
- 掌握室内外基本装饰构造
- 掌握建筑细部处理的要点

【本章导读】

为了保护建筑物的主要结构、完善建筑物的使用功能、改善内外环境，对建筑物的内外表面进行的各种处理，称为建筑装饰或装修。

装饰装修构造

10.1 概　　述

建筑结构主体完成后的工作都是装修工程涉及的范围，规模虽不及主体工程宏大，但关系到工程质量标准、人民的生产、生活以及工作环境的优劣，是建筑物不可缺少的组成部分。

10.1.1 建筑装修的基本功能

建筑装修的基本功能，主要体现在以下三个方面。

(1) 保护建筑结构承载系统，提高建筑结构的耐久性。由墙、柱、楼板、楼梯、屋顶结构等承重构件组成的建筑物结构系统，承受着作用在建筑物上的各种荷载。所以必须保证整个建筑结构承载系统的安全性、适用性和耐久性。对建筑物结构表面进行的各种装修处理，可以使建筑结构承载系统免受风雨雪以及室内潮湿环境等的直接侵扰，提高建筑结构承载系统的防潮和抗风化的能力，从而增强建筑结构的坚固性和耐久性。

(2) 改善和提高建筑维护系统的功能，满足建筑物的使用要求。对建筑物各个部位进行装修处理，可以有效地改善和提高建筑围护系统的功能，满足建筑物的使用要求。例如，对于外墙的内外表面的装修、外墙上门窗的选择以及屋顶面层及其顶棚的装修，可以加强和改善建筑物的热工性能，提高建筑物的保温隔热效果；对于外墙面、屋顶面层以及外墙上门窗的装修，对用水及湖混潮湿房间的楼、地面以及墙面、顶棚的装修，可以提高建筑物的防潮、防水性能；对室内墙面、顶棚、楼地面的装修，可以使建筑物的室内增加光线的反射，提高室内的照度；对建筑物中的墙体、屋顶、门窗、楼板层的装修，可以提高建筑物的隔声能力；对电影院、剧场、音乐厅等建筑的内墙面及顶棚的装修，可以改善其室内的音质效果；对建筑物各个部位进行的装修处理，还可以改善建筑物内、外的整洁卫生条件，满足人们的使用要求。

(3) 美化建筑物的室内外环境，提高建筑的艺术效果。建筑装修是建筑空间艺术处理的重要手段之一。建筑装修的色彩、表面质感、线脚和纹样形式等都在一定程度上改善和创造了建筑物的内外形象和气氛。建筑装修的处理再配合建筑空间、体型、比例、尺度等设计手法的合理运用能够创造出优美、和谐、统一、丰富的空间环境，满足人们在精神方面对美的要求。

10.1.2 建筑装修的分类

建筑装修的类型很多，具体的分类方法可按需要装修的部位不同分类，也可以按装修的材料不同分类，还可以按装修的构造方法的不同分类。

1. 按装修的部位分类

(1) 室内装修。室内装修的部位包括楼面、地面、踢脚、墙裙、内墙面、顶棚、楼梯栏杆扶手以及门窗套等细部做法等。

(2) 室外装修。室外装修的部位包括外墙面、散水、勒脚、台阶、坡道、台、窗楣、阳台、雨篷壁柱、腰线、挑檐、女儿墙以及屋面做法等。

2. 按装修的材料分类

建筑装修的材料非常多，从普通的各种灰浆材料，到各种新型建筑装修材料，种类繁多，其中比较常见的有如下几种。

(1) 灰砂浆、石膏砂浆、石灰浆等。这类材料分别可用于内墙面、外墙面、楼地面、顶棚等部位的装修。

(2) 水泥石渣材料。即以各种不同颜色、不同质感的石渣做骨料，并以水泥做胶凝剂的装修材料，如水石、水砂、干粘石、剁斧石(斩假石)、水磨石等。这类材料中，除水磨石主要用于楼地面以及一些局部装修外，其他材料做法则主要用于外墙面的装修。

(3) 各种天然或人造石材。如天然大理石、天然花岗石、青石板、人造大理石、人造花岗石、预制水磨石、轴面砖、外墙面砖、陶瓷锦砖(俗称“马赛克”)、玻璃马赛克等。石材又可以分为较小规格的块材以及较大规格的板材，根据石材的不同特性，可分别用于外墙面、内墙面、楼地面等部位的装修。

(4) 各种卷材。如纸面纸基壁纸、塑料壁纸、玻璃纤维墙布、无纺墙布、织锦缎等，还有一类主要用于楼地面装修的卷材，如塑料地板革、塑胶地板、纯毛地毯、化纤地毯、橡胶地板。

(5) 各种涂料。如各种溶剂涂料、乳液型涂料溶性涂料、无机高分子系涂料等，不同涂料可分别用于外墙面、内墙面、顶棚以及楼地面的装修。

(6) 各种罩面板材。这里所指的罩面板材，是指除天然石材和人造石材之外的各种材料制成的用于装修的板材，如各种木质胶合板、铝合金板、钢板、铜板、搪瓷板、镀锌板、铝塑板、塑料板、纸面石膏板、水泥石棉板、矿棉板、玻璃以及各种复合面板材等。这类面板材的类型有很多，可分别用于外墙面、内墙面以及吊顶棚的装修，有些还可以作为活动地板的面层材料。

3. 按装修的构造方法分类

(1) 灰浆整体式做法。灰浆整体式做法是采用各种灰浆材料或水泥石渣材料，以湿作业的方式，分 2～3 层在现场制作完成。分层制作的目的是保证做法的质量要求，加强装修层与基体粘贴的牢固程度，避免脱落和出现裂缝。另外，灰浆整体式做法面积较大时，还常常进行分格处理，以避免和减少因材料干缩或热胀冷缩引起的裂缝。灰浆整体式做法是一种传统的用于墙面、楼地面、顶棚等部位的装修方法，其主要特点是，材料来源广泛，施工方法简单方便，成本低廉；缺点是饰面的耐久性差，易开裂、易变色、工效比较低，因为其基本上都是手工操作。

(2) 块材铺贴式做法。块材铺贴式做法是采用各种天然石材或人造石材(也包括少量非石材类材料)，然后利用水泥砂浆或其他胶结材料粘贴于基体之上。块材铺贴式做法的主要优点是耐久性比较好，施工方便，装修的质量和效果好，用于室内时较易保持清洁；缺点是造价较高，且工效仍然不高，为手工操作。

(3) 骨架铺装式做法。对于较大规格的各种天然石材或人造石材饰面材料来说以水泥像非石材类的各种材料制成的装修用板材不是靠水泥砂浆作为粘贴层的材料。对于以上这些装修材料来说，其构造方法是，先以金属型材或木材(木方子)在基体上形成骨架(俗称“立筋”“龙骨”等)，然后将上述各类板材以钉、卡、压胶粘、铺放等方法，铺装固定在骨架基层上，以达到装修的效果。如墙面装修中的木墙裙、金属饰板墙(柱)面、玻璃镶贴墙面、干挂石材墙面、直立筋式隔墙等，还有像楼地面装修中的架空木地面，龙骨实铺木地面，架空活动地面以及顶装修中的吊顶棚等做法，均属于这一类。骨架铺装式做法的主要优点是，避免了其他类型装修做法中的混法作业，制作安装简便，耐久性能好，装修效果好，但一般说来造价也较高。

(4) 卷材粘铺式做法。卷材粘铺式做法是首先在基体上进行基层处理，基层处理的做法有水泥砂浆或混合砂浆抹面，纸面石膏板或石棉水泥板等预制板材，钢筋混凝土预制构件表面腻子刮平处理等。对基层处理的要求是，要有一定强度，表面平整光洁、不疏松掉粉；然后，在经过处理的平整基层上直接粘铺各种卷材装修材料，如各类壁纸、墙布以及塑料地毡、橡胶地毡和各类地毯等。卷材粘铺式做法的优点是，装饰性比较好，造价比较经济，施工简便。但这类做法仅限于室内的装修处理，如果把屋面卷材防水做法也算在内的话，卷材铺贴式做法也同样适用于室外的装修。

(5) 涂料涂刷式做法。涂料涂刷式做法也是在对基体进行基层处理并达到一定的坚固平整程度之后，采用各种建筑涂料进行涂刷或采用机械进行喷涂。涂料涂刷式做法几乎适用于室内、室外各个部位的装修。涂料涂刷式做法的主要优点是，省工省料，施工简便，便于采用施工机械，因而工效较高，便于维修更新；缺点是其有效使用年限相比其他装修做法来说较短。由于涂料涂刷式做法的经济性较好，因此具有良好的应用前景。

(6) 清水做法。清水做法包括清水砖墙(柱)清水砌块墙和清水混凝土墙(柱)等。清水做法是在砖砌体或砌块砌体砌筑完成、混凝土墙或柱浇筑完成之后，在其表面仅做水泥砂浆(或原浆)勾缝或涂刷透明色浆，以保持砖砌体、砌块砌体或混凝土结构材料所特有的装修效果。清水做法历史悠久、装修效果独特，且材料成本低廉，在外墙面及内墙面(多为局部采用)的装修中。

以上从几个常用角度对建筑装修的分类做了介绍，其他还有一些分类的方法，这里不再赘述。我们了解建筑装修分类的目的，是要了解各种不同装修做法之间各自不同的特点，以便更好地为建筑装修的设计和施工服务。

10.1.3 装修构造设计的基本要求

室内装饰装修构造设计的综合性强，涉及建筑主体、结构形式、设备安装、材料应用、施工方案以及视觉感觉等。室内装饰装修构造设计的基本要求应做到以下几点。

1. 采取安全坚固的方案

装饰装修构造的连接点需要有足够的强度，装饰装修材料与建筑主体之间、装饰装修构件之间和材料之间需要有足够的强度、刚度、稳定性，以保证构造本身的安全性和坚固性。

2. 选择合适的构造用材

装饰装修的构造应认真选择绿色、环保、美观、安全性强、性价比高、物理及化学性能好且易于施工的材料，以利于优化室内装饰装修的工程质量、工程投资和审美效果。

3. 适应装配化施工

装配化生产是装饰装修工程发展的方向，装配化装饰装修的构造形式，具有模数化、机械化、批量化、一体化等生产特点。根据装修构造设计应力的要求以及各专业之间的协调配合，便于工厂化生产以及部品、部件之间的集成。

4. 协调相关专业关系

在装饰装修构造设计中既要考虑已有建筑、结构、设备的状态，又要向其他专业说明其设计需要配合的地方。

5. 方便工程维修

装饰装修构造设计必须认真考虑在装饰装修面层内部的各种设备管线占有的空间，并预留进出口的位置，以方便检修。

6. 合理降低工程造价

力求在合理降低造价的情况下，认真选择材料，设计出理想的构造形式，优化装饰装修功能和审美效果。

7. 力求形态美观

室内装饰装修构造应在解决安全、实用、经济等问题的同时设计出造型新颖、尺度适宜、色彩美观、质感适宜、工艺精湛的构造形态。

10.2　室内装饰装修构造

本节内容请扫描下方二维码。

室内装饰装修构造

10.3　室外装饰装修构造

本节内容请扫描下方二维码。

室外装饰装修构造

10.4 建筑细部设计

本节内容请扫描下方二维码。

建筑细部设计

复习思考题

一、判断题

1. 木龙骨由主龙骨、次龙骨、横撑龙骨三部分组成。 ( )
2. 吊点应均匀布置，并且主龙骨端部距第一个吊点不超过 600mm。 ( )

二、简答题

1. 建筑装修的基本功能是什么？
2. 按施工方式的不同，常见外墙装修分为可分哪几种？
3. 简述外墙清水构造做法的特点。

思 政 模 块

【文化自信】

教学案例：台基、木柱、门窗、屋顶装修做法古今对比(视频资料学习)

古建彩画装饰艺术，主要绘于、雀替、斗拱、墙壁、天花、瓜筒、角梁、椽子、栏杆等建筑木构件上。使得学生接受中国传统文化的熏陶，增强民族意识和民族自豪感，提高艺术涵养和人文底蕴。

第 11 章

老年人建筑及无障碍设计

本章内容及思维导图请扫描下方二维码。

第 11 章 老年人建筑及无障碍设计

第 11 章 老年人建筑及无障碍设计 思维导图

老年人照料设施

参 考 答 案

参考答案内容请扫描下方二维码。

参考文献

[1] 李必瑜，魏宏杨，覃琳. 建筑构造(上册)(第六版)[M]. 北京：中国建筑工业出版社，2019.

[2] 胡向磊. 建筑构造图解[M]. 2 版. 北京：中国建筑工业出版社，2019.

[3] 杨维菊. 建筑构造设计(上册)[M]. 2 版. 北京：中国建筑工业出版社，2016.

[4] 杨维菊. 建筑构造设计(下册)[M]. 2 版. 北京：中国建筑工业出版社，2017.

[5] 肖芳. 建筑构造[M]. 3 版. 北京：北京大学出版社，2021.

[6] 刘建荣，翁季. 建筑构造(下册)[M]. 4 版. 北京：中国建筑工业出版社，2008.

[7] 安艳华，裴刚. 建筑构造(下册)[M]. 2 版. 武汉：华中科技大学出版社，2010.

[8] 刘建荣，翁季，孙雁. 建筑构造(上册)[M]. 6 版. 北京：中国建筑工业出版社，2019.

[9] 吴放，高向鹏. 建筑构造设计必知的 100 个节点[M]. 南京：江苏凤凰科学技术出版社，2020.

[10] 房志勇. 房屋建筑构造学[M]. 北京：中国建材工业出版社，2013.

[11] 舒秋华. 房屋建筑学[M]. 6 版. 武汉：武汉理工大学出版社，2018.

[12] 张树平，李钰. 建筑防火设计[M]. 3 版. 北京：中国建筑工业出版社，2020.

[13] 中华人民共和国住房和城乡建设部. 建筑地基基础设计规范 GB 50007—2011[S]. 北京：中国建筑工业出版社，2012.

[14] 国家人民防空办公室. 地下工程防水技术规范 GB 50108—2008[S]. 北京：中国计划出版社，2009.

[15] 王雪松，李必瑜. 房屋建筑学[M]. 6 版. 武汉：武汉理工大学出版社，2021.

[16] 张芹. 建筑幕墙与采光顶设计施工手册[M]. 3 版. 北京：中国建筑工业出版社，2012.

[17] 山西省住房和城乡建设厅. 屋面工程施工质量验收规范 GB 50207—2012[S]. 北京：中国建筑工业出版社，2012.

[18] 中华人民共和国住房和城乡建设部. 房屋建筑制图统一标准 GB/T 50001—2017[S]. 北京：中国建筑工业出版社，2018.

[19] 中国建筑标准设计研究院. 国家建筑标准设计图集 J11-1：常用建筑构造(一)(2012 年合订本)[S]. 北京：中国计划出版社，2012.

[20] 中国建筑标准设计研究院. 国家建筑标准设计图集 J11-2：常用建筑构造(二)(2013 年合订本)[S]. 北京：中国计划出版社，2013.

[21] 中国建筑标准设计研究院. 国家建筑标准设计图集 J11-3：常用建筑构造(三)(2014 年合订本)[S]. 北京：中国计划出版社，2014.

[22] 周云. 高层建筑结构设计[M]. 3 版. 武汉：武汉理工大学出版社，2021.

[23] 何淅淅，黄林青. 高层建筑结构设计(精编本)[M]. 武汉：武汉理工大学出版社，2007.

[24] 董石麟，罗尧治，赵阳等. 新型空间结构分析、设计与施工[M]. 北京：人民交通出版社，2006.

[25] 完海鹰，黄炳生. 大跨空间结构[M]. 2 版. 北京：中国建筑工业出版社，2008.

[26] 蓝天，张毅刚. 大跨度屋盖结构抗震设计[M]. 北京：中国建筑工业出版社，2000.

[27] 鹿晓阳，赵晓伟，陈世英. 离散变量网壳结构优化设计[M]. 北京：中国建筑工业出版社，2013.

[28] 李阳. 建筑膜材料和膜结构的力学性能研究与应用[D]. 上海：同济大学，2007.

[29] 徐其功. 张拉膜结构的工程研究[D]. 广州：华南理工大学，2003.

[30] 中国建筑标准设计研究院. 国家建筑标准设计图集 05J909：工程做法[S]. 北京：中国计划出版社，2006.

[31] 中国建筑标准设计研究院、哈尔滨工业大学. 国家建筑标准设计图集 20J813：民用建筑设计统一标准图示[S]. 北京：中国建筑工业出版社，2010.

[32] 中国建筑标准设计研究院. 国家建筑标准设计图集 16G908-3：建筑工程施工质量常见问题预防措施(装饰装修工程)[S]. 北京：中国计划出版社，2018.

[33] 中华人民共和国住房和城乡建设部. 民用建筑设计统一标准 GB 50352—2019[S]. 北京：中国建筑工业出版社，2019.

[34] 中华人民共和国住房和城乡建设部. 建筑设计防火规范(2018 年版)GB 50016—2014[S]. 北京：中国计划出版社，2018.

[35] 中华人民共和国住房和城乡建设部. 无障碍设计规范 GB 50763—2012[S]. 北京：中国建筑工业出版社，2012.

[36] 中华人民共和国住房和城乡建设部. 中小学校设计规范 GB 50099—2011[S]. 北京：中国建筑工业出版社，2011.

[37] 中华人民共和国住房和城乡建设部. 住宅设计规范 GB 50096—2011[S]. 北京：中国建筑工业出版社，2011.

[38] 中华人民共和国住房和城乡建设部. 墙体材料应用统一技术规范 GB 50574—2010[S]. 北京：中国建筑工业出版社，2010.

[39] 住房和城乡建设部工程质量安全监管司、中国建筑标准设计研究院. 09JSCS-J 全国民用建筑工程设计技术措施(2009)——规划·建筑·景观[S]. 北京：中国计划出版社，2010.

[40] 中国建筑装饰协会幕墙工程委员会. 建筑幕墙行业技术标准规范汇编(上、下册)(第二版)[M]. 北京：中国建筑工业出版社，2008.

[41] 住房和城乡建设部标准定额研究所. 建筑幕墙产品系列标准应用实施指南[M]. 北京：中国建筑工业出版社，2017.

[42] 崔艳秋，吕树俭. 房屋建筑学[M]. 4 版. 北京：中国电力出版社，2020.

[43] 王雪松，许景峰. 房屋建筑学[M]. 4 版. 重庆：重庆大学出版社，2021.

[44] 唐海艳，李奇. 房屋建筑学[M]. 3 版. 重庆：重庆大学出版社，2019.

[45] 金虹. 房屋建筑学[M]. 北京：机械工业出版社，2020.

[46] 向新岸. 张拉索膜结构的理论研究及其在上海世博轴中的应用[D]. 杭州：浙江大学，2010.

[47] 北京市规划和自然资源委员会. 建筑构造通用图集 19BJ1-1 工程做法[EB/OL]. http://ghzrzyw.beijing.gov.cn/biaozhunguanli/bzgj/tytj/202006/t20200605_1917434.html，2020-06-05.

[48] NIKKEI ARCHITECTURE. 建筑开口部细部设计[M]. 白玉美，译. 刘灵芝，校. 北京：中国建筑工业出版社，2015.

[49] 中国建筑标准设计研究院. 变形缝建筑构造(一)04CJ01-1[S]. 北京：中国计划出版社，2009.

[50] 中国建筑标准设计研究院. 变形缝建筑构造(二)04CJ01-2[S]. 北京：中国计划出版社，2009.

[51] 中华人民共和国住房和城乡建设部. 建筑地基基础设计规范 GB 50007—2011[S]. 北京：中国建筑工业出版社，2012.

[52] 中华人民共和国住房和城乡建设部. 建筑抗震设计规范 GB 50011—2010(2016 版)[S]. 北京：中国建筑工业出版社，2016.

[53] 陈玲玲. 建筑构造原理与设计(上册)[M]. 北京：北京大学出版社，2013.

[54] 梁晓慧，陈玲玲. 建筑构造原理与设计(下册)[M]. 北京：北京大学出版社，2015.

[55] 李忠富. 建筑工业化概论[M]. 北京：机械工业出版社，2020.

[56] 樊则森. 从设计到建成 装配式建筑二十讲[M]. 北京：机械工业出版社，2018.

[57] 张晓娜. 装配式混凝土建筑 建筑设计与集成设计 200 问[M]. 北京：机械工业出版社，2018.

[58] 郭学明. 装配式混凝土结构建筑的设计、制作与施工[M]. 北京：机械工业出版社，2017.

[59] 周燕珉，程晓青，林菊英，林婧怡. 老年住宅[M]. 2 版. 北京：中国建筑工业出版社，2018.

[60] 曲昭嘉. 建筑无障碍设计与施工手册[M]. 北京：机械工业出版社，2011.

[61] 周燕珉. 养老设施建筑设计详解 1[M]. 北京：中国建筑工业出版社，2018.

[62] 中国建筑标准设计研究院. 无障碍设计 12J926 [S]. 北京：中国计划出版社，2013.

[63] 中华人民共和国住房和城乡建设部. 老年人照料设施建筑设计标准 JGJ 450—2018[S]. 北京：中国建筑工业出版社，2018.

[64] 中华人民共和国住房和城乡建设部. 无障碍设计规范 GB 50763—2012[S]. 北京：中国建筑工业出版社，2012.